# 「自然と共にある農業」への道を探る

## 有機農業・自然農法・小農制

### 中島 紀一

筑波書房

# まえがき

　有機農業や自然農法はこれからの農業のあり方として多くの国民から期待されています。それは草の根の取り組みが長い時間をかけて切り拓いてきた農の道です。2006 年には有機農業推進法が奇跡のように制定され、国や自治体もこうした農業の道を奨励するようになりました。

　民間主導の運動的な取り組みでしたから、内容はさまざまで、そこでの主張の多彩さ、自由さに特徴がありました。しかし、そうした多様性のままでは法律による推進とは馴染みにくいということで、有機農業推進法では、それらを一括する総称として「有機農業」という言葉が法律用語として採用され、おおまかな定義もされました。

　そういう法制度ができても、実態としての有機農業、自然農法にはなお多様性があり、それぞれの主張もさまざまです。私はこうした自由なあり方はとても良いことだと考えています。しかし、他方で、技術論としてみれば、それらの多様性は一つの大きな流れのなかにある取り組みの諸類型として統一的に理解することができるとも考えています。この本では、有機農業や自然農法の流れは全体として見ると「自然と共にある農業」＝「自然共生型農業」への探索過程として理解できるだろうという私の見方を提示しました。

　どんな農業も、それは自然を相手とする人の営みです。そこでの自然と人為の関係のあり方には、自然を克服し、自然から離れて人工に向かおうとする流れと、自然に寄り添い、自然の良さを活かし、その恵みを大切にして行こうとする流れがあります。これまでのごく普通の農業は、私はそれを近代農業と呼んでいますが、おおまかには前者の人工重視を強く志向する農業であり、それに反発する形で取り組まれてきた有機農業や自然農法は、後者の「自然と共にある農業」を目指し、その道を探索する営みだった。本書ではそんな考え方を書いてみました。

　本書での有機農業、自然農法分析の主要な方法は総合的な農業技術論で、第Ⅰ部ではその視点から、有機農業や自然農法が志向してきた共通した方向性について述べました。第Ⅱ部では、そうした見方は技術論としてだけで完結する

のではなく、農業のあり方論とも深く関係しており、それは、農家＝百姓が担う営みとしての農業＝長い歴史をもつ小農制農業と深く結びついていると述べました。農業のこれからのあり方としては有機農業や自然農法を重要な構成部分とする家族農業（小農制農業）が本流であり続けるだろうというのが私の考え方です。さらに第Ⅲ部では、有機農業、自然農法は近現代社会のあり方を実践的に批判していく時代性のある取り組みとしてあり、その点に注目した私の時代認識についての旧稿を収録しました。

　本書は、そんな流れで自然と共にあろうとする農業についての私の考え方を述べたものですが、そこでの自然論の焦点は、命を育む「自然」であり、私たちの健康な暮らしを支えてくれる「恵み」としての「自然」でした。

　現代は地球環境問題の時代であり、産業革命以降のすさまじい人工志向の拡大・深化は、地球環境を壊し、気候のあり方さえも変えてきています。その様相についてはさまざまな報告や分析が集積されており、日本の現実としても、豪雨、水害、猛暑として日常的にも実感されてきています。最近の新型コロナウイルスによる感染症の爆発的拡大も、その流れの中のことと理解できます。

　こうした地球環境問題という視点から語られている「自然」は、猛々しい脅威としての「自然」です。

　「脅威」としての「自然」と、いのち育む「恵み」としての「自然」。この二つの自然論、自然観はどちらも事実に則した正しい認識なのでしょう。そう理解した上で、次に出てくる問いは、ではこの二つの自然論、自然観は相互にどんな位置にあるのかということになります。

　私は本書で、その二つの位置関係について、そこでは自然と向きあう人為のあり方が大きな問題で、自然を壊す自然克服という方向なのか、自然と共にあろうとする自然共生の方向なのか、という二つの道の分岐が私たちの前にはあるのだろうと述べました。

　有機農業、自然農法の取り組みにはさまざまな試行錯誤があり、そこにはいろいろな失敗もありました。しかし、取り組みの積み重ねのなかから、次第に「自然と共にある農業」として、ある程度成熟したステージも現れてきており、そこで見えてきた技術論のキィワードは「低投入・内部循環・自然共生」

として整理できると述べました。別の言い方をすれば、環境を壊さず、人為が環境負荷の累積をつくるのではなく、豊かな多様性のある自然を作り育むという、持続性のある優れたあり方が、有機農業、自然農法の実践の中から少しずつですが明らかになってきているということです。

　もちろん、こうした見方だけでは割り切れない複雑な状況もあり、そこには当然、いろいろな難しさも予測されます。しかし、そんな問題群を超えて、本書から新しい「希望」を読み取っていただければ幸いです。

# 目　次

# 第 Ⅰ 部　自然共生型農業への技術論・農法論

## はしがき

　第Ⅰ部は、有機農業・自然農法についての私なりの技術論の総括的整理である。

　この課題についてはすでに『有機農業の技術とは何か』（2013）で、「低投入・内部循環・自然共生」をキイワードとして一応の取りまとめをしたが、その後、秀明自然農法のみなさんとの出会いがあり、遅々とした歩みだった私の農業技術論研究は内容を深めつつ少し前に進むことが出来た。

　現時点での私の技術論の到達点は、本書の書名とした「自然と共にある農業へ」ということであり、内容的には「自然共生型農生態系の形成への道筋」の素描ということになる。

　第1章がその総論で、この分野についての私の技術論のこの段階での総括である。2017年12月に埼玉大で開催された日本有機農業学会大会の全体セッションでの報告を少し修正して収録した。全体セッションの座長である本城昇さんにはたいへんお世話になった。

　第2章は第1章を踏まえたその後の私なりの技術論の展開を「関係性の技術論へ」という形で述べた。本書での「自然と共にある農業」という提案に対応したもので、従来から提唱されてきた循環論的農業技術論からの、技術論の新しい展開への提起である。書き下ろしである。

　第3章は秀明自然農法のみなさんとの出会いから得た「無施肥」という技術命題についての私としての格闘の記録である。私だけでは力不足なので、ともに歩んだ明峯哲夫さん、三浦和彦さんの優れた論考も一部を収録させていただいた。明峯さんは2014年に、三浦さんは2015年に相次いで逝去された。お二人への追悼の思いも込めてである。秀明自然農法ブックレット第6号増補版『「無施肥・自然農法」についての農学論集』（2017）からの再録である。

　第4章は農業という複雑系を対象とする農学は経験科学だというかねてからの私の主張に沿って、その「経験」は、とりあえずは「常識」として私たちの周りにあるのだと考えて、つたなくはあるが農業技術論についての私の「常識」の一端を書き記した。

　自然農法からの「無施肥」とならぶ「不耕起」という課題提起にかかわる私なりの「耕耘・土地利用論」、有機農業・自然農法の雑草対策の苦闘から見えてきた「抑草技術論」、地球史的視点からの「土壌形成論」などである。また、加えて、故生井兵治さんによる新しい植物育種学に関する膨大な遺著原稿から「はしがき」を転載させていただき、その内容を紹介した。


　第Ⅰ部全体について少し広い文脈から要約すれば次のようである。

　戦後の日本農業の農法・技術の構成は大別して次の二つの組み立てとして理解できる。

　その第一は工業生産に由来する諸資材の合理的な多投入によって生産性を高めていくという方式であり、第二は田畑や作物・家畜の自然的生産力を重視し、それをうまく引き出し、巧みに組み立てていく方式である。

　第一の方式は近代農業の基本的あり方であり、近代農学はその展開に貢献してきた。

　第二の方式は有機農業・自然農法などの民間の取り組みとして、ここにこそ農の本道があるという思いを込めて、実践の中で試行錯誤も繰り返しながら探求してきたあり方である。第一の方式への強い批判から開始され、さまざまに展開されてきた。国民からの潜在的な期待感は強くあったのだが、それを支える科学はこれまで十分には探求されてこなかった。

　第一の方式は、短期的に農業生産力を著しく高めたが、環境負荷的であり、地球環境的持続可能性に関して大きな問題を抱えており、農業という場面でさえ人間社会と自然との断絶を深めてしまっている。またこの方式に関しては、世界的にはアグリビジネスが強い力を持ってきており、日本農業はそれとの対抗の中で国際競争においても苦境にさらされている。

　第二の方式は、生産性向上には時間がかかるが、環境調和的で、持続可能性においても優れている。

農におけるこの方式は、豊かな農生態系形成の点でも優れていることが実践的経験として確認されてきた。それに加えて、最近では、DNA解析技術の開発、普及のなかで、微生物・小動物の世界がさまざまな場面で解明されるようになってきた。

　生きものの「生」とは、単に個体、あるいは個体群としてあるだけでなく、多様な生きものたちとの関係性のなかにその本体があることが実験科学においても、近年急速に明らかになりつつある。そうした新知見は、第二の農の方式の基礎論理にこそ自然共生への豊かな展開への道があることを、自然科学的にも裏付けるものである。

　この方式には、消費者、市民の強い支持と期待もある。新しい担い手たちも少しずつだが増えつつある。

　だが、この方式についての社会全体としての模索、探求はまだ端緒的段階にある。農家と市民と科学者の協働による取り組みの今後の大きな展開、深化が強く期待されている。

　以上の要約は、前著『有機農業の技術とは何か』（2013年、農文協）の第7章（終章）で述べたこととほとんど同じである。本書では、その認識を踏まえて、自然農法についての調査研究から得られた知見を加えて、より多面的に総合的に論を構成してみた。

# 第1章　自然と共にある農業
## ——自然共生型農生態系形成と有機農業・自然農法

## 1．はじめに

### (1)「農業と自然の関係」——日本の小農史を振り返りつつ

　本章は、本書の総論であり、有機農業・自然農法推進の社会的意味、さらには農業史的意味について、技術論の視点から、有機農業と自然農法の統一的理解を踏まえて、その論理的骨格を提示しようとした試論である。

　本章の基本的視角は、「農業と自然の関係」であり、「自然と離反する農業」、あるいは「自然との共生を志向する農業」、あるいは「持続可能性を志向する農業」とはどんなあり方なのかという問題について、その技術的、社会的、さらには歴史的枠組みについて論じてみたい。

　著者はこの問題についてだいぶ前に次のように述べたことがある。

　　　「農耕が結果として地域に二次的自然を形成するというだけでなく、地域の二次的自然によって農耕が支えられ、さらには農業の持続性という概念は、農耕がそのような二次的自然を地域につくり得たときに成立する」
　　　（中島紀一 2004）

　これは安定した農業体系だったと想起される日本の伝統的農業の枠組みの基本は、農業と里地・里山自然の共生にあったという認識を示したものである。

　1961 年の農業基本法を機に本格的に推進されてきた近代農業、農業近代化政策は、里地・里山依存ではなく工業製品の導入によって生産力を向上させようとするもので、それは農業を自然からの離脱へと誘導する方向だった。巨視的にみれば、こうした方向は農業を、そして地域を、さらには地球を破局へと導くものであったと考えざるを得ない。

　農業近代化のこの流れは、戦後社会の高度経済成長の流れの中で暴圧のよう

にすすんだが、有機農業・自然農法は、それに抗する草の根からの取り組みであり、農業と自然との共生関係を回復させ、農業を破局から救い出し、持続可能なあり方へと転換させることを志してきた。

　これがこの問題についての著者の基本的な認識の枠組みである。

　本章では、そのような社会的な時代的な志のもとで進められている有機農業・自然農法の内在的技術論の骨格はどのようなものか、その概略を提示してみたい。

　なお、ここでは詳述できないが、上に示した伝統的農業とは、別言すれば、日本の小農制（百姓とムラの農業体制）の下で長い時間をかけて形成されてきた農業のことである。それは、おおよそ中世期のはじめ頃（平安時代の終わり頃から鎌倉時代の頃）に端緒的な形成が始まり、太閤検地を重要な転期として近世期には制度的にも確立し、明治維新後も、地主制などの脇道に逸れはしたものの、基本的には小農制というあり方は堅持され、戦後の農地改革＝自作農創設で全面的に開花した、おおよそ800年の内生的、自己形成的な歴史過程のことを指している。小農制の形成と展開という時代過程は、人類史の基礎をなしてきた農の営みの長い歩みにおいて、農業社会という社会基盤の特質を大きく強く打ち出した時代であったと考えることができる。

　上に引用した記述、すなわち農業と里地・里山との共生というあり方は、日本では小農制のなかで形成された歴史的なあり方の一側面だったと著者は考えている。

## （2）有機農業・自然農法を巡る時代状況
### ──「超自然」へとばく進する現代にあって

　産業革命を起点とした近代社会は、第二次大戦後の重化学工業の大展開、そしてフォーディズムに主導された大量生産＝大量消費社会の広がり、さらには最近のITの技術革新・情報化、アメリカ一強体制下でのグローバル化の激しい進展として展開してきている。農業はそうした時代展開のなかで、翻弄され続けている。

　1960年代頃には、こうした社会路線のひずみは、公害という形で噴出を始め、公害は食べもの領域をも犯し、食品公害が社会的恐怖を広げた。母乳に農薬

（BHC）が検出され、頭髪からも農薬（水銀）が検出される。そんななかで食べものの安全性が多数の国民の強い求めとなり、それに応えるように有機農業は社会的運動として大きく展開していった。この頃、有機農業と国民をつなぐ中軸的なコンセプトは「安全性」だった。

1990年代頃になると、環境問題がクローズアップされるようになり、さらに21世紀に入る頃から、それが局所的なことではなくグローバルな地球環境問題として広い世論の一つの焦点となっていった。IT化、情報化の急激な進展の中で、かつて労働の主要部分となっていたいわゆる肉体労働は多くの場面でおおよそ過去のことともなり、モノすら見えにくい生活が一般化してきている。そうしたなかで国民意識において、原初的な自然といのちへの希求のような思いが著しく高まっている。有機農業・自然農法と国民をつなぐ中軸的コンセプトは「安全性」に加えて「自然さといのち」が大きなものとなってきている。とくに若い世代においてその傾向は顕著である。

世相としては「有機農業」を謳った本の売れ行きはやや停滞しているようだが、「自然農法」と題する本は人気を呼ぶという状況も広がっている。こうした場面で「自然農法」とは何かと問うてみても、そこには農業としての実態はなかなか見えてこないのだが、農業としての実態を超えて「自然さといのち」への切々とした希求が広がっていることは見えてくる。

こうしたところに有機農業や自然農法をめぐる社会状況の今日的局面の重要な一つが顕れているとも考えられる。いま、有機農業や自然農法は、こうした時代的局面としっかりと向き合い、自らを見つめつつ、しっかりとした自己発信を広げていかなくてはならない。

有機農業や自然農法への技術論的アプローチにはいろいろなあり方が考えられる。もっとも普通な正統派的あり方は生産力論からであろう。しかし、本章ではそういう筋立てではなく、自然論からのアプローチという方法をとった。本章のタイトルは「自然と共にある農業へ」とし、副題として自然共生型農生態系形成」と記した。これは上述のような国民意識の時代的動向理解を踏まえての応答を意図したからである。

本章で、有機農業・自然農法についての自然論の視点から技術論的アプローチを試みたもう一つの意図は、IPCC（国連気候変動に関する政府間パネル）

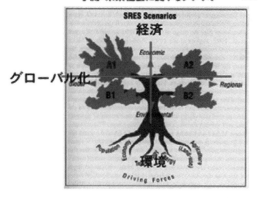

**図1　未来社会に関するシナリオ　IPCC第3次評価報告書（IPCC2003）**

からの原理的問いかけに応答しようと考えたからである。

　振り返ればまずレイチェル・カーソンの『沈黙の春』（カーソン 1962、邦訳は 1964）の衝撃的問いかけがあり、デニス・メドウズらによる『成長の限界』（メドウズ 1972）の詰問があった。メドウズらの研究についての方法論的批判については 2012 年の論文を前著『有機農業の技術とは何か』（中島紀一 2013）第 4 章に収録した。

　それからおおよそ 30 余年を経て、IPCC 第 3 次評価報告書（IPCC 2003）では**図 1**が提起された。この図では、縦軸に環境保全と経済成長をおき、横軸に地域重視とグローバル化の推進をおいて、この二軸から 4 つの象限を設定した。IPCC 自身は、地球的環境変動が、経済成長とグローバル化によって著しく加速されていることを明確にしているのだが、そうした基本認識を示した上で、世界の国々、地域はこの 4 象限のどこに位置し、どこに向かって環境対策を進めていくのかという問を各国各地域の政策担当者に投げかけたのである。

　この図は、4 つの象限を設定しているが、実のところほぼすべての国と地域は、A1 象限、すなわち経済成長とグローバル化推進の枠組みの中で生き、そしてそこで地球環境問題の施策をさまざまに組み立てている。しかし、IPCCが詳しく論証したように、そのあり方には未来はない。未来のないことは明ら

かなのに、世界の国々はその枠組みから脱する本質的回路が見つけられずにいる。

　この図においては、A1象限の対極にあるのはB2象限である。恐らくここに世界では唯一これまでのブータンが位置付くのだろう。理論的に見て、未来に夢があるのはB2象限しかない。だが、他の国や地域から見て、B2には現実性がない。そこに移行する道筋が見えないのである。

　未来はないが現実性はあるA1と、未来はあるが現実性に難しさのあるB2の対抗という構図がそこには暗示されている。

　こうした状況のなかで、有機農業や自然農法がようやく切り拓いた自然力依存を志向する「低投入・内部循環・自然共生」（この点については本章の後段で詳しく述べる）というあり方は、別言すれば自然共生型農業の形成というあり方は、きわめて希望に満ちていて、そこに至る道筋も示されている。

　A1象限からB2象限へと移行していく道筋がそこに僅かにではあるが明確に示されているのである。有機農業や自然農法が長い実践のなかから切り拓き獲得してきた「低投入・内部循環・自然共生」という農業の現実的あり方は、農業の大きな歴史的な流れの中で、これからの時代のしっかりとした発展展望として位置づけられるのだ。

　それはまだわずかな筋道でしかない。しかし、農業において多投入型の近代農業とは違った、この道が、ほんとうの豊かさへの道として、現実のものとして確認された意義はきわめて重要である。無責任に言い放されたいやな宣伝文句ではあるが、「地球が救われていく道」が、ここにわずかだがたしかに認められるのである。

　本章ではこの大課題についてもいくつかの側面から論述してみたい。

## （3）本章の主な論点と論述の順序

　「日本の農業は、豊かな土壌を基盤として、いろいろな生きものが介在する複雑な関係性の中で営まれており、長期的に見ると、こうした気候条件・風土的条件の下で、それはおおよそ穏やかな増殖系として推移している」

　つたないものだが、これが、著者が最近ようやく辿り着いた日本農業と日本の自然についての技術論的基本認識である（この認識については第2章の末尾

で再論する)。

　本章では、こうした認識を前提として、前著『有機農業の技術とは何か』(中
島紀一 2013) で示した考察を踏まえて、その後の数年、私自身の中心テーマ
としてきた「有機農業と自然農法の統一的理解——その実態的、理論的、歴史
的考察」の紹介を中心として、以下の論点を意識しながら順を追って述べるこ
とにしたい。

①　日本における有機農業・自然農法の展開の枠組み　ノンケミカルから農
　　法形成へ
　　日本における有機農業展開の歴史的振り返り　農法形成探究の弱さ

②　有機農業・自然農法を貫く技術論
　　「低投入・内部循環・自然共生」という発展論的、関係論的理解

③　有機農業・自然農法から農業へ
　　有機農業・自然農法は特殊農法ではなく農業の本道、その再建を目指す
　　ものという認識　近代農業の否定の否定として

④　有機農業・自然農法と地域自然の連携
　　地域自然と連携した農業の再建と地域農業再建の視点から見た有機農
　　業・自然農法に期待される役割

⑤　有機農業・自然農法の歴史的位置と使命
　　小農論の歴史的展開のなかで現代社会の変革の視点を提示する
　　農業を暮らしとして捉えるという視点


　前に書いたように有機農業技術論についての著者の考えは『有機農業の技術
とは何か』(中島紀一 2013) で整理し公表した。その後に、秀明自然農法ネッ
トワークのみなさんとの出会いがあり、その協力を得て、自然農法についての
調査研究にも踏み込むことができた。その中間報告は明峯哲夫さんの遺著『有
機農業・自然農法の技術』(明峯哲夫 2015) や、明峯さんご逝去の後に明峯さ
んから引き継いだ有機農業技術会議における農業技術原論研究会リポートな
どに掲載している。そこでのおおよその認識は、成熟期に到達した有機農業と、
おなじく成功している自然農法の事例を比較すれば、技術論的な差異はあまり
大きくはなく、大きな流れとしては、両者はほぼ統一的に理解できるというも

のだった。それ故、以下では両者を一括して「有機農業・自然農法」として表示していく。

　また、筆者は関連して有機農業推進法にかかわる有機農業の政策論については『有機農業政策と農の再生』（中島紀一 2011）、日本の有機農業の歴史的概説としては『有機農業がひらく可能性』（中島紀一外 2015b）第一章「日本の有機農業」を書いた。また、より広い視点からの筆者の農学遍歴については『野の道の農学論』（中島紀一 2015a）をまとめた。これらには有機農業・自然農法技術論に関連した著述も含まれている。本章に関連してできればご参照いただきたい。

## 2．有機農業・自然農法技術の二つの基本的柱建て
### ──「ノンケミカル」と「農法形成」

　有機農業・自然農法の技術的柱建てに関連して、著者は以前に次のように書いた。

　「レイチェル・カーソンは『沈黙の春』の終章を「べつの道」としている。その冒頭でカーソンは「私たちは、いまや分かれ道にいる。〈中略〉だが、どちらの道を選ぶべきか、いまさら迷うまでもない」と述べ、ノンケミカルの道、そして自然と共にある道の選択を呼びかけた。カーソンのこの提唱から半世紀を経たいま、私たちは、私たちの「べつの道」を単なるノンケミカルではなく、自然との共生を、ゆったりとかつ高度に実現していく有機農業の道として、そしてより本質的には世界を救う農の道として提起、提唱してゆきたい」（中島紀一 2010）

　カーソンは環境論として「ノンケミカルの道」を提示したわけだが、有機農業・自然農法の私たちの課題は、それを受けて「有機農業の道」を農法論として構築していくことだという考えを述べたのである。自然共生的な「農の道」というステージへ、すなわち「農法形成」の道を具体的に拓いていくことが私たちの課題だという認識である。

　「ノンケミカル」と「農法形成」の２つが有機農業・自然農法技術の基本的柱建てだというのが著者の考えであり、その要点はおおよそ次のようになる。

① ノンケミカル　主として安全性、環境論からのアプローチ

　　化学肥料は使わない　合成化学農薬は使わない　遺伝子組み換え種苗は使わない

② 農法形成　主として農業論からのアプローチ

③ 豊かな土作りと作物の生命力を引き出す　地域の自然との共生を重視する

④ 地域の伝統的農業から学ぶ


　日本における有機農業の現実の過程を振り返ると「ノンケミカルの道」はそれなりにしっかりと追求されてきたが、「農法形成」については生産現場でのさまざまな取り組みは累積してきたものの、全体としてはその意識的、体系的追求は弱かった。なかでも現時点からみれば、種子論からのアプローチは弱かった。

　こうした経過も災いして、有機農業に関する社会的論議において、安全性論はそれなりに明確だったが、農業についての自然性志向への体系的追求は弱かったと考えざるを得ない。そうした経過に関して、有機農業と自然農法を区別してみると、有機農業においてその傾向が特に強かった。また、制度論の面らかみると有機 JAS の基準議論はほとんどノンケミカルの LCA 的な線引き論に終始しており、農法形成の視点の欠落という点で歪みは特に著しい。

　さて、有機農業・自然農法についてのこの2つの柱建ては、取り組みの段階論と組み合わせると次のような整理もできる。この整理は図式的で、作業仮説的なものであり、何時でも何処でもあてはまるというものではないが。

① 慣行栽培からの転換期

　　化学肥料や農薬からの脱却　土作りの本格的開始　代替資材にも依存しつつ

② 有機農業・自然農法の本格的展開

　　低投入・内部循環・自然共生の技術展開への条件形成とそこへの移行

　　土への有機物の供給を前提として、豊かな土の力を引き出し、蓄積する

　　代替資材依存からの脱却へ

　　土と作物の、さらには雑草・微生物・小動物らの圃場生物の、そして地域自然との共生的関係性を多面的に作っていく

　　　　　あせらず時間をかける　農業系全体における技術的生命的蓄積が大切

　こう考えてみると、有機農業・自然農法にとってノンケミカルの課題は実に重要な前提的契機ではあるが、それは最終的目標ではなく、初期における不可欠なステップとして位置づけられる課題だということになる。それを踏まえて農業としてみれば、一番大きな目標は農法形成であり、しかもそれは単なる農法的成功で終わるのではなく、それをもってケミカル優先で固められてしまっている現代農業や現代社会としっかりと向き合って、農業のあり方、社会のあり方の転換を図っていくということが課題なのだ。私たちの大きな時代的目標は、端的に言えば、さきに提起した IPCC による**図1**の A1 ⇒ B2 への移行にあるのだから。

　私たちには、カーソンの提起をしっかりと受け止めたうえで、そこに止まることなく、農法形成においてしっかりとした成果を作り出さなくてはならない、それを踏まえて農生態系の、さらには農村的な地域生態系形成に関して、状況を大きく変えていくことが求められている。それは大課題だが、これまでの経験に基づけば、時間はかかったとしても十分に可能だと考えられる。

## 3．農業技術の基本類型　人為的技術依存の農業　自然力依存の農業

　さて、以上の問題意識を有機農業・自然農法についての技術論的理解の前提として、これから本章での第2の課題とした「有機農業・自然農法を貫く技術論」について述べることにしたい。

　まず、そのための基本認識の第一として、農業技術における作物・家畜の生育の一般論を確認しておこう。

　農業の前提には、自然界における植物、動物の生育の一般原則がある。そこでは、低栄養・健全生育、そして周辺環境との多面的な共生的関係性の形成があたりまえの前提とされている。生物には、個体の寿命があるが、それは種の終焉ではない。種という視点から見れば、生命は継続なのだから、生育の通常のあり方は、生命の原理にそった健康、健全にあり、それは生育環境における共生的関係性を軸として、豊かな生物多様性とその堅牢な構造形成（ロバストネス）によって基礎付けられている。低栄養が基本となる自然界にも時として

病虫害の蔓延はあるが、それは関係性の崩れとして生起するもので、いつでもどこでも生起する普遍的な状態ではない。

　それに対して、工業生産力導入を軸とし、多投入を技術的基本としてきた近代農業では、作物・家畜の生育とその環境条件に関して、作物・家畜の生長性だけが一面的に重視され、そこには関係性形成への配慮は希薄で、ほぼ普遍的に富栄養の環境状態を作ってしまっている。それは極めて不安定なものとなっている。

　近代農業のこうしたあり方からの転換を目指す有機農業・自然農法などの自然共生型の農生態系形成の取り組みにおいては、自然共生的な一般生態系との連続性、関係性をできるだけ追求しながら農業を組み立てようと志向されてきた。その自然との連続性関係性追求の視点から、作物・家畜の生育と土壌の化学的状態の関係だけでなく、土壌の生物的状態、有機物の存在状態、土壌微生物、土壌小動物、訪花昆虫たち（圃場生物）、害虫の生態をコントロールする機能ももつとされているただの虫や野鳥たちなどとの関係性にも関心が寄せられるようになっている。これまで有機農業では土づくりとして主として微生物系＝作物系の良好な関係性形成が重視されてきたが、自然農法からの問題提起も受けて、それだけでなく、農業の営みとより幅広い自然生態系との関係性形成への配慮も広がりつつある。

　最近の研究では、共生微生物は富栄養下では働きにくい、作物・家畜と微生物との共生的関係性の形成は富栄養下では難しいなどのことも解ってきている。例えば、作物と微生物との相利共生関係においては、作物の根から共生微生物に糖類を供給し、作物は共生微生物を体内に取り込んでミネラル栄養を得るという関係の形成が知られている。この関係の一般的成立には、低栄養条件が前提となることが実験的にも解明されてきている。また、作物が低栄養を感じた時に共生系移行への植物生理的なスイッチが入ることなどのメカニズムも明らかにされてきている。

　しかし、その一方で、近代農業、そしてそれを理論的にも跡づけてきた近代農学が推進してきたように、作物・家畜の生育能力にはたいへん大きな幅があり、上述のような低栄養ではなく、施肥等で人為的に富栄養条件を作れば、作物生産は一般的に旺盛になることもいうまでもなくよく知られている。しかし、

そうした場合には、土壌微生物との共生的関係は消滅してしまう。

　こうしたことから農業論の一般的命題として、次のようなことが認められる。

　**「農業には『人為的技術依存の農業』と『自然力依存の農業』の２つの要素
がある」**

　ここで付言すれば、「伝統農業」にも、「近代農業」にも、「有機農業」「自然
農法」にもこの２つの要素は認められる。すべからく農業であるならこの２つ
の志向は必ず共存していると考えるべきで、その認識の上に、両要素のあり方
とバランスに大きな違いがあると考えるべきなのだ。

　そしておおよその整理としては次のように言えるだろう。

　「伝統農業」と「有機農業・自然農法」は主として自然力（自然共生）依存、
端的には地力依存を志向している。それに対して「近代農業」は主として人為
的技術（工業的資材投入）依存を、端的には施肥依存を志向してきた。

　さらに言えば、近代農学は、この二つの原理が併存するという農業真理をか
なり意識的に無視し、農業における自然力の重要性を黙殺し、農業についての
自然論的基礎認識を極端に無視し続けてきた。その結果、農業技術はもっぱら
人為を軸に成立する系だとの観念論を蔓延させてきてしまった。ここに、近代
農学の農業論にかかわる基本的な誤りがあった。この観念論からの脱却はこれ
からの大きな課題となっている。

　例えば、近代農学の典型的なあり方を示すものとしてのいわゆる施肥試験が
ある。そこでは、試験研究の枠組みの前提として、施肥の化学成分の統一を前
提として、試験区の比較によって考察が進められる。こうした実験の枠組みの
厳守にこそ科学性があると主張され続けてきた。

　しかし、土には生成論的類型があり、化学成分の動態に限ってもそれぞれに
実にさまざまな特質があることは周知だろう。保持、吸着、排出、溶脱、形態
転換。さらにそこに土壌生物的働きも加わる。また、作物側の吸収等のあり方
についても、例えば品種によって施肥対応特性は実にさまざまであるし、根の
張り方、気温、天候によってさまざまな適応がある。さらに、栽培者の都合や
考え方も、早く収穫したいとか、ゆっくり収穫したいとか、大きくしたいとか、
したくないとか、実に様々である。こうしたことをほとんど無視して、ただ施
肥＝作物生産の反応だけを問おうとするのは、冷静に考えてみれば科学的では

なく農学的ではない。だから近代農学的試験の多くは、上述の視点からすれば荒唐無稽な取り組みに過ぎなかったとのそしりを受けても仕方ないのだ。それでも農学を志向しようとするならば、せめて施肥反応だけでなく、しっかりとした農法比較試験へと進むべきなのだ。

　また、近代農学においては多くの場合、自然力探究の視点が著しく弱い。自然力と人為の関係性をきちんと考察しようとしていない。だが、当たり前のことだが農業において自然力はいつも極めて大きく、かつ、それは極めて個性的で、その幅は広く深い。

　伝統的な農業の段階では、農業はおおむね地域的な農法として存在し、農法の内実は自然力の個性を多面的に生かした体系として成立していた。だから、農法は多様であり、かつ強い風土的体系性をもってきた。そこに伝統的農業という段階での「技術を農法として把握する農学」の成立の可能性を知ることができる。そうした認識は、伝統的な農業の地域的分化、そして風土的農法把握を追究した松尾大五郎、嵐嘉一らの「平衡体把握」(balanced ecological complex 把握) に実に優れた到達点を見ることができる (松尾大五郎 1950) (嵐嘉一 1975)。

　しかし、今日、このようなすでに試された「平衡体的農法」はすでにほとんど崩れてしまっている。そこで農法比較試験と言ってみたところで、農法解体の時代がすでに長く続いてきていて、試験の前にそうした農法が把握できなくなってしまっているのだ。本格的な農学を、実験的に進めようとしたときに、途方に暮れないとすれば、その方がおかしいと言うべきなのだ。

## 4. 農業における「自然力」と「人為技術」　トレードオフ的なことが多い

　「有機農業・自然農法を貫く技術論」について考える前提としての基本認識として、前項では、その第一として農業においてはすべからく「自然力」も「人為技術」も必須で、問題はそのバランスだとした。続いて第二の基本認識として、実際のところは両者の関係は複雑で、その動態的把握はそれほど簡単ではないということを述べたい。

　まず、今日の農業段階では、「人為技術」のほとんどは工業的資材の圧倒的

導入と利用となっており、しかもその力は、農業の風土性を吹き飛ばすほどに強く圧倒的だ、という現実がある。工業的資材の多投入は、多くの場合「自然力」自体をダメにしてしまう。デリケートな関係性は壊されていく。

　他方、自然力に着目し、その特性を解明し、その高度化を図ろうとする研究は実に未熟のままである。

　こうした状況のもとでは「人為」と「自然」の共存、両立と言ってみても、現実にはそのリアルな追求は相当な意志を働かせなくては極めて難しいという事実がある。この難しさは、この2つの技術的要素の基本特性の相違にも由来している。

　農業技術には、効果が鮮明なものと、効果はあるようだが不鮮明なものがある。多くの場合、技術評価としては、前者が優良とされ、後者は退けられることが多い。だが、農業技術には、効果が短期間に現れるものと、効果の発現に時間がかかるものがある。また、効果は一時的でまもなく消えてしまうものもあるが、その効果は持続し、蓄積されていくものもある。にもかかわらず、近代農学における短絡的な技術評価では、上記のようになってしまう。

　たとえば、土づくりと他の技術の複合を想定すると、土づくりの進んでいない圃場での試験結果と、土づくりが進んできた圃場では、結果が大きく異なることが少なくない。また、農薬の効用試験では、農薬を撒けば害虫も死ぬが、天敵も死ぬ。しかし、農薬を撒かずに天敵等によく気配りしていくと、数年後に、天敵等が定着し、農薬を散布しなくても害虫被害はあまり生じなくなる場合も散見される。短絡的な現代の技術評価においては、こうしたことが適切に考慮されることは実に少ない。

　農業技術には、効果が鮮明で独善性の強いものもあるが、関係性の改善によって効果が作り出される穏やかなものもある。ここでは仮に、前者を独善的技術、後者を関係性技術と表現しておこう。

　近代農学の技術評価は、効果鮮明、即効的、効果が独善的なものを良しとすることが多かった。それは普及しやすい技術でもあった。近代工業から農業へは、そうした特質の技術が選ばれて、優れた技術として、移転、導入、普及がなされてきた。それが近代農業をほぼ完全に捉えきった「人為的技術」のおおよその特質だった。そうした「人為的技術」の多くは独善的技術で、関係性を

重視する技術ではなかった。

　しかし、自然力依存を重視する有機農業・自然農法では、主に関係性重視の技術にこそ注視していかなくてはならない。その理由は、有機農業・自然農法が重視する自然力の内実が多くの場合、共生関係的なものだということに由来している。

　端的に整理すれば、独善的技術≒人為力≒近代技術という図式がある程度成り立ち、そこから近代農業における生産力の急成長がもたらされるが、しかし、それは中長期的には不安定な生産力形成とならざるを得ない。

　他方、関係性技術≒自然力≒伝統的技術≒有機農業・自然農法技術という図式もある程度成り立つ。そこからの生産力形成は漸次的だが、しかし、中長期的には安定していく。

　このように農業技術には2系列の技術体系があり、それは多くの場合にトレードオフ的関係にあるということ。したがって自然共生の農業と人為優先の農業の共存は難しいという厳しい現実がある。この認識が重要である。

　だから、有機農業・自然農法の実践が、自然共生型農生態系の形成を促し、その関係を強い構造にして、またそれに支えられて、生産力が形成されていくようなあり方の追究、本章の言葉で言えば「自然共生型農業への移行」を強く意識した研究の推進が必要なのである。そうした追究の積み重ねが農業の次の時代を拓くのだ。

　関連してこのことは次のように敷衍することもできる。

　ここで提起した農業技術における2つの系列の類型、すなわち独善的技術と関係性技術という対比的なあり方は、原発開発にかかわって高木仁三郎さんが提起したアクティブ技術とパッシブ技術という技術系列の概念整理とほぼ対応している。高木さんは工業におけるアクティブ技術追求の積み重ねのなかで、危険性はある程度承知の上で、原発技術開発がやみくもに追求され、結果として取り返しのつかない大事故を招いてきた。だから、これからは人為の独善的あり方を抑えて、自然順応的なパッシブ技術の流れを強めなければならないと、最後の著作で遺言のように述べた（『原発事故はなぜくりかえすのか』）（高木仁三郎 2000）。

　そしてこのように述べる高木さんは、かなり以前から自らも自然とともにあ

る農業に寄り添うという生き方に転換されていた。この点について筆者は原発事故後の『有機農業研究』特集で詳しく論じたことがあった（中島紀一 2012）。

　2017年6月に亡くなった野中昌法さんの遺言のような絶筆（『有機農業研究』巻頭言、7巻2号、8巻2号、野中昌法 2015、2016）に明言されている通り、水俣病は、熊本でも新潟でも化学肥料産業の無謀な所産だった。高木さんの原発技術についての遺言は、野中さんの化学肥料産業についての絶筆とほぼ重なっている。高木さんが現代的アクティブ技術の典型として指摘した原発技術は、農業においては独善性の強い化学肥料産業主導の技術と同類のもので、原発技術は、結果として福島原発事故を生み出し、化学肥料産業主導の近代農業は、そのスタート時点の頃から水俣病を垂れ流してきたのだった（野中昌法 2015）（野中昌法 2016）。

　またこうした技術概念の整理を、産業と生活自給という視点と重ねてみれば、独善的技術は競争原理に追い込まれやすい産業技術と馴染みやすく、関係性技術は風土性のあるいのちと暮らしの論理＝生活自給とよく馴染む。最近の農業論における対抗構図、産業主義的な効率重視の大規模営農と、暮らし重視の小農的営農という対抗ともこの技術類型の対比はおおよそ重なっているように考えられる。

## 5．成熟期有機農業の技術の特質　「低投入・内部循環・自然共生」

　さて、農業技術論についての以上の予備的考察を踏まえて、いよいよ有機農業・自然農法の技術論の骨格について述べたい。この点についての筆者の考え方は「低投入・内部循環・自然共生」というキィワードに集約されている。こうした議論の整理は、筆者だけのものではなく、日本有機農業学会主催の「有機農業の技術的到達点に関する全国調査」や有機農業技術会議での集団的な調査研究を踏まえたものである。その検討経過や内容の詳細はすでに3種の著書で詳細に記述してあるので、ここでの解説は簡略に済ませたい。

　中島紀一・金子美登・西村和雄（2010）『有機農業の技術と考え方』

　中島紀一（2011）『有機農業政策と農の再生──新たな農本の地平へ』

　中島紀一（2013）『有機農業の技術とは何か──土に学び、実践者とともに』

　有機農業の技術的特質を「低投入・内部循環・自然共生」の３つのキィワードとしてまとめたこの整理の技術論としての重要な特徴は、それを有機農業の技術的定義として位置づけるのではなく、実践の積み上げの中で、有機農業の技術は次第に深化、成熟していくとして、それを動態的に捉え、その動態、展開に内在する基本的論理として３つのキィワードを位置づけたという点にあった。

　この整理は当初は「成熟期有機農業」の調査分析結果として析出されたが、それは筆者らのその後の自然農法についての調査研究を通して、自然農法においてもほぼ同様のことが確認できることが明らかになった。この方法論を含む認識を踏まえて、本章の全篇で述べてきた「有機農業と自然農法の技術論的な統一的理解」が可能となったと考えている。

　研究経過的な説明は以上で終えて、内容についての解説に移ろう（図２、３、４）。

　まず、自然共生の農業の基礎には、有機物の施用などを前提とした圃場の生態系の時間をかけた形成と、そこで共生的に生きる作物の命のあり方、そしてそれらさまざまな能力を高めていこうとする農家の技術、その歴史的展開と蓄積があるという認識が基礎となっている。

　近代農業、近代農学では、多投入＝多収穫の生産関数的な発想が強固にあっ

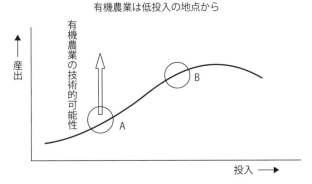

有機農業は低投入の地点から

**図２　農業における投入・産出の一般モデル**
**（収穫逓減の法則）と有機農業の技術的可能性**
**（中島2007）**

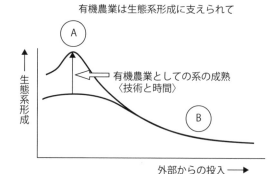

図3　農業における内部循環的生態系形成と外部からの
　　　資材投入の相互関係モデル（中島2007）

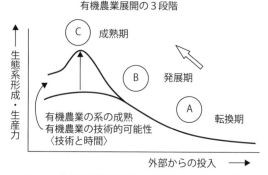

図4　有機農業展開の3段階（中島2009）

て、収穫逓減のぎりぎりの限界近くまでの投入が追求される場合が多い。

　しかし、有機農業・自然農法においてはそうした立場には立たない。そこで
は、肥料等の低投入によって、土壌栄養系に関して大きな人為的変動を加えず、
個々の作物にとっては低栄養、貧栄養が基本的与件として設定され、そこから
次第に内部循環、関係性の多面的形成が進み、圃場生態系は次第に活力をもっ
て成熟していく。そこで形成される生物的な環境の基本には、相互依存的な多
様性とその構造的堅牢性（ロバストネス）の形成があり、それが自然共生的な
漸次的な生産力形成の基礎となっていくと認識されている。

　肥料等の低投入を初期の前提とした多面的で複雑な共生型生態系の形成には
時間的経過が不可欠となる。有機農業・自然農法の技術的過程では、時間は、

成熟、蓄積のための不可欠の要素であり、多くの場合、その時間は短いより長い方が良い。その過程で、有機物の継続的供給を前提として、微生物、土壌小動物、昆虫、鳥、雑草などが複雑に関係し、その結果として、土も変わり、作物の生理生態的あり方も様々に変化していく。作物側の変化では根の張り方が劇的に変わる。

　そして、こうした作物生育も含む圃場生態系の形成、成熟の過程で、関係性形成に配慮した様々な手入れ的人為の介在が、すなわち技術、農作業が、大きな意味を持っている。

　このような時間をかけた、手入れ的農作業の積み重ねとともに進行する圃場生態系の形成、成熟過程で、どのような共生生態的な過程が進行しているかについては現在さまざまな研究が急速に進みつつある。驚くような新知見も次々と発見されてきている。そう遠くない時期に、それらの新知見の具体的総まとめも提出されてくるだろう。

　繰り返しになるが独善的人為優先の近代農業においては、多投入による富栄養の限界的追求が基本となり、農耕過程における生態系形成と時間をかけた生育という発想は微弱で、そこでの系は、短期的には活力はあるが必然的に不安定なものとなっていく。


　ここで3つのキィワードについて簡単に解説すれば次のようである。

①　**低投入**

　　外部からの肥料等の資材投入（そのほとんどが工業製品）をできるだけ抑制し、低栄養の堆肥等によって土壌有機物の蓄積を促進する。これによって圃場の環境は、有機物は豊富だが作物栄養的には低栄養状態へと誘導される。

②　**内部循環**

　　土－微生物（圃場生物）－作物・家畜の相互依存的な共生的循環、多面的な関係性を広げ、また周辺の自然環境との共生的連関の展開を促進し、安定した活力ある農生態系の回復と展開が図られる。

③　**自然共生**

　　農業と自然との関係を修復し、自然の条件と力を活かし地域の自然との

多面的共生回復の線上に生産力展開が目指される。

**有機農業・自然農法技術に関する基本的な再確認として**
**有機農業・自然農法技術の特質**

①　投入－産出の生産関数的技術論からの脱却

田畑と作物・家畜は自立的に生きる　田畑と作物・家畜は共生的に生きる
農業技術は田畑と作物・家畜への働きかけであり、そこから新しいいのちの世界が拓かれる

１＋１＝２でない多面的連鎖の世界が拓かれる　工業技術と農業技術の違いがここにある

②　これからの有機農業は地域の自然と結び合う

気候条件・地形条件・林野等の生態条件

流域・地形連鎖という捉え方　生態型という捉え方(照葉樹林・ブナ林等)

生きもののネットワーク　生きもの連鎖

資材の利用：生態系の恵みの中で　生態系の保全管理：生きものの多様性

自然（風土）と農業の連関が新しい農と自然を創る

**有機農業・自然農法とは何か　その基本的な考え方として**

①　農業はもともと自然に依拠し、その恩恵を安定して得ていく自然共生の営みである

②　近代農業は、農業を人工の世界に移行させ、工業技術導入で生産力向上を目指してきた

③　しかし、近代農業は、環境を壊し、食べものの安全性を損ね、農業の持続性を危うくしてしまった

④　有機農業・自然農法は、近代農業のあり方を強く批判し、農業と自然との関係を修復し自然の条件と力を活かし、自然との共生関係回復の線上に農業生産力展開を目指していく

　考えてみれば、有機農業・自然農法に関するこうした農業展開のあり方は、工業からの資材供給があまりなされていなかった頃の伝統的農業における基本

的な技術路線をほぼ継承するものだということに気づかされる。ここでかつて松尾、嵐らが、あたり前の、しかし風土的に成熟した優れた農業技術のあり方として把握した地域的な「平衡体」（balanced ecological complex）を高く評価していたことが想起される。

　そうした状態への時間をかけた回帰と、しっかりとした構造形成という松尾や嵐が注目したあり方と、私たちの技術論的立場は、内容的にはかなり重なっていることに気づかされる。だから、有機農業・自然農法技術のこのような理解は、その実践の積み上げと展開の線上に、あたらしい地域農業の農法形成的な展開が拓かれていくだろうと期待されるのである。

## 6．有機農業・自然農法の世界にも独善的技術志向の流れは歴然としてある

　もう10年以上前のことだが、茨城県阿見町での耕作放棄地再生の取り組み（うら谷津再生プロジェクト）のなかで、市民農園開設が図られ、そのスタートの時に、有機野菜作のベテラン先生にお願いして参加市民への農園事始めの講座を催したことがあった。例のごとく事前の内容打ち合わせもあまりもしないままにほぼアドリブでの実施になってしまったが、そのベテラン先生は軽トラに石灰と溶リンとぼかしの袋を用意してきてくれていて、いきなり、まずはPH調整が必要だとして石灰を撒き、続いてここの土は火山灰なのでと溶リンを撒き、最後に肥料はぼかしが良いとぼかし肥を撒いた。私は仰天したが、その場で止めるわけにもいかないのでその場はそのままやり過ごし、次回からはお願いしないことにした。そのベテラン先生は茨城県内の他地域で活躍されている方だが、うら谷津の土地については何も知らない人だった。

　また、その関連で、そこではどんな野菜がいいのかと、地元の自然農の浅野祐一さんに相談したら、わざわざ種の瓶を持って畑まで来てくれた。浅野さんは、そこで瓶のふたを開けて「ここにはこれまで自分で使ったいろいろな種の残りが貯めてある。それを適当にバラ撒いて、芽生えの様子をよく観察して、うまく芽生えて育ったものを選んで、そこから種を採り、それを栽培品目に選んだらどうだろうか、なかにはおいしく育つ野菜もあるだろう」といって無造作に雑多な種を蒔いてくれた。

　草むらでカボチャを作った時も、直播と苗移植の両方をやってみたらと勧めてくれて、直播の場合は芽生えの時の虫害の様子、苗移植の時もきっとウリバエがたかるからウリバエに見つからないようにうまくやったらと助言してくれた。そして度々畑に来てくれて、虫などの観察をしながら彼らしいいろいろな発見を教えてくれた。

　有機野菜のベテラン先生と自然農の浅野さんの、知らない農地への対応は実に対称的だった。

　ベテラン先生は自分が確信している技術を迷わず実行し、浅野さんは、そこがどんな畑なのかわからないから、とりあえずいろいろやってみて、それをよく観察してそのなかから策を探ったらどうかという助言をしてくれた。浅野さんは阿見のうら谷津からもそう遠くないところで長く農業に取り組んできた人である。

　新規参入の有機農業の若者たちも増えている。新しく農地を借りて、初めての作物を作付ける。いろいろ勉強して、栽培作物や品種を決めて、堆肥や肥料を準備する。おそらくそれが当たり前なのだろう。

　しかし、私から見るとこうしたやり方はまことに困った習性だと感じる。初めての農地なら初めに周りの草を刈って入れるくらいはいいだろう。しかし、最初の準備はそこまでではないのか。

　初めてならばまずは無肥料で、品目や品種もいろいろやってみるのが当たり前ではないか。それを経験すれば最初の1作でその農地のことはおおよそわかってくる。問題はその次の手だてだ。資材投入をいろいろに工夫して、すぐに大きく土地を改良していくという考えもあるだろう。しかし、私ならできれば5年くらい先を頭に描いて、その土地をどんな農地にしていけるのか、その段取りをその土地と対話しながらぽつぽつと考えていく。やり方はいろいろに試行錯誤的で、行きつ戻りつだろう。

　ここで種のことも改めてよく考えてみたらいい。

　龍谷大学農学部の三浦励一さん（雑草学）は、水稲の品種について深く疑っている。肥料依存性、除草依存性が、近代育種の過程で強く刻印されているのではないかという疑いである。そこで、農水省のジーンバンクから50種ほどの種を求めて比較栽培試験をやり始めている。明治の頃の品種から今の品種ま

で。その結果は、肥料や除草に頼らずにちゃんと成長できるのは明治の頃からの種で、現在ではそうとう古い品種とされる大正，昭和前期頃の品種でも，多くは肥料と除草の依存性はかなり強くなっているということだった。東南アジアの普通の田んぼではほとんど無肥料、無除草でちゃんと稲は育っている。その１つの理由は、彼の地の普通の農家では改良品種ではなく、昔からの在来の種を使っているからだというのが三浦さんの推測なのだ。

　こんなことを考えてみると私たちの有機農業の、あるいは自然農法の栽培理論も相当に根本的に見直した方が良いのではないかという気がしてくる。いま農家の間で人気を博している有機農業や自然農法に関する著名な技術処方や技術理論にも独善的技術の優先にすぎると考えざるを得ない例が少なくない。

　しかし、有機農業、自然農法の基本は、独善的技術への傾斜ではなく、穏やかな関係性技術の時間をかけた積み上げにあるのだから、有機農業、自然農法らしさをもっと色濃く打ち出していく方向で、外部資材の導入ではなく、地域の資源をうまく利用していく方向へと、だから自然とともにある農業への転換をより強く志向して、少なくとも試験研究の場や技術改良の現場では、より根本的な見直し栽培へ、思い切った原点回帰栽培の試行、時間をかけた構造形成の意義の確認、等を幅広く期待したいと感じる。

## ７．有機農業・自然農法は特殊な農業ではなく、農業の長い歴史の本道を継承していく

　さて、はなはだ簡略ではあったが、有機農業・自然農法の技術論的骨格の解説は以上で終えて、つづいて有機農業・自然農法の農業論に関して、本項と次項で２点だけ述べておきたい。

　それぞれの土地には気候風土があり、農業はその風土の中で、長い歩みを経て、その土地らしい農業の姿を作り上げてきた。そこでは土の力とそこで育つ作物の力、それに対応した食の地域的体勢が、風土性のある生産力形成の基礎となってきた。だから土づくりと地域の自然と馴染む種の選抜と継承、そして地域自給を基礎とした食のあり方が、地域における農耕技術、すなわち農法の技術的基本となっていく。いずれもその技術の担い手は農家であり、農家の暮

らしだ。長い農業の歴史をつぶさに振り返れば自明である。

　しかし、近代農業、近代農学においては、農家のそして地域のそんな技術力には関心を示さない。もっぱら工業生産から作り出された資材を投入することで農産物の生産力だけを高めようとしてきた。そこで問われてきた農家の技術力は、ほとんどの場合、導入されてきた諸資材の上手な使い方でしかなかった。作物の生理生態についての解明や知識も著しく豊富になってきたが、自然の力を豊かに強め、自然力を生産力としてより良く機能させていくというよりも、導入資材の効果的な使い方において生理生態の知識が役立つことがもっぱら期待されていく。そこでは、農家の土づくりも、農家の種採りも、それ自体としては重視されない。土づくりでは、そのための資材活用が奨められ、種については、購入種子の利用と更新が強く奨められる。

　こうした過程で、土は痩せ、地の種は消失していってしまう。そして、化学肥料と農薬の使い過ぎで環境は壊され、果てにはサイレントスプリングがつくられてしまう。農産物には農薬が残留し、命の世界が犯されて行ってしまう。

　しかし、そうしたあり方の反省に立つ有機農業・自然農法では、何よりも土の力を高め、作物の生育力を強めていこうとする。その技術形成の過程では、たとえば第二次大戦戦後の物資困窮の頃に高度に発達した様々な民間農法が掘り起こされ、それに助けられてきた。温故知新はその頃のみなの心構えだった。

　これらの民間農法の展開については中島紀一『野の道の農学論』（2015a）に1995年に書いた研究報告を収録した。

　化学肥料に代えて有機質肥料が工夫され、その過程では様々な微生物発酵が工夫され、身近な資材を活用して肥効が良く、しかも障害が出にくいぼかし肥料が技術化していった。土づくりでは堆肥施用が取り組まれた。当初は生畜糞などの乱暴な多用の例も少なくなかったが、堆肥についても時間をかけた発酵が重要だという認識が定着し、さらにはそうした発酵畜糞よりも落ち葉堆肥などの方が望ましいという認識も広がっている。また、落ち葉堆肥はできれば山で作れば熟成が早く、そのたっぷりとした施用は土づくり効果が高いことも解ってきた。有機物施用が重要で、そこでは微生物が有用な働きをし、さらに落ち葉堆肥づくりなどではさまざまなキノコの群生、カブトムシ、トビムシ、ミミズなどの土壌動物の連鎖的な働きも大切だということも実感をもってよく

解ってきた。雑草の繁茂は困るが、土づくりの進んだ畑にはそれに対応した草が生え、草は敷草にも使えて、敷草はビニールマルチより土を良くしてくれる、大局的には雑草こそ大切な自然力、資源だということも解っていく。

　こうした試行錯誤の技術形成のプロセスは、振り返れば農学的にも合理性があり、それは里山などの自然界での土壌形成のプロセスともよく対応していることも明らかになりつつある。それは伝統的農業の技術ともよく重なっている。技術効果は穏やかで緩やかだが、それは少しずつ蓄積し、農業はだんだんやり易くなっていく。

　できるだけ外部資材に頼らず、自然力利用を追求するという姿勢の確立、それは他人からはかたくなだと思われてしまうことさえあるが、その意志の確立は不可欠だ。しかし、そうした技術の道は決して特殊で、偏屈だということではなく、長く続いてきた伝統的農業のあり方をさまざまに継承するものとなっている。だから大きく見れば有機農業・自然農法もごく普通の農業のあり方であり、伝統の継承でもあるのだ。

　日本民俗学を創った柳田国男は、全国各地の村歩きから得られた認識として、日本の農村集落の立地構造について、ムラ（集落）＝ノラ（野良）＝ヤマ（林野）の三相のセットとしての存立を述べている。卓見である。本章のテーマは柳田のいうノラの構造である。柳田のこの認識は、ムラ、すなわち自給的な暮らしと、ヤマ、すなわち自然の恵みの二つの間での営みとしてノラがあり、そのムラとヤマに支えられながら、導かれながらノラの営みは成立しているという技術論につながっていく。

　改めて各地の集落の姿を思い浮かべてみれば、ムラの向こうにはヤマがあり、その向こうには隣の村があるという立地的配置が眼に浮かんでくる。こうした林野はいま奥山と区別されて里山として認識されるようになっているのだが、柳田が見抜いたこの三相セットの集落構造こそ、日本の長い農耕史の原点だった。

　しかし、こうした認識は、近代農業からも、近代農学からも、ほぼ完全に抜け落ちてしまっている。他方、有機農業・自然農法の歩みは、基本的には柳田の言う三相セットの仕組みの再建過程だったと位置づけることもできる。

　自然力から離れて、特殊資材に頼っていく近代農業の方が、農業の長い伝統

とその摂理に反した農業の特殊なあり方だと考えるべきなのだ。

　ところが、有機農業は有機JAS規格に則った特別な農業であり、他の慣行栽培とは明確に区別されるという、農業技術論としてはきわめておかしな制度と理解が作られてしまった。有機JAS規格はよく読んでみると、そこで示されているのは、道理に則した農業のやり方ではなく、もっぱらノンケミカルの視点からの慣行栽培との差異性についての線引き規格なのだ。それはそれで現行の厳しい法制度なので尊重しなければならないが、そのJAS規格は線引きを示すだけで、そこに有機農業や自然農法についてのしっかりとした農業理論が書き込まれているわけではない。有機JAS規格のこの大きな欠陥を社会はまだほとんど気づいていない。

　本章では2〜6までを費やして、有機農業・自然農法の技術理論について解説してきた。いま読み直してみれば、それは特殊技術の解説ではなく、農業ならば幅広くあてはまる一般原則の説明となっている。長い農業の歩みは、緩やかな生産力の発展史として総括されるが、それは決して資材投入の増加の結果ではなく、農の営みの継続のなかで、少しずつ土が良くなり、作物が強くなっていった結果だった。自然力が少しずつ農業に味方してくれるようになってきたからだった。農業とはそういうもので、有機農業・自然農法の技術展開はそうした道の改めての追求であった。こうした視点からすれば、むしろ近代農業こそが特殊な農業だと言うべきであって、有機農業・自然農法の道にこそ農業の本道があると考えられるのである。そして有機農業・自然農法が辿ってきた道は、本章1で論じたように地球温暖化対策などにおいても、IPCCの図1、A1ステージからB2ステージへの移行の回路の模索、発見という、きわめて希望のある道だったのだ。

## 8．有機農業・自然農法は地域の多彩な農業と結びあい、豊かな地域農業をめざす

　ここで、原発事故の被害を受けながら、そこから立ち直り農業復興を進めつつある福島・阿武隈の農家たちとその地域のことを、この項の表題に則したものとして書いておきたい。

　原発事故の被害の中心地は阿武隈山地の山村だった。そこでの農業の中心は自給的な小規模農業で、担い手も高齢者の比率が著しく高かった。原発のごく近くの地域には、放射能汚染が酷く、いまも帰還できない地域も広がっている。しかし、汚染はそれほどでもなく、住民の強制避難は免れた地域もかなりあった。しかし、そこでも放射能汚染の影響は深刻で、若い家族員たちの多くは他地域に避難した。また、避難しない場合にも、食を軸とした暮らし方については、自給的な地産地消のあり方には大きなひびが入り、野菜などについては遠隔地産のものを購入して食べるというあり方も広がってしまっていた。

　原発事故によって、自給的な田畑を担う高齢者たちと若い世代の家族員が一体として暮らすという家族のあり方の継続は難しくなり、山村における自給的な伝統的な暮らし方も維持しにくくなってしまった。地域資源の循環利用を一つの理念としていた有機農業も、都市の消費者の離反は著しく、強いダメージに見舞われた。放射能汚染は、山村の暮らし方、山村の家族のあり方、山村の農業への希望を大きく壊してしまったのである。

　しかし、農家は田畑を背負って避難することはできない。農家は家屋敷を背負って避難することはできない。また、個々の農家の暮らしを支えてくれていた地域を離れて家々がバラバラに避難することもできない。農家にとってその土地に、その地域に生きることは止められない暮らしの原点なのである。だから、強制的な避難指示が出なかった地域の農家たちは、おおむね挙家的な避難はせず、家としては現地に留まり、また、地域もその機能や役割を再建しながら、その地で、その地域で暮らし続ける道を懸命に探ることになった。

　この模索のスタートはその地での放射能の状態把握だった。住民による放射能測定は個別の空間線量率測定から始まり、そのデータは地域で地図化され、地域の平均的放射能レベルが認識され、また、とくに放射能の高いホットスポットも見つけ出されていった。

　事故直後の春に、農業を継続するべきか否かについては大いなる苦悩があったが、百姓としての習い性もあっておおよそは耕作は継続された。次の課題はその夏から秋の頃、収穫された農産物の放射能レベルの測定だった。農家は穫れた野菜や米を測定所に持ち込んだ。その結果は、農産物の放射能レベルは予測よりかなり低かった。国が暫定的に定めた500ベクレル/kgを超える例は

ほぼ皆無で、2012年から強められた100ベクレル/kgという基準もかなり下回っているものがほとんどだった。その背景には、放射性セシウムを吸着・固定し作物の吸収を阻害する強い機能をもっているというこの土地の土の特性があった。農業の本源的基礎である「土の力」に扶けられ、守られたのだ。

　放射能対策について実にさまざまな特殊技術が提案され、現地に持ち込まれた。そのいくつかはそれなりに有効性を示すものもあったが、率直言って多くは無駄だった。農業の継続、再建を助けたのは、持ち込まれた特殊技術ではなく「土の力」だったのだ。この点についてはすでに多くを語ってきたので、ここではこれ以上立ち入らない。

　この「土の力」に支えられ、放射能測定でもおおよその安全性が数値として確認されていくなかで、地場産の農産物消費は次第に回復していった。まずは自家消費が回復し、ついで地元の直売店の売上げが回復し、さらにスーパーなどでも地場野菜が選ばれて売れるようになっていった。「土の力」と「農家の意思と努力」があいまって、放射能で息の根を止められようとしていた地域農業が回復していったのである。おおよそ事故後3年から4年目頃のことだった。

　この地域農業の回復、この地域は農業地域だったのだからそれは地域復興への過程だったのだが、その地域復興の基礎には家族と地域の再生、再建のプロセスがあった。

　言うまでもないことだが、避難は家族の危機だった。この地域の家族は、放射能汚染によって突然、深刻な危機に突き落とされた。家族員個々の安全のために家族の絆のある部分を犠牲にしなければならないことはたくさんあった。どうにも仕方のないことが多かった。復興とは、個々の農家にとってみれば、こうした傷ついた、あるいはひび割れそうになった家族の癒しと再生の過程にほかならなかった。その癒しと再生の過程において、土は、農業は、それが自給的なものであればあるほどに、実に大きな役割を果たしてきた。地域自然の悠久の姿もその過程をしっかりと支えてくれた。

　こうした福島原発事故被災地山村での復興への過程は、農業とは何か、地域農業とは何かという根本問題のありかを私たちに如実に教えてくれている。それは「強い農業」などとはおよそかけ離れた地点で、農業の力強さの本当の姿を示してくれている。

そして、その復興過程において、有機農業は実に大きな役割を果たしてきた。現地では有機農業・自然農法はまだ点在的な存在でしかなかったが、農業継続への彼ら彼女らの意志は明確で、地域とともに生き続けようとする彼ら彼女らの働きは明らかに地域を支えた。しかし、技術論を論じる本章との関係で言えば、その役割は、単なる人の意志や働きということに留まらず、有機農業・自然農法は、その技術論の根本において、農業継続の原則的なあり方を持っていたことが特に強調されるべきだと思われる。「土の力」であり、「作物の力」、地域で生きようとする「農家の力」であり、それは有機農業・自然農法の技術論と基本的に重なっているのだ。

　筆者は「有機農業・自然農法は地域農業として展開されるべきだ」とこれまで繰り返し主張してきたが、そのことの正当性は福島の経験がしっかりと証明していると思う。(菅野正寿・長谷川浩 2012)（小出裕章・明峯哲夫・中島紀一・菅野正寿 2013)（菅野正寿・原田直樹 2018)

## 9．農法形成から社会体制としての農業の再生、再構築へ

　本章の最後に、より広い視野からの社会変革への展望という大課題を掲げてみた。

　しかし、この課題は、当初、本章で構想した射程範囲を超えている。筆者にはまだそこへの論述について十分な準備ができていない。まことに忸怩たることではあるが、しかし、この章の最後に、私たちの前にこうした大きな探求課題があることを敢えて記しておきたい。

　現代社会全体の構造の素描とそこからの展望方向については、20 世紀の終わり、21 世紀の初めの段階で、私なりの理解を提示したことがあった。このうちはじめの 2 編は、本書第Ⅲ部に再録した。

　「世紀的転形期における農法の解体・独占・再生」(中島紀一 2000b)

　「農村市民社会形成へのヴィジョンと条件」(中島紀一 2000a)

　『食べものと農業はおカネだけでは測れない』(中島紀一 2004)

　そこで示した理解は、自然とともにあろうとする農法形成の取り組みを基礎として端的には現代社会のフォーディズム的構造からの脱却、農村市民社会の

形成という展望という枠組みであった。この認識は現在もおおよそ妥当なものだとは考えている。しかし、その後、20年も経てみると、考察のあり方や内容に至らぬところが様々にあったことも見えてきている。

　不十分さは多々あるが、いま筆者が考えている一番大きな点は、日本史における小農制（百姓とムラの農業体制）の形成と展開、その現在という視点からの考察の未熟さが20年前の考察にはあったということである。日本における小農制のおおよそ800年にわたる歴史と農村市民社会の形成という現代的課題のすり合わせを農法論という視点からどう考えていくのかという点になると、現在でもまだ十分には整理できないままとなっている。本章の冒頭でも課題として挙げてみたが、内容的な詰めは本章の最後の整理の段階でも不十分なままとなってしまった。本章で示した有機農業の技術論についての原理的整理は、有機農業推進法の成立と並行して進められた集団的検討整理の成果によるもので、この段階での技術論的方向性の提起においては、まだ上記の歴史的経過との整合性という課題はしっかりとは意識できていなかった。

　具体的な農業の、農村の現場で、その後の模索を踏まえて、かつての自説のこうした不十分さを超えて、壊れつつある小農制の維持、再建という視点を明確に掲げて、何をどのように語って言ったら良いのかは筆者にとっての切実な課題となっている。

　以上のような反省を踏まえて、自然とともにある農業を志向する有機農業・自然農法の技術論と日本の小農制の歩みとの関係、そこにある連続性等についての、この段階での私なりの考察は、なお不十分ではあるが、本書第Ⅱ部で述べた。


　という次第で、有機農業や自然農法の技術論、農法論の視点からの先端的到達点の素描という今回の報告は、従来の私の議論の枠組みの水準をまだ超えられてはいないことは自覚している。

　現場における農人たちの営みの中に、先端的到達点と瞠目されるような優れたものが創られているとしても、それが有機農業や自然農法の全体を変えていけるのかどうか、そうした変革にはどのようなプロセスがあり得るのか、等は別の問題として残されている。

　さらに仮に有機農業や自然農法自体が実態としてそのように展開したとしても，それを農業全体の，そして農村地域社会全体の再建，再構築に繋げていくこともまた実に難しいことだろう。

　最終的には，さらに，農のサイドからのこれらの取り組みの総合的展開を踏まえつつ，この社会が，そして世界が，さらには現代という時代が，どのようになっていくのかへの考察に繋げていかなくてはならない。

　これらはなんとも大課題で，筆者には，すぐには十分な論を提示する準備はまだできていない。しかし，こうした大課題をある程度意識しつつ，そこに向けての，筆者自身のこれからの作業課題として，そうした有機農業，自然農法の担い手像について，小農論の視点から改めて考察していきたいと考えている。

〈参考文献〉
明峯哲夫（2015）『有機農業・自然農法の技術』コモンズ
明峯哲夫（2016）『生命を紡ぐ農の技術——明峯哲夫著作集』コモンズ
嵐嘉一（1975）『近世稲作技術史』農文協
小出裕章・明峯哲夫・中島紀一・菅野正寿（2013）『原発事故と農の復興——避難すればそれですむのか?!』コモンズ
カーソン（1962）『沈黙の春』邦訳新潮社1964、新潮文庫に収録
IPCC（2003）『第3次評価報告書　政策担当者向け要約』
菅野正寿・長谷川浩（2012）『放射能に克つ　農の営み——ふくしまから希望の復興へ』コモンズ
菅野正寿・原田直樹（2018）『農と土のある暮らしを次世代へ：原発事故からの農村の再生』コモンズ
高木仁三郎（2000）『原発事故はなぜくりかえすのか』岩波新書
中島紀一（2000a）「農村市民社会形成へのヴィジョンと条件」『農林業問題研究』35-4: 51-56（本書第10章に収録）
中島紀一（2000b）「世紀的転形期における農法の解体・独占・再生」『農業経済研究』72-2 :71-82（本書第11章に収録）
中島紀一（2004a）「水田農法近代化の環境論的意味」有機農業研究年報Vol.4: 10-28
中島紀一（2004b）『食べものと農業はおカネだけでは測れない』コモンズ、第1章、第2章
中島紀一（2010）「有機農業における土壌の本源的意味について」『有機農業研究』2-2: 23-29（中島（2015a）に収録）
中島紀一（2011）『有機農業政策と農の再生——新たな農本の地平へ』コモンズ
中島紀一（2012）「福島第一原発事故を振り返って——「原発と有機農業」をめぐ

る戦略的論点」『有機農業研究』4-1,2:16-26

中島紀一（2013）『有機農業の技術とは何か──土に学び、実践者とともに』農文協

中島紀一（2015a）『野の道の農学論──「総合農学」を歩いて』筑波書房

中島紀一（2015b）「日本の有機農業」中島ほか『有機農業がひらく可能性』ミネルヴァ書房: 3-132

中島紀一・金子美登・西村和雄（2010）『有機農業の技術と考え方』コモンズ

中島紀一・明峯哲夫・三浦和彦（2017）『「無施肥・自然農法」に関する農学論集』秀明自然農法ブックレット6増補版（本書第3章に収録）

野中昌法（2014）『農と言える日本人──福島発・農業の復興へ』コモンズ

野中昌法（2015）「『農』の視点、総合農学としての有機農業の必然性について」『有機農業研究』7-2: 2-3（巻頭言）（菅野（2018）に収録）

野中昌法（2016）「有機農業とトランスサイエンス：科学者と農家の役割」『有機農業研究』8-2: 2-4,（巻頭言）（菅野（2018）に収録）

松尾大五郎（1950）『稲作Ⅰ　診断編』養賢堂）

三浦和彦（2016）『草を資源とする──植物と土壌生物とが協働する豊かな農法へ』秀明自然農法ブックレット3

メドウズ（1972）『成長の限界』ダイアモンド社

（『有機農業研究』第10巻第1号掲載、2018年）

# 第2章　関係性の農業技術論へ

## 1．はじめに

　従来の有機農業の農法・技術論は、多くの場合、循環型農業論がベースとされていた。

　工業技術の圧倒的な展開の下で、それに追随して構築、展開されてきた近代農業が、大量生産＝大量消費＝大量廃棄の使い捨て的なワンウエイシステムをベースとしてきたことへの強い批判もそこには込められていた。資源問題、環境問題という現代社会が抱える大きな時代的構造問題への農業サイドからの積極的な応答という意味もあった。

　ただ、ここで提起されてきた循環型農業論といっても、その含意はたいへん幅広く、資源の循環論、物質の循環論、土壌＝作物（家畜）のシステム的循環論、生きもの＝命の循環論などさまざまで、それらについての突き詰めた統一的な整理は十分には進んでこなかった。

　また、こうした論義と並行して、有機農業技術を環境や自然との関係性に着目して性格付ける論義もされてきた。自然農法という自己規定はその先駆的なものだが、農政サイドからも環境保全型農業という提案もされ、私もそれに対応しつつ環境創造型農業という提案をしたこともあった（中島紀一 2002、本書第 13 章）。

　生態学、なかでも少し前から興隆してきた保全生態学からは、「自然」を、人為と隔絶した「原生的自然」と人為の加わった「二次的自然」に大別し、長い時間軸において続けられてきた伝統的農業は、適度な攪乱の継続を前提として、安定した二次的自然を形成してきているという積極的評価もされるようになってきた。それを受けて、自給的生活（ムラ）、穏やかな農耕（ノラ）、周辺の里山利用（ヤマ）がセットとして運営される日本の農村の伝統的暮らし方が、

その周辺に時間をかけて形成してきた農的自然、かつて「故郷」などの唱歌の
題材されてきたような農的自然、等の概念も有機農業論の重要な農法論的基礎
として語られるようになってきた。この概念は、柳田國男に遡るもので、それ
に関連して私は次のように述べたこともあった。

　「農耕が結果として地域に二次的自然を形成するというだけでなく、地域の
二次的自然によって農耕が支えられ、さらには農業の持続性という概念は、農
耕がそのような二次的自然を地域につくり得たときに成立する」（中島紀一
2004、本書第1章冒頭）

　農業のあり方に関するこれらの諸方向からの論義は、幅広い現代社会論とし
ても魅力的なもので、農業論だけではないさまざまな方面からの関連した問題
提起、さまざまな新しい論説も展開されてきた。

　それらの論義は、それぞれに積極的な側面を有しており、幅広く見れば並列
して論議されることは大いに結構だと思うのだが、農業技術論として突き詰め
ようとすると、それぞれの見解への批判も含めてより立ち入った検討も必要で
はないかとも感じている。


　ここでの私の提案は、循環型農業論から自然共生型農業論への議論の移行で
ある。循環という概念のやや固定した枠組みから脱却して、自然共生という概
念を農業論の基礎に据えてみたらどうか、循環論から関係性形成論への移行を
という提案である。

　そこには循環型農業の論義があまりにも広がりすぎてしまい、有機農業の時
代的独自性を先導的に、そして柔軟に指し示していく基礎認識としては不十分
になってきているのではないかという判断がある。近代農業も時代環境の変化
の下で循環論を積極的に取り込んできている。近代農業側からのそうした動向
とも区別しつつ、有機農業と自然農法との前向きな統一的理解を進めて行くた
めにも、循環論を批判的に検討しつつ、それを踏まえてつぎの時代を拓けるよ
うな論義への移行を図りたいという思いもある。

　本章ではこうした問題意識から、従来の循環論への批判的検討を踏まえて、
関係性の農業技術論構築への一つの糸口を提示してみたい。

## 2．循環型農業技術論批判

　本章で提起する「関係性の農業技術論」はまだ端緒的な段階のもので、農業論として十分に整序された内容にはなっていない。また、ここで批判の対象とした循環型農業論についても、それが全面的に間違っていたと主張するつもりもない。ただ、そろそろこの程度のことは検討しておくべきではないかという意味合いからの批判である。次の段階に進むための論議の呼び水として受け止めていただければ幸いである。

　まずいくつか断片的なことを述べておきたい。

　循環型農業という概念は、計測されたデータから析出されたものではない。なかには計測データをある程度踏まえた論説もあるが、そうした場合でも、ほとんどはある系における物質収支のおおまかな計測で、それがサイクリックに輪をなしているという論証はほとんどされていない。

　農業は、変動の大きな気候条件などの下での、膨大で、かつかなり柔軟な複雑系において営まれており、投入＝産出の物質収支を計測することもきわめて難しい。また、私たちが対象とする農という系の範囲や特質についての検討や吟味も十分には進んでいない。

　水耕栽培などでは収支計測もある程度可能だが、農場単位での計測はほぼ不可能である。循環論がさかんに語られていた頃に、私の友人が大学農場での年間の物質収支を計測しようとしたことがあった。そうとう苦労した上でご本人はある程度把握できたと言っていたが、冷静に評価すれば、物質収支の概数把握がせいぜいのことで、農業外のファクターの変動がかなり大きかったようである。もちろんそれは循環ではなく収支の把握である。

　ある栽培系に限定して計測した場合、多肥条件の下では施肥（投入）と収量等（産出）との収支はある程度把握できる。しかし、少肥、あるいは無肥の条件下での把握はとても難しい。多肥条件の場合には、微生物等が介在する共生型の供給系が著しく衰弱していく。また施肥条件の操作は根の張りなども含めた作物側の吸収力も大きく変動させる。農業は多肥でも成り立つが、少肥、あるいは無肥でも成り立つという当たり前の事実がそこにはある。

　また、循環論や物質収支論は短期的な論義においては有用なこともあるが、時間軸を長くとれば、ほとんど意味をなさないことが多い。地球史的な視野からすれば、歴史を画するような構造の形成、成熟、次の構造への移行などがむしろ重要で、そうしたことの解明のためには、ある局面での個別的な循環や収支はあまり意味をなさないことが多い。

　ただ短期的な、そして個別の系に関してみると、循環論や収支論とその仕組みの解明は生産力形成に資することもある。他面で、私がこれから提起する関係性の技術論では、農業の全体的構造把握には役立つが、現在の段階では、生産力向上にすぐに資することはまだ多くはない。

　このように振り返ってみると、循環型農業論は、複雑系として営まれている農業、そこに技術論、農法論としてアプローチしていこうとする際の一つの有力な作業仮説、あるいは説明仮説であって、実測データに基づいて自然科学的に論証される仮説ではないということなのだ。だからそれは問題探求、課題追究、あるいは状況の理解と説明に役立つこともあれば、そうでないこともある。

　たとえば、本書第3章で紹介する無施肥を原則とする自然農法の営みについて、それがかなり長期にわたって成功している事例であっても、伝統的農学サイドからは、そんなことは原理的にあり得ない、物質循環の真理に背馳する、どこかに嘘が隠されている謬論だといった強い批判も続いている。これなどは「循環論」への困った思い込みと言わざるを得ない。

　次に、リービヒ（1803～1873、ドイツ）が提起した循環論について述べておきたい（詳しくは本書第12章）。

　農学史において、ミネラルの動態に着目したリービヒの物質循環把握とそれを踏まえた肥料の外部補給という提起の意味はとても大きかった。工業と都市が興隆し、農業が都市への食料生産の場に特化していった頃、リービヒは、ロンドンで汚水（ミネラル）がテームズ川に流されていく様子を観て、農業における物質循環の破綻を看破して、その破綻を補うために、海に流失していくミネラル分だけは、生産地においては外部から人造肥料等として補給していく必要があると論じた。

　同時代のマルクス（1818～1883、ドイツ）がこのリービヒの見識に驚嘆して、人間の社会・経済活動の自然科学的基礎がここにあると『資本論』で強調した。

このマルクスの紹介と評価によってリービヒの学説は、農学の世界だけではなく、社会人文科学においても不動の位置を獲得していった。

　だがマルクスのこの認識には農学・農業技術論としては大きな錯誤があった。

　リービヒの認識とそれへの処方は、農村から遠隔の都市への食料の一方的な供給、都市における都市の排泄物の下水としての海への投棄という点に端的に示されている農村－都市間の物質循環系の破綻、そしてそれらを踏まえた、農村において失われていくミネラルの外部からの肥料（その後は主に人造肥料となる）による補給が不可欠だというものであって、それは循環破綻の状況に対する処方提案ではあったが農業における循環回復への処方ではなかった。リービヒのこの認識と提案は、実測などを踏まえた実態に則して形成された経験的なものではなく、鳥瞰的な観察に基づくものだった。また、現実の技術論としては時代的制約もあって、観念的なものだった。その技術的観念性はリービヒの処方が、現実にはうまく作用しないという形で、直ちに各所で現れていた。その失敗の主な理由は、彼の人造肥料には溶解性等への認識が欠けていて、施肥しても作物はそれを吸収できなかったということのようだったのだが。

　当時、リービヒの論敵は農学者テーア（1752 ～ 1828、ドイツ）だった。テーアは農場における作物生産力の基礎には地力があり、地力の本体は有機物（腐植）にあると考えていた。テーアは、農場における経営技術的実験に基づいて、農業によって地力は変動するが、有機物（腐植）の内部供給（循環）の向上で状況は改善される、その改善への道は作物や畜産の組み合わせ方式によって拓かれると説いた。彼のこの認識は地力均衡論であり、それは当時、「農業重学」という体系として農業技術者たちの同意を得ていた。技術的な決め手は家畜飼育の増頭であり、そのためには飼料供給の補強が必要で、直接には販売拡大（収入増加）にはつながらない飼料生産を、農場の土地利用と作物構成の工夫によって上手に組み込んでいくことを提唱した。現在からみてもたいへん合理的な経営技術論的提言であった。テーアの主な関心は農場内改善に向けられていたが、テーアの実験農場の周辺には、林野もあり、その利用も含めて考えれば、地力均衡への道はさらに多様に想定できた。

　リービヒに強く惹かれたマルクスの視界にはこのようなテーアの「農業重学」は入らなかったようだ。もし、マルクスがリービヒの理論の農学的錯誤に気付

いていたなら、農村と都市の分離、農業の食料生産産業化という、その頃には
すでに本格的に進行していた事態に関しても、彼はより深い文明論的批判が獲
得できていたかもしれない。しかし、工業化と都市の拡大、そこから労働者と
いう存在が階級として形成され、新しい時代が拓かれるという歴史観に固まっ
ていたマルクスにそうした気付きを期待するのは無理なことだった。

　なお、テーアの地力均衡論は、内容的にみれば、20 世紀の後半期に有機農
業が提唱され、その農業体制構築が模索されていた時期に提唱された有畜複合
農業論とほぼ同じものだった。この点については第 3 章で詳述する。

## 3．生物多様性と共生論の展開

　農学も生物学も複雑系を対象としているので、従来は、学の展開も、関連す
る技術の展開においても、すべてはより原理的な単純系に還元できるという単
純な論理への収斂という方向だけではなく、複雑な多様性をできるだけそのま
ま把握し、記述していこうとする博物学的志向性が強かった。

　しかし、戦後の時期になると、単純な系の解明に大きな成果を挙げてきてい
た物理・化学の進展に引っ張られる形で、生化学的な分野での展開が次第に顕
著となっていった。1953 年のワトソンとクリックによる DNA の二重らせん
構造の解明の意味は大きかった。これを一つの機として、農学も生物学も、博
物学的なあり方からの離脱、単純な論理による問題の整理という志向性が著
しく進んでいった。医学や薬学からの強い牽引もあった。1960 年代になると、
農学では「近代化」とそれへの「体質改善」が強く叫ばれるようになる。そう
したなかで農学や生物学が本来の対象としてきた複雑系そのものの把握や解明
はともすると後景に押しやられてしまうことが少なくなかった。

　近代化へと強く突き進んだ一時代を経て、気付いてみると、まず、公害問題
等が続発するようになっていて、続いて、生物種の絶滅の大進行や土壌の劣化
や地力の衰退なども進み、複雑系における大きな異変を特徴とする地球環境問
題の深刻な時代へと移行していってしまった。

　こうしたなかで、科学や技術に関しても、単純な論理への収斂というだけの
あり方への反省の機運も広がるようになってきた。農学で言えば、単純な生産

性向上、利便性や効率性の単純な追求だけではなく、安全性や環境への配慮、持続可能性への配慮なども次第に強く意識されるようになってきた。そこで急浮上してきたのが生物多様性や多種生物の共生関係などの重要性であった。

　農学でも生物学でも、主要対象生物の、個体としての、あるいは個体群として、さらに視野を広げたとしても種としての、生理生態的特質とその仕組みの解明が主方向となってきたが、では主対象から外されたきわめて多数の生きものたちやそれらの相互関係はどのようになっているのか、そこにどのような意味と論理があるのか、等についての解明はほとんど手つかずのままとなってしまっていた。

　農学で言えば、まず対象作物があり、その生産性の向上が追求され、それとの関係で、害虫や益虫が強く認識されていく。多くの場合は、認識の広がりはその程度のところまでで、それ以外の生きものは「ただの虫」「ただの生きもの」として等閑視されるだけだった。しかし、視野を広げて詳しく調べてみると、「ただの虫」「ただの生きもの」の広範な存在とその生態的あり方が、害虫や益虫の多発と大きく関係し、また、作物の生産力にも強く影響してくることも次第にわかっていった。さらには系の持続可能性に関しては、そうしたことへの幅広い生態的な視野の獲得が決定的な意味をもつことも次第に明らかになってきた。病虫害の多発等も、「ただの生きもの」たちが構成している生態的な全体の系のある種の劣化の一つの現れとも考えられるようになってきたのである。

　全体の系への認識の広がりは、多様性への強い認識を惹起させ、多様な生きもの間の、多様な環境における相互関係の把握、解明という課題を浮上させていった。より広くみれば、関係性、そして共生関係のあり方、その動態のあり方などへの関心の強まりである。先に批判的に述べた「循環」認識も、そうしたなかで広く論じられるようになった個別的テーマの一つだった。

　この局面で、21世紀のはじめ頃からの、微生物分野における遺伝子（DNA）解析技術の急速な展開と普及が果たした意味はとても大きかった。この技術の大進歩によって、遺伝子（DNA）の網羅的解析技術の大進歩によって、これまで見えなかった微生物世界の全体像が急速に明らかになってきた。

　土壌中には、そして作物や家畜の体内には、膨大な種のバクテリアやカビ類が生きていること、そうした微生物の種の構成は極めて多様であることが数値

で示されるようになった。微生物観察についての従来の技術、顕微鏡観察、染色、培養などの手法では全体像のごく一部しか把握できなかった世界が、この技術の登場と普及のなかで、その全体像がおおよそ確認できるようになったのである。この技術の関連として、全体把握が難しかった土壌線虫などの小動物についてもその存在の全体像の解明が進んできている。

　作物や家畜の周りには、膨大な生物多様性群が、いわば密生して存在していることが明らかにされたのである。これらの微生物や小動物、さらには雑草たちは、それぞれ個体として、そして種として、環境のなかで生きているが、併せて、種間の相互作用、微生物・小動物と植物や動物等との相互作用もさまざまに広がっていることも予測される。病原菌など寄生性の微生物もいるが、共生性の微生物も膨大にいるようなのだ。遺伝子(DNA)の網羅的解析技術によって解明されてきている多様な微生物群が、どのように相互関係を結びつつ生きているのか、そのあり方と論理の解明はこれからの研究課題となっているようだが、そこへの研究の進展が強く期待される。恐らく生物世界の、そして人と生物界の関係性の構造やそれを支える論理は大きく書き換えられていくものと思われる。

　この領域については、私は全くの専門外で、世代的にも旧世代の一人であり、最新の研究動向を的確にキャッチしていく能力はない。しかし、幸いなことに、例えば作物と微生物の共生関係に関しては、バクテリアについては池田成志さん（農研機構・北海道）、カビについては成澤才彦さん（茨城大学）、菌根菌については故野中昌法さん（新潟大学）、熟成堆肥等と作物の関係については髙橋英樹さん（東北大学）、安藤杉尋さん（東北大学）、農耕方式と土壌の動態については小松崎将一さん（茨城大学）など、親しく教えていただける俊英の方々が身近におられる。まことに不十分な耳知識でしかないが、農学史を画するとも言える研究の進展について、トピックスのいくつかをある程度リアルタイムに知ることができてきた。

　以下、そのいくつかを紹介してみたい。

　まず、バクテリアと作物や家畜の共生関係では、土壌には、大気との交換能力のある各種のバクテリアが生きていて窒素固定などもかなり広範に行われている、低栄養の条件下では作物と家畜と微生物の栄養面での共生関係がほぼ普

遍的に展開していて、作物の場合には土壌の低栄養状態を関知して、微生物との共生関係開始のスイッチを入れられる。作物の根は微生物に対する栄養を分泌し、それに促されて根圏には独特な微生物群が形成される。動物たちの排泄は、糞虫、糞菌などを介しながら、能動的なものとして同様な機能、役割を果たす。根に菌糸が伸びて栄養の交換が開始されるが、それだけでなく、カビなどから作物側に生理活性物質が供給され、作物の生長が促進され、病原菌への抵抗力が増していく。作物の根に侵入し、共生関係を形成したカビの菌糸にバクテリアが棲むようになり、その回路を生かしてバクテリアと作物との交換関係も作られていく。カビは土壌中に長い菌糸網を作り、それが静態性が強いと考えられてきた土壌に、緩やかな流れのある構造を形成させていく。熟成させた堆肥や腐葉土には、多種の有用微生物が安定して生息しており、それらの多様性とその安定した構造性（ロバストネス）がそこで生きる作物の健康を支えていく。それらの土壌にはさまざまな土壌小動物がともに生きており、また多種の雑草も生きている。作物の栽培とはそうした土壌のなかで、多様な生きもの群集のなかで、共生的関係を育んでいく過程にほかならない。等々。

　まことに断片的で、かつ不正確な紹介だが、こうしたことを踏まえるならば、従来の作物栽培論、家畜飼育論の世界はかなり大きく書き換えられなければならないように思われる。

　作物栽培とは、このような膨大な生きものたちのかなり高密度な群集のなかに、人為の行為として、作物を参入させ、より良い生育を得ようとする行為だということがかなり明確に見えてきたのである。従来の作物栽培論は、作物中心主義であったが、もう一度それを多様な生きもの群の中での人為とその継続として位置づけ直し、その論理をより豊かに理解していくことが必要だと思われるのである。多様な生きもの群のなかで作物はどのように生きていくのか。作物はそこでどのような関係性を形成していくのか。そこには生産性だけではなく系の持続可能性も含めて、どのような可能性が秘められているのか。

　これらの点を、農法史の歩みと重ね合わせてみると、伝統的農法の意味が改めて確認されていくようにも思われる。例えば「苗半作」「土づくりの継続」「落葉などを長期間熟成させた堆肥や腐葉土の意味」「多肥への警戒」「少肥と作物の健康」「陽当たり、風通し、土壌の水分管理などの圃場の環境整備」等々の

伝統的な格言などには相当に深い意味があるようなのだ。農法史理解の再検討も必要になって来ているように思われる。

　これらのことへの理解、解明が、私たちの技術論研究のこれからの大きな課題となっていると言えるのではなかろうか。


## 4．関係性の技術論紹介の一例として

　ここで、こうした関係性重視の技術論理解は、たとえば有機農業・自然農法の技術解説としてどのように変更、修正されていくのか。はなはだ不十分な試みではあるが、つい先日、『いいね』というこだわりの食の雑誌の場でインタビューに答えた記事があるので、一例としてその主要部分を以下に引用しておきたい（48号、クレヨンハウス刊行、2020 年 2 月）。これは私の散漫な話を、インタビュー編集担当の方がかなり苦労してまとめていただいたものである。私の考え方の意図が上手に汲み取られている。私の関係性技術論の考え方は、このインタビューを機に、ある程度、固まっていった。


　化学的な肥料や農薬を使った栽培方法は「いのちの連鎖を壊す」と中島紀一さん。

　（化学肥料・農薬を使った栽培は）目の前の植物（作物）の生育にのみ重点が置かれ、長期を見通した持続的な栽培ではない。

　化学肥料は生きものの共生を壊す方向への「誘導」を起こす。使用された肥料をめぐって、生きものたちの生存競争が激しくなる。農薬は生きものたちの関係に「断絶」を起こす。それまで土壌でつながっていた関係性を断ち切る。

　「自然界には本来、豊かな共生関係があります。たとえば微生物と植物の共生関係。植物の根に住む共生型のカビが土壌内の窒素やリンを植物に供給し、その植物もカビたちに糖分などの栄養を供給していく連鎖です」

　しかし、化学肥料や農薬によって、自然界で保たれていた共生・循環の仕組みが壊されます。

　「先の連鎖は、植物にとって栄養がやや少ない状況にあってこそ働きます。周りに栄養が豊富にあると、植物は微生物などの力を借りなくなる。そうする

と、植物と微生物との共生関係が消滅します。化学肥料は、簡単に栄養過多の状態をつくってしまう。すると『強いもの勝ち』の生態系ができてしまいます。生きもののバランスが崩れて、悪さをする生物（微生物）だけが生き残ると、土壌病害を引き起こします。一部のバクテリアやカビだけが増えると作物に深刻な打撃を与えることがあります。土のなかにはたくさんの種類の線虫もいきています。農薬でそれらの線虫を一時的に全滅させると、作物に悪さをする線虫だけが生き残り、大増殖することがあります。人間の都合で、生きもののバランスが崩されると、いままで抑えられていた『悪いもの』だけが大増殖するということです」

　崩れたバランスが回復するには時間がかかります。「土壌病害を引き起こす微生物を、また農薬で抑える悪循環」を起こしているのが、現在の慣行農法だと、中島さんは指摘します。

　生きものは、そのときそのときの自然とのつながりだけでなく、種としての次世代へのつながりも重要なものです。しかし、「技術の進歩」「利権の横行」によって、種の連鎖も断たれつつあります。

　「農業において、土づくり、栽培と並ぶ3本目の柱が、種採り。ところが農家による種採りの自由を大きく制限していく動きがあります。種採りは大きな種子会社だけが担当するという制度です。長い歴史の中で、各地の風土に適した多様な種が農家によって育成されてきました。しかし、新しい制度だと、種子会社が育成した『効率の良い種子』しか残らなくなります。種子についても多様性の確保が大切です」

　化学肥料と農薬をたっぷり使って「手っ取り早く、たくさん収穫できる」慣行栽培を中島さんは「飽食の農業」だと言います。

　「まずは穫れる量が重視され、次は見た目のきれいさ、最後が味です。たとえば、甘さだけを追求すると、味がおかしくなります。土壌と同じで、ある要素だけが突出すると、全体のバランスが崩れてしまいます。『甘ければおいしい』と思いがちですが、それがすべてではありません。

　たとえば旬の時期の絹さやえんどう。出始めは瑞々しく香りは抜群ですが、味はまだ薄め。少し経つと瑞々しいだけでなく甘さも出ます。その後は少し硬くなるけれど、煮込むと味が出る。最後はクリーンピースとして豆ごはんにす

るととてもおいしい。どの時点の絹さやえんどうがおいしいかと聞かれれば、それぞれの食べ方によると言えます。旬を知るということ、そのときどきの野菜の状態に敏感になることが大事です」

有機野菜は「土壌のいのちをいただいて育った野菜」。そうした野菜の味こそが「おいしい」のだと中島さん。

「本当の味とは、いわゆる〈ふつうの味〉です。土壌のバランスがとれた場所で、自然に寄り添って育てられた健康な野菜、それが結果として『おいしいもの』なんです。それを食べることを通じて、植物と動物はいのちの交流をするわけです。いのちの交流がうまくできていると、栄養とおいしさもついてきます」

## 5．関係性の技術論から日本における農耕の全体像の素描へ

以上、まだ未成熟で不鮮明な説明になってしまったが、有機農業や自然農法の技術論がこれから向かうべき方向性についての、いまの時点での私の考え方、漸くにして辿り着いたその到達点をある程度はご理解いただけただろうか。

本章では、関係性の技術論の体系的論述を意図したが、その課題は残念ながら十分には果たせなかった。ただ、私としては、単なる技術論の提示だけでなく、併せて日本における農耕論の全体像のスケッチを描きたいという強い気持ちもあった。まだラフスケッチとさえ言えないものだが、本章の最後に、そのメモを貼り付けておきたい。瑞穂の国、豊かな農の国としての風土的な、そして多様性のある日本農業像に迫りたいという思いからのメモである。

### 日本の農的自然と農法の基本的なあり方として

日本の農業は、豊かな土壌を基盤として、いろいろな生きものが介在する複雑な関係性の中で営まれており、長期的に見ると、こうした気候条件・風土的条件の下で、それはおおよそ穏やかな増殖系として推移している。

　　──── 　かなり潤沢な有機物補給　落葉や雑草　さまざまな微生物や小動物
　　　　　　とその連鎖
　　──── 　緩やかな多様性の形成と構造化

　　―――　漸次的で明確な季節の変化と適度な農的自給的攪乱の継続
　　　　　　ヤマに囲まれ田畑複合の農業形態が形成され、それの運営を小農た
　　　　　　ち（百姓とムラの農業体制）が担ってきた
　　―――　人びとに自然エシカルへの規範（心と行動のあり方）がそれなりの
　　　　　　継続

　これらを前提として「豊かな田舎の自然」（ムラ＝ノラ＝ヤマの三相構造）
が創られてきた近代農業以前の、各地で形成されてきた日本農業の風土的あり
方は、農法形成史としてみれば、こうした農的自然の流れに則し、地域の風土
的条件に適応しつつ、そこでの主導的存在として確立展開されてきたものと考
えることができる。

〈参考文献〉
クレヨンハウス（2020）『いいね』48号
澤登早苗・小松崎将一（2019）『有機農業大全』第2部「代替型有機農業から自然
　　共生型農業へ」コモンズ
中島紀一（2004）「水田農法近代化の環境論的意味」有機農業研究年報Vol.4
中島紀一（2013）『有機農業の技術とは何か』農文協
中島紀一・明峯哲夫・三浦和彦（2017）『「無施肥・自然農法」に関する農学論集』
　　秀明自然農法ブックレット6増補版（本書第3章に収録）

# 第**3**章　無施肥・自然農法の農学論

## 1．はじめに

　本書の総論として位置づけた第1章では、これまで対立的に考えられること
も少なくなかった有機農業と自然農法について、それらはいずれも民間の草の
根からの取り組みであり、そこには当然さまざまな独自性や違いがあるのだが、
「人為優先の農業から自然共生の農業への転換」という方向性やそのための基
本的な技術論は類似しており、両者はおおよそ一つの時代的流れとしてあり、
内容的にも類似したものとして統一的に理解することが出来るという私の考え
方を提示した。

　そこでの立論への検討過程としては、まずは成熟した有機農業というモデル
を基本としてその内容を検討し、それに自然農法の成功例も加えて考えて行く
という形になった。そのため自然農法自体についての論述は不十分となってい
た。本章は、第1章におけるこうした弱さを補うことを意識した、私としての
自然農法へのそれなりに突き詰めたアプローチである。

　自然農法といっても多様である。その実際も考え方も様々なものがある。私
が見聞できていない取り組みもいろいろあるだろう。しかし、おおまかには「不
耕起」を重視する取り組みと「無施肥」を重視する取り組みの2系列があるよ
うである。本章では「無施肥」に自然農法の本質的な技術論があると理解して、
それについて私なりに農法論的に論じてみた。「不耕起」にシフトした自然農
法については、本書第4章第1節に少し書いた。日本における有機農業、自然
農法の歴史的経緯や内容の紹介については中島・大山・石井・金著『有機農業
がひらく可能性』（2015年、ミネルヴァ書房）の第1章に概要を書いた。参照
いただければ幸いである。

　私はこれまで日本有機農業学会や有機農業技術会議を主な場として、有機農

業の技術論や政策制度論について、農家や農家グループの実態調査を基本的な手法として研究してきた。2006年の有機農業推進法制定を踏まえて、自然農法も含む広義の有機農業の技術論の学的内実の確定を急がなくてはならないとの思いから、主として先進事例の調査に集中的に取り組み、そこでの一応の結論として、そこには「低投入・内部循環・自然共生」という3つのキィワードの連関する志向性が共通した技術論としてあるという認識を得た。そのことは、まず中島・金子・西村編著『有機農業の技術と考え方』（2010年、コモンズ）で述べ、総括的には中島著『有機農業の技術とは何か』（2013年、農文協）でより詳しく論述した。

　ちょうどその頃に秀明自然農法のみなさんとの出会いがあり、有機農業技術会議と秀明自然農法ネットワークの共同によるかなり詳しい調査研究が取り組まれることになった（2013〜2015の3ヶ年）。研究者側のメンバーは、中島紀一、明峯哲夫、三浦和彦、小松崎将一、涌井義郎、奥田信夫、小池恒男、嶺田拓也、佐倉朗夫、飯塚里恵子の諸氏だった（委員長は中島、副委員長は明峯、三浦）。この研究プロジェクトの成果については、秀明自然農法ネットワークから各年度の報告書が刊行され、また、時々の主要成果については「秀明自然農法ブックレット」（1〜6号）が刊行されている。さらに日本有機農業学会の大会の場でも逐次報告（2013〜2016年）してきた。

　本章は、中島による4回にわたる学会報告要旨を整理したものである。本章2. は調査研究スタート時点2013年の学会報告で、3. は調査研究終了後2016年の報告である。また、4. は調査研究の途上で出合った農林省の研究陣によるさまざまな施肥法についての長期間（55年間）継続試験結果についての中島のコメントである。

　この3つの中島の報告は、中島の専門分野の関係で農法史、農学史を中心としたもので、自然農法の技術論の全体的紹介としては偏ったものとなってしまった。その偏りを是正するために明峯哲夫さんと三浦和彦さんの論考を5. に抄録させていただいた。お二人とも秀明自然農法調査プロジェクトの中心メンバーであった。まことに残念なことにお二人ともプロジェクト研究の途上で相次いで急逝されてしまった。

　明峯さんはご逝去の直前に（2014年5月〜8月）に、秀明自然農法の生産

者有志を対象にして極めて突っ込んだ農業生物学セミナーを開催しておられる。その内容は『有機農業・自然農法の技術』（2015 年、コモンズ）として刊行された。これが明峯さんの遺著となった。遺著の編集は故人の学生時代からの盟友の三浦和彦さんと中島が担当した。この編集作業のなかで、明峯さんのこの遺著は農業生物学者としての彼の自然農法についての見識を実に鋭く示しているが、これだけだと作物生理学からの解説にやや偏しており、自然農法の技術論全体の紹介としては、それに加えて土壌生態学からのアプローチも不可欠だという感想が湧いてきた。その点については三浦さんの優れたコメントがあるのでそれを併せて紹介した（三浦和彦『草を資源とする―植物と土壌生物とが協働する豊かな農法へ―』秀明自然農法ブックレット第 3 号、2016 年）。

　秀明自然農法と出合い、ともに調査研究に中心的に携わった明峯（作物生理学）、三浦（土壌生態学）、中島（農業社会学）の 3 人の論考を、密接に関連したものとして私たちのこの時点での自然農法の全体的試論としてお読みいただければ幸いである。

　さらに本章の末尾に近藤康男先生の『牧野の研究』（1959 年）から近藤先生の筆による「序説」と梶井功先生の筆による「第 3 章日本的牧野」から関連部分を、また、肥料学の髙橋英一先生の「肥料の必要量は何できまるか」（1992 年、『農業および園芸』67-2）を本章にかかわる重要参考資料として抄録させていただいた。

　本章は秀明自然農法調査研究委員会中島紀一・明峯哲夫・三浦和彦『「無施肥・自然農法」についての農学論集』（秀明自然農法ブックレット第 6 号増補版、2017 年）を再編集したものである。

## 2．「施肥」について農法論的再検討

### ①　近代農学史における「施肥」

　化学肥料の「施肥」は近代農業の技術的中軸となってきた。20 世紀はじめにハーバー・ボッシュ法が発明され、空中窒素の工業的固定技術が開発された。これによって硫安が安価に大量に生産できるようになる。これを機に化学肥料の使用は一気に広がり、その多肥が農業技術全体のあり方を主導するよう

になった。農学の側でも、化学肥料の多肥に対応すべく作物生理学の研究や耐肥性の育種が飛躍的に進展し、また、戦後になると化学肥料多肥に伴う病虫害多発のリスクを抑えるための農薬の開発と利用が広がった。

農業現場における本格的な展開は戦後の50～60年くらいのことだったが、化学肥料「施肥」と農薬の使用は、農業にとって当たり前の前提となってしまっている。近代農業批判を標榜してきた有機農業においてすら、全体としてみれば化学肥料を有機質肥料に置き換えるというあり方をまだ越え切れてはいない。

肥料取締法（1950年制定）では特段の説明もなく「普通肥料」とは化学肥料のこととされ、「米ぬか、堆肥その他の肥料」（現代的に言えば有機質肥料）は「特殊肥料」とされている。

しかし、長い農耕史を振り返ってみれば、「施肥」は決して普遍的絶対的な技術ではなかった。化学肥料の一般的な使用に先だって、「金肥」という名の下に、干鰯、菜種粕、大豆粕、棉実粕などが広く使われるようになったのは明治期以降のことであった。だが、当時は、それは補足的な技術であり、田畑の地力維持の普遍的なあり方は林野に依存した草肥（刈敷）であった。多肥を当たり前とするのが今日的な通念となってしまっているが、農業の長い歴史においては、ほぼ無施肥が普遍的だったと考えられるのだ。

近代農学においては、それは近代農業の忠実な同伴者であったために、「施肥」は問い直されることもない前提とされてきた。試験研究においても「標準区」はほぼ常に化学肥料多肥区とされ、有機質肥料の試験においてすら化学肥料多肥を対照として実施されることがほとんどだった。

こうしたことも災いしてか、農学においては、「施肥」について、その根拠や理論について突っ込んだ原理論的な検討はあまりされてこなかった。有機質肥料と堆肥等との違いや関連、堆肥についての歴史、そしてそれが作物だけではなく土に及ぼす影響などに関して、実態に則した多面的な研究は多くはなく、無施肥、草肥（刈敷）についての研究となると皆無とすら言わざるを得ない状況が続いてきた。

だが、有機農業の進展の中で、それは化学肥料を有機質肥料に置き換えるだけの、あるいは農薬を使わないだけの取り組みではなく、その歴史的展開方向として「低投入・内部循環・自然共生」というあり方へと進みつつあるという

実態が析出され、また「無施肥」を本質的な特質とした自然農法の取り組みの中に、かなりの優れた実践的蓄積がつくられてくるようになり、そうした時代的局面の進展、転換の中で、改めて、「無施肥」の農業的可能性や意味も見えるようになってきている。それは、振り返ればかつての草肥（刈敷）農業の長い歴史的系譜を引くものとも考えることができる。

　有機農業や自然農法に係わるこれらの新しい状況は、「施肥」を重要な農業技術として否定するものではないが、少なくともそれを相対化し、「無施肥」農業の可能性を、具体的にも、理論的にも探っていくことを重要な研究課題として浮上させているように考えられる。

### ②　「施肥」についての日本農法史からの振り返り

　先に述べたように「施肥」は近代農業を支える中心技術となってきた。しかし、長い農耕史においては、「施肥」は普遍的技術ではなく、地力依存こそが普遍的なあり方であり、農業のもっとも普通のあり方はほぼ「無施肥」であり、別の言い方をすれば「低投入」がむしろ普遍的だったと理解すべきなのだ。

　日本では「施肥」は、下肥利用も含めて園芸分野における特効的な技術としてあった。

　江戸時代の日本では蔬菜園芸が大都市とその周辺で始められたが、その展開は主として舟運による下肥の供給圏と重なっていた。関東で言えば埼玉の春日部あたりまでだった。そこでは水田農業の水路網が役立ち、底が浅い小舟が米と薪と野菜を都市に運び、帰りに都市の下肥を農村に運んだ。だから園芸は舟運の河岸（港）周辺に展開した。蔬菜生産を中心とした園芸農業は、排水条件の良い水田と、隣接した自然堤防等での低地畑園芸として展開し、そこでの施肥には、水草（川藻など）も重要な役割を果たしていた。

　長い時代にわたって日本の農耕は林野や沼沢に依存した草肥（刈敷）に支えられてきた。

　江戸時代の草肥（刈敷）の農業の中に、施肥効果が高い木綿などの商品作物が導入され、干鰯、菜種粕、大豆粕（明治後期からの中国からの輸入）などの有機質「金肥」が使われるようになり、そこに大正末期、昭和初期からの硫安などの工業的「金肥」（化学肥料）が導入され、戦後期には化学肥料が一般化し、

現在に至っている。

　こうした歴史的過程について、農業経済学の近藤康男先生らは『牧野の研究』（東大出版、1959年）で丹念に総括し、肥料学の高橋英一先生は「土地の有機物生産力に基礎をおく前工業化社会」から「鉱物資源に基礎をおく工業化社会」への移行と的確に整理している（『農業および園芸』67-2、1992年）。

　しかし、農学研究の現実としては草肥（刈敷）農業の実態はほとんど解明されていない。また、伝統的技術とされてきた堆肥は実はそれほど昔からのものではないらしいことすらはっきりしていない。それは「厩肥」からの変形と理解すべきではないかとも推定される。かつての農業においては、刈草の敷き草が普遍的であり、田んぼの代掻き時の若柴などの踏み込み（カッチキ）、畑での堆肥などの堀込み（埋め込み）などは特殊技術だったようなのだ。

　焼き畑と常畑における地力維持方式の相違や両者の関係も実態に則した解明はなされていない。常畑においては、内圃での敷き草が普通のあり方だったらしい。

　まだ未解明なことばかりだが、こうした断片的なことを総合しつつ振り返れば、要するに、農耕は、過去の長い時代において、基本的には地力依存であり、それは無施肥（ごくわずかな「低投入」）、低栄養の営みだったと明確に理解すべきだと思われる。そして、無施肥を当たり前とする長い時代の農耕にも、豊かな農耕もあれば貧しい農耕もあったのだ。そこには貧しさから豊かさへの時間をかけた展開もあった。その蓄積は基本的には地の利とその成熟、別言すれば地力の維持と成熟として存在していたと考えられる。そして、その地の利、地力には大きな多様性があり、それが農と食の地方色（型）を創っていったのだろう。

### ③　近代農学における「施肥」理論の再検討

　近代農学においては、施肥量は土壌や作物体の成分分析のデータに基づいて、計算によって確定できる、だから施肥には合理的な理論がある、という錯覚が定着してしまっている。しかし、これは根本的な、しかもかなり深刻な誤解だ。

　以下にリービヒの物質循環論について批判的に述べていくが、この問題についてはより詳しくは本書第12章に記した。

　「施肥」を、農学の基本理論として明確に提示したのはリービヒだった。物質循環論的な施肥理論（施肥による外部補給論）であり、それは下記のようなモデルだった。

### リービヒの物質循環モデル　地域循環から外部補給へ

〈伝統的農業における物質循環モデル〉
大地（M）→（養分吸収　M－m）→作物（m）→食料消費（m）───────┐
　　　　　┗──── 家畜糞・人糞・作物残滓農地還元（＋m）◀──────┘

〈都市・農村分離時代の物質循環破綻モデル〉
大地（M）→（養分吸収　M－m）→作物（m）→食料消費（m）→海への流出（m）

〈人造肥料の外部補給による物質循環モデル〉
大地（M）→（養分吸収　M－m）→作物（m）→食料消費（m）→海への流出（M）
　　　　　┗──── 人造肥料による養分補給（＋m'）（ただし m'≒m）

　しかし、実はこの理論は現実の技術としてはリービヒ自身の実験的検証においてすでに破綻していた。彼が設計した人造肥料の外給では作物は彼の想定のようには育たなかったのだ。彼はこの行き詰まりから逃げるために「最少養分律」という理論を考え出した。だが、この「最少養分律」はリービヒの即物的栽培理論、すなわち作物の生育はミネラル成分の収支で一義的に決まるという理論にはそぐわないものだった。時代的限界もあって、リービヒの理論では養分の天然供給や微生物が介在する土壌における生態学的内部連鎖については視野に入っていない。近代農業の物質循環の破綻への処方箋として、自然観察者を自認したリービヒは、「施肥」による外部補給に逃げるのではなく、農村の現場において地力論の再構築に立ち向かうべきだったのだ。

　当時においてもこうした問題点があったのだが、リービヒの施肥理論は、その後も、科学的真理として、農学の中に定着されてきてしまっている。

　だが、農業の現場で、適切な施肥量が理論的に、したがって計算によって確定できているという現実はほぼ皆無である。施肥量は、現場での試行錯誤を踏まえて経験的に、したがって当事者や関係者の状況判断の中で計測データなども参考にしつつ策定されてきたというのが真実なのだ。

　私の学生時代の園芸学の教授は、山崎肯武さんというたいへん優れた実践的

かつ理論的な学者で、彼の最高の業績は水耕栽培の培養液理論の確立にあった。彼は水耕野菜のさまざまな栽培データを踏まえて経験論的結論として基本培養液を設定し、これをベースとして作物群、生育ステージごとに、これまたデータを踏まえて経験的に培養液管理のあり方をパターン化した。こうした彼の業績は施肥論というよりむしろ土つくり論に類比されるものだった。彼の研究や技術はさまざまなデータに支えられてはいるが経験論的なもので、彼の偉さはそれが経験主義に基づくものだとしっかりと認識している点にあった。

　水耕栽培でさえそうなのだ。ましてや一般の田畑での栽培においては、そこは膨大なそしてかなりルーズな複雑系であって、適切な施肥量が養分収支の計測や計算で確定できるなどと言うのは空論なのだ。

　私の見聞の限りでは、適切な施肥量が養分収支の計測と計算である程度正確に確定できるのは「養液土耕」という点滴施肥による施設栽培だけだ。ここではベッドにわずかに土を詰め、その土壌溶液と作物の葉の成分計測を随時実施し、その変化に基づいて点滴施肥量を確定し、栽培としてもある程度成功している。

　ここではベッドの土壌は狭小でほぼ閉鎖系として組み立てられており、作物の生育計画と養分供給のモデルがある程度確定できていれば、点滴施肥量はほぼ間違いなく計算できるというものだ。しかし、そこでは農耕における土壌の意味はほとんど喪われている。リービヒが想定した循環系はほぼこのモデルのようなものだった。

　しかし、田畑での農耕の基礎には土壌があり、そこには母材、灌漑水、降水、堆肥施用などの外部からの正確には計測できない供給もあり、上述したようにそれは計測しきれない膨大でかなりルーズな複雑系である。最近の微生物研究の大展開のなかで、窒素固定などの大気と土壌の交換関係も幅広く成立してきていることも明らかになってきている。作物自身も自然の天候の移ろいのなかで、生育は気ままに展開し、さらには作物個体の生育能も異なっていて、幅がある。

　一般には、栽培開始前に土壌の成分分析を踏まえて施肥設計をすべしとされている。だが、以上のことを踏まえるならば、土壌の成分分析をするなとまでは言わないが、それが判ったとしても、それで施肥量を確定できるなどと言う

ことは、錯覚に基づいた妄想としか言いようがない。

　そこでは明らかに経験的な総合的な判断がきわめて重要なものとして働いている。そこで決定的に重要なことは、「経験的な判断」の中身とそれの是非も含めた吟味なのに、それらはほとんど問われることがないままに現在に至っている。

## 3．農業革命論・西洋農法史にみる施肥農業技術論

　前節では施肥技術の位置づけについて、主に日本農法史を辿りながら考えてみた。それを踏まえて、この節では、西洋農法史、なかでも近代という時代の初めの頃に展開した農業革命を取りあげて施肥農業技術論＝近代農学の歴史的原点をふり返ってみたい。

　マルク・ブロックの名著『フランス農村史の基本性格』（1931 年、邦訳 1959 年、創文社）の終章（第 7 章　展望。過去と現在）には「肥料がなければ収穫がなく、家畜がなければ肥料がない」「休閑の農業に対する関係は、ちょうど専制君主の自由に対する関係に等しい」というフランス革命直後（1793 年）の革命派権力の言葉が紹介されている。

　フランス革命を推進した主要階級に農民の大群がいた。フランスでは革命の以前から、農民たちは農奴的体制からはおおよそ脱していたが、なおさまざまな封建的貢租などに縛られた、そして相対的には土地不足の境遇にあった。革命のなかで封建地代の無償廃止が断行され、また、なお残っていた貴族らの領地、未利用な国有地、共同放牧地などの分割所有などが認められ、農民たちの大群はより安定した自立的小農となった。こうした革命の過程を経る中で三圃式などの共同耕作の体制は急速に崩れていった。だからフランス革命は貴族支配の農奴制的体制を最終的に廃止し自立的小農制を充実させる農民革命でもあった。そしてその頃に小農たちが取り組み始めていた農業生産力的展開への技術的命題が「施肥（厩肥）」「家畜（舎飼）」「休閑廃止」の 3 点だったのだ。

　こうしたことが革命派の言説が端的に提起されると言うことは、当時、フランス農村では、三圃式などの休閑・放牧農法からより集約的な輪栽式（舎飼、飼料作導入、休閑無しの輪作）への転換、共同体耕作から個別経営耕作への転

換、すなわちイギリスにおける農業革命ときわめて類似した農業変革、技術的変革がその頃に進みつつあったということなのだろう。

椎名重明さんの『近代的土地所有』（1973年、東大出版会）では、イギリスの農業革命後しばらくしてからの目覚ましい農業展開を、折からの都市の食糧需要に対応した「ハイファーミング」の展開として紹介している。その技術的内容は、地主主導の土地改良による耕地条件の整備と自由度の高い近代的土地所有を基礎とした集約的な輪栽式農法であり、「合理的輪作と施肥」、それは要するに厩肥や購入グアノなどの施肥集約化農業だったと書いている。

イギリスは資本主義的大経営制、フランスは小農制の堅持という重要な相違はあったが。

この間、秀明自然農法のみなさんとのおつきあいの中で考えてきた「施肥農業」と「無施肥農業」の対比に関して、それは近代と前近代を分ける実に重要な技術論の違いと重なるらしいということを、日本の農業史の再読から推定したが（それについては本章２．に記した）、西洋農業史においても同じように言えそうなのだ。

「施肥」自体は長い歴史の中で様々な形で取り組まれてきた技術なのだが、「施肥」を基軸に農業が組み立てられていくと言うあり方は、近代を特徴付ける、実に明確な歴史性のある技術論だったと考えられる。

そしてブロックは、近代移行期のフランスでのこうした農業技術の展開は、内容的には園芸からの流用だったという。輪作とは麦類と飼料作物との輪作で、豆科の飼料作物（クローバー、ルーサンなど）や飼料蕪は、古くから菜園だけで栽培されてきた作物で、だから「耕作革命は、ある意味では、園芸による耕地の征服だ」とブロックは述べる。「耕地は園芸から、生産物を借用し、方法——除草と集約的施肥——を借用し、経営規則、すなわち、一切の共同放牧の排除と、必要があれば囲い込みとを借用した」（ブロック前掲書：290）とまで述べている。近代農業とは農業の園芸化であり、そこでの中心概念が「施肥」だったということなのだ。

こうした技術変革、農耕方式変革の急速な展開の背景には、産業革命の展開とそれに伴う産業都市の急膨張、そして都市からの食糧需要、産業原料需要の急拡大があった。自給的な農耕体系から都市からの需要に対応する自由度の高

い商品生産的農耕体系への転換移行が急激に進んだ。

　そして、そうした農業革命の技術形成のなかからヨーロッパの近代農学が誕生していく。アーサー・ヤングもテーアもチューネンもリービヒもそういう時代の農学を推進する農学者たちだった。近代農学も近代の農学者もそういうものとして、歴史のある局面で形成され登場してきた存在だということ。まずその点を確認したい。

　ここでブロックのこの名著に関してもう一点述べておきたいことは、ブロックによれば、フランスにおいても「畜産」と「耕種」はなかなか馴染みあわない二つの流れであり続けたようなのだ。畜産の基本は放牧で、放牧された家畜は圃場の作物を食べてしまう。

　しかし、西洋の気候風土では耕種も畜産も可能であり、その結合は双方にとって大きな有用性があり、生活上では両者はともに必須とされていた。その両方の有用性を求めて、二つを同じ農業の営みとして、なんとかキメラのような農法として一つにまとめようとしたのが「三圃式農法」だった。しかしそれは馴染み合わない二つを無理に接着剤でくっつけて、それが離れないように、共同体として締め上げ続けてきたようなものだった。そしてノーフォーク式の「輪栽式農法」と舎飼いを基本とした畜産の拡大は、そのまとまらない二つを一つに融合する農業方式として考案、構築され、定着していったきわめて優れた画期的な農法だった（加用信文『日本農法論』1972、御茶の水書房）。

　有畜複合農業という有機農業の主張は、内容としては、ヨーロッパにおける輪栽式農法とほぼ同様なもので、それはヨーロッパにおける近代の初頭における農法の大転換を承認し、肯定する主張だったと考えることができる。この主張は、農耕史論としてもたいへんな卓見だったとも言える。だが、結局そんなものだったとも言わざるを得ない。有機農業の農業論は、近代批判として近代の始まり、輪栽式までは遡れるが、それ以上の歴史の遡上は、その論理のままでは無理だということなのだ。そうした視点からすれば自然農法の「無施肥農業」という問題提起は、論理的にみれば近代以前への遡上にも道が拓かれており、農法史論としてもいっそう意味深いものがあるように思われる。

　さて、ヨーロッパの中世から近代へと展開する農耕史についての振り返りは一応ここで切り上げて、考察を日本の農耕史に移そう。

　アジアモンスーン地域の日本の農耕は、豊かな自然に恵まれて、周辺林野等の旺盛な植生に支えられて高い地力の安定した再生産が可能で、集約度の高い農耕のあり方が早い時期から形成されてきた。前節で、近藤康男先生らの『牧野の研究』（1959 年）を引いて、日本の伝統的農耕は林野等の草柴資源（刈敷＝草肥）に支えられてきたと述べた。生産力の高い豊かな土壌形成を与件として、それに旺盛に生育する周辺の草柴資源からの補給を得て、ていねいな人力農作業によって高度に集約的な農耕方式が早くから形成されてきた。それは歴史的には中世百姓の体制的成立（自立したいえと自治的むらの体制）を起点としたもので、ほぼ 800 年ほどの歩みの蓄積があったと考えられる。

　日本では刈敷＝草肥、ヨーロッパでは厩肥で、日本では中世から 800 年、ヨーロッパでは近代以降 200 年余というたいへん大きな違いがあった。気候・自然条件や周辺林野等との関係のあり方が東西で大きく異なっていた。

　少し横道にそれるが、耕種と畜産の関係に関して、最近読んだ中世史の水野章二さんの『里山の成立——中世の環境と資源』（2015 年、吉川弘文館）には、日本でも、古代、中世においては耕種と畜産は交わることのない別の営みだったと書かれていた。畜産は、古代法制の「山川藪沢の利、公私これを共にせよ」という枠組みの下で、山野＝「牧」という里山を場とする営みであり、主に兵馬＝軍事用の馬の放牧飼育だったという。

　だから「牧」での畜産は豪族直系の営みで、牧夫には民衆が動員されただろうが、田畑を耕す耕種とは直接は関わらない営みだったようなのだ。耕種と畜産の関係は、中世期に入り荘園（農地）の山野（そこは「牧」の領域だった）への耕種の拡張のプロセスで衝突・摩擦の「事件」として文書資料に現れるようになる。

　中世荘園では水田の耕耘シロカキには長床犂が使われ、そのために牛馬（恐らく牛が多かっただろう）も飼育され、そのために小規模な里山放牧もされていて、農業側の小規模な牛馬放牧と「牧」系譜の大規模な馬放牧のぶつかり合いもあったようだ。

　中世から近世へと時代が下るにつれて農地はさらに広がる。そのなかで「牧」の畜産は、耕種と結合するという方向ではなく、奥山、東国などに後退移動していったようだ。

　戦乱が終息した近世期には、兵馬＝軍事用の馬の需要は縮小し、農耕では牛馬から人力の鍬耕に移行していくから、牛馬は運搬用が中心になっていったものと思われる。

　古代からのこうした系譜をもった「牧」の畜産は、近代に至って、富国強兵の軍馬需要の高まりの中で陸軍所管の軍馬補充のための馬産地として再編されていった。

　一方、耕種のなかにも小さな規模だが畜産は息づいてきた。牛馬は農耕や運搬に有用で、それ故に役畜として農家に飼われていた。しかし、運搬需要が多い街道筋など除けば牛馬を飼う農家はおおむね上層農家で、どの農家にも牛馬が飼養されていたわけではなかった。また、役畜目的とされた牛馬飼養もよく実態を調べてみると、役畜というより堆厩肥づくりが併せて重要な目的だったことが多かったようだ。ここで日本の農家畜産の原点的あり方として「糞畜」が位置付くことになる。「糞畜」は昭和戦争期における菱沼達也先生の造語だった。しかし、「糞畜」に由来する厩肥の量はそれほど多くはなかっただろうし、『牧野の研究』によれば日本における「糞畜」＝厩肥の歴史もそれほど古いものではなかったようなのだ（菱沼達也『日本畜産論』1962、農文協）。

　本章２．で紹介したように、肥料学の高橋英一さんは「土地の有機物生産力に基礎をおく前工業化社会」から「鉱物資源に基礎をおく工業化社会」への移行と次のように的確に整理している。

　　　前工業化社会とは土地の有機物生産力に基礎をおいた社会であり、その時代の人口規模は土地の生産する有機物の量による制約をうけ、一方土地は増加しようとする人口の圧力をたえず受けていた。産業革命は深刻な土地不足の所産であり、これを契機として長らく続いてきた土地の生産力に基礎をおいた有機経済社会は、鉱物資源に基礎を置く工業化社会に移行していった。それは英国では1770年ころからであり、日本ではこれにおくれること約100年の明治時代になってからであった（『農業および園芸』67-2、1992年）。

　農耕史、農業革命史に関しては論じるべき課題は以上のほかにも多くあるが、それらについては別の機会に譲り、本章最後に、こうした考察を踏まえて近代農学の基本的性格について述べることにしたい。

　近代農学の歩みはヨーロッパと日本ではかなり違っている。そこでまずヨーロッパでの歩みをふり返ろう。といってもここで詳しい歴史を論じることは出来ないので、初期の代表的論客4人、アーサー・ヤング（1741～1820　イギリス）、テーア（1751～1828　ドイツ）、チューネン（1783～1850　ドイツ）、リービヒ（1803～1873・ドイツ）の業績や主張をごく簡単に辿ることにしたい。

　アーサー・ヤングはイギリス、ノーフォークでの輪栽式4圃式農法の形成と展開を同時代の農業ジャーナリストとして紹介し、新しい農業展開（農業革命）の幕を開いた人だ。ヤングによる紹介は大きな話題を呼んだようで、欧米社会はこれを通じてイギリス農業の新展開を知ることになった。

　テーアは、ドイツで貴族系の大農場（いわゆるユンカー農場）における合理的、発展的な経営方式についての実験的研究を進め、イギリスのノーフォーク輪栽式農法が最も優れていることを明らかにした。また、テーアは、農場生産力は地力の維持向上で決まるとして、地力の実体は腐植だとして、腐植の圃場への補給が重要で、その最も有効な方策は厩肥の施用で、そのためには飼料作物の耕地への導入と家畜の通年舎飼いシステムの確立が必要だと提唱した（いわゆる腐植説の地力均衡論＝農業重学）（テーア『合理的農業の原理（上、中、下）』1837、邦訳2007、農文協）。

　チューネンはテーアの弟子だが、農業立地論の視点から、輪栽式が有効なのは都市から少し離れた農業地帯であり、都市近郊ではむしろ自由式の園芸農業が適していると論じた（チューネン圏の立論）。

　リービヒは無機栄養説を唱え、腐植説を主張していたテーアの論敵である。彼は当時の最新の化学知識に基づいて、植物栄養は腐植ではなくミネラルだと主張した。そして都市への食料供給が一般化する時代には農地はミネラル欠乏に陥らざるを得ず、欠乏するミネラルを外給肥料として補給しなければならないとした。さらに彼はそのための人造肥料を製造し、その使用を提唱した。前述のように、それは効かなかった。また、当時の化学知識の限界のなかで、窒素成分は、空気中から補給されるので、窒素施肥の必要はないと主張した（リービヒ『化学の農業および生理学への応用』1840、邦訳2007、北海道大学出版会）。

　それに対してテーアの弟子のローズとギルバート（イギリス）は、窒素施肥は極めて有効で、厩肥の増投がよく効くのは窒素施肥の効果なのだとしてリー

ビヒを強く批判した。イギリスではノーフォークの輪栽式の展開の後に、都市からの食糧需要のいっそうの強まりのなかで、前述のようにハイファーミングと呼ばれる農業の大好況期を迎えるが、その実体は舎飼いによる厩肥の増投とグアノなどの輸入有機質肥料の増投に支えられた大増産だった。

　こうしてヨーロッパにおける近代農学は、当初は農法の充実に向かったのだが、間もなく農法から厩肥へ、そして有機質肥料へと、農法的総合性のあった農学から施肥の科学へとその軸足を移動させていった。こうした施肥の農学の支えと支援を受けて近代農業は施肥を基本技術として大展開していった。20世紀の初めにハーバーとボッシュによる空中窒素の電気的固定の工業技術が確立し、施肥の中心は化学肥料となり、工業からの大量供給の体制のなかで、多肥農業が近代農業の普遍的なあり方となっていった。

　日本の場合には様子は少し違っていた。イギリスのハイファーミングの時期は日本では明治維新の時期と重なっていた。明治維新には農業革命の要素はまったくなく、維新勢力には新しい農業への構想はなかった。維新後に岩倉具視や大久保利通らが使節団として洋行し、彼の地の農業の展開に仰天し、日本農業の実態との脈絡も考えることなく、その直輸入に取り組んだ。いわゆる大農論と泰西農学の導入だが、これはほぼ直ちに完全に失敗した。

　続いて取り組まれたのはいわゆる老農たちの起用である。小農主義を前提とした現場主義の民間技術の評価であり、経験論の採用である。これはかなり効果をあげていわゆる明治農法が確立していく。明治農法は近世期からの小農技術展開の流れに沿うものだった。しかし、外部経済の強い影響もあって日本農業は地主制強化の方向に進んでしまい、農業は停滞したままに第二次大戦に突入し、敗戦後、農地改革が断行され、地主制は完全に廃止された。

　農地改革で創設された戦後自作農体制はいわば日本的小農の普遍化であった。戦争で日本の工業力が壊滅した状況下で、戦後自作農たちは主として地域の自然生産力の最大限利用の方向で技術創造に取り組んだ。いわゆる民間農法の大展開である。ここまでのところでは、欧米での企業的な近代農業の展開とそれを支援する近代農学という枠組みとは様相はかなり違っていた。

　しかし、その後、工業生産力は急速に回復し、農業への資材供給は潤沢に進むようになる。1961年には農業基本法が制定され、日本農業は農業近代化の

濁流に一気に飲み込まれてしまう。そのなかで日本の農学も工業生産力とその成果を農業に導入していくことを主任務とするようなあり方へと激しく再編されていく。そこでは経験よりも実験的真理が重視され、強く語られたのが農学の体質改善であり、農学の近代化であった。この過程で、戦後に旧高等農林系大学に設置された農家と共に歩む農学を目指した総合農学科はすべて廃止された。

　さらに語るべきことは膨大にあるが、この節ではこのあたりで止めておこう。

### 〈施肥論見直しのまとめとして〉

　無施肥を主張する秀明自然農法のみなさんとの出会いがあって、私たちの有機農業論は新しい理論的実践的展開へのきっかけを得ることができた。自然農法の実践ではいまも多くの失敗が繰り返されているが、しかし、確実に極めて優れた成果も生み出されつつある。

　現在の施肥農業は明らかに行き過ぎであるという認識は私たちの有機農業論の基礎に置かれてきた。しかし、それは施肥農業論の線上での取り組みと認識だったということを、自然農法の実践との出会いを通じて痛感せざるを得ない。施肥を一概に排斥することはできないが、それは農業の一つの補助技術にすぎない。理論的にも、また歴史的にも、そして実践的にも、施肥は農業にとって絶対的なものではなく、むしろ自然力依存の無施肥にこそ農業の普遍的立脚点があることは明らかになってきた。実践的にも自然農法の取り組みの中からは、農業の新しい可能性がさまざまに拓かれてきている。

　私たちの有機農業論は、近代農業批判、近代農学批判を基礎としてきたが、その批判の射程は、端的には有畜複合農業論にみられるように、近代農業、近代農学のスタート時点への回帰を求めるものだった。それはそれで十分に正しいのだが、自然農法との出会いを経た私たちの新しい考察を踏まえるならば、私たちの理論や主張、そして実践は、さらに近代農業の前の、近代農学の前の、中世、近世を歩んできた小農たちのさまざまな経験と到達点への回帰と、そこからの連続性の道へと進み深めなければならないだろう。こうした視点からすれば、有機農業論も過渡的な認識であったとしなければならないのだろう。

## 4．農林省農事試験場での長期継続試験の結果から学ぶもの

　次に掲げた**図1**は、農林省の農事試験場（埼玉県鴻巣）で1926年から1981年まで55年間にわたって実施された継続圃場試験の結果である。データは5年移動平均で示されている。試験区は1区画10aで、無機質肥料連用、有機質肥料連用、有機無機質肥料連用、無肥料、3年に1回緑肥施用、毎年緑肥施用の6区画の継続試験である。発案は当時の安藤広太郎場長と塩入松三郎化学主任で、イギリスのロザムステッド農事試験場での継続試験を意識しての試みだったとのことである。第二次世界大戦中も継続されたとのことで、その努力には改めて敬意が湧いてくる。

　類似した継続試験のデータは、青森県農試のものなど数は少ないが国内にもある。またロザムステッドほか、欧米での試験データもある。詳しくみれば、それぞれのデータにはそれぞれ独自性はあるだろうが、おおよその傾向はほぼ共通していると理解してよいようだ。

　試験結果として従来から指摘されてきた点は、施肥の効果は収量の漸増傾向として確認される、化学肥料と有機質肥料の併用がもっとも効果が高いという2点のようである。

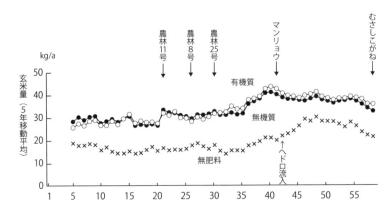

**図1　異なる施肥方式による55年間の継続試験結果の推移**
**（農林省農事試験場・数値は5年間移動平均値）**

　しかし、試験結果へのコメントで共通して欠けているのは、無施肥区への考察である。無施肥区の設定は施肥区に対する対照区としての位置づけだけで、無施肥区への立ち入った考察はない。このことは試験実施者、そしてこれらのデータをその後に検討した人たちには、無施肥についての関心がほぼまったくなかったことを裏付けているようでもある。

　しかし、農業の長い歴史は無施肥農業としてあったのであり、そこには無施肥という歴史的条件の下でさまざまな技術的工夫も試み続けてきたことは明らかである。そうであるにも係わらず、無施肥農業へのこのような無関心は、近代農学が、施肥のイデオロギーに極めて強くとらわれてきたことの証左と理解してよいだろう。

　しかし、この図の無施肥区のデータは、無施肥農業の再評価に取り組もうとしている私たちにとって、実に興味深い示唆を与えてくれる。

　先ず第1は、無施肥区でも結構な収穫が得られ続けているということである。この試験では無施肥区の収量は 10a あたり 200 〜 300kg くらいで、施肥区の 300 〜 400kg には及ばないが、その 2/3 くらいの水準にはなっている。近代日本の稲作収量水準を踏まえるならばこの無施肥区データは低収という評価になるが、国際的にみた穀物収量としてはそれなりの水準であり、唾棄されるようなものではない。試験の最後に近い時期には無施肥区でも 300kg ほどの収量となっており、これはこの試験の開始の頃の施肥区の収量とほぼ同等である。

　第2に、無施肥区の収量は施肥区とほぼ同様に年々漸増傾向にあるということである。近代農学の施肥の理論からすれば、無施肥は収奪農業であり、中長期的には破滅をもたらすという筈なのに、無施肥区でも収量は確実に漸増しているのである。

　第3は、この継続試験では無施肥区への技術対応はまったく無策だったようだということである。しかし、これは明らかにこの試験を組み立てた農学側の不明を証明している。無施肥農業はけっして無策の農業ではない。無施肥をアプリオリに無策とするのは、農業の長い歴史への不明を表明しているだけのことなのだ。

　この 55 年間の長期継続試験結果は、一般的には施肥農業の有効性だけを証明しているように受け取られている。しかし、無施肥区も併せて総合的に考察

すれば、そこには近代農学の施肥理論の根本的再検討、無施肥農業の技術的可能性への示唆、こうした施肥条件だけを違えて他の技術は同じとして設計されるこうした長期試験設計（近代農学におけるごく普通の試験設計）の技術論的な未熟さなどの諸点が浮かび上がってくる。

　試験設計論の未熟さについてはじめに少し書いておこう。

　もう30年も前のことだが、「深層追肥」を提唱されていた青森の田中稔さんが要旨つぎのような強い嘆きを話しておられた。

　田中さんの「深層追肥」は追肥技術としてだけあるのではなく、1つの技術体系として提唱しているのに、実証試験などでは、追肥の仕方の違い（施肥位置、施肥量、施肥時期など）だけが意識され、その他の技術は一般栽培と同じとされてしまい（「深層追肥」を適切に実施すれば、稲の育ちは当然違ってくる、その育ちに則して適切な対応をしようというのが田中さんの提案であり、それが生産者の当たり前のあり方なのに）、これでは田中さんが提唱し、それに呼応して農家らが豊富に広げてきた「深層追肥」技術の検証試験にはならない。田中さんは「深層追肥」技術は体系的な農法比較として検証されるべきだと言っていた。こうした嘆きを聴いて田中さんの見識に深く同感したことをよく覚えている。

　つぎに近代農学が縛られてしまってきた施肥理論について述べよう。本章2．3．で述べたことだが、施肥技術は古くからある農業技術の一つだが、そのほかの農業技術と同様に経験的な技術であって、理論から演繹されて組み立てられた技術ではない。ところが近代農学ではそれが農学理論から演繹される絶対的技術のような錯覚が広がってしまっている。このようなイデオロギー的枠組みのもとを作ったのはリービヒである。

　リービヒの理論からすれば農事試験場の長期継続試験の無施肥区は間もなく悲惨な結果に陥らざるを得ない筈なのに、長期にわたって収量は維持され、しかも漸増傾向にあるのである。明らかにリービヒの施肥理論とこのデータは合わないのだ。

　農事試験場のデータについて、土壌有機物の動態の視点から検討し直した高井康雄氏は、非作付期の雑草のすき込み量がかなりあることを指摘し、これが無機施肥区での収量向上に寄与しているだろうと推論しておられる。とすれ

ば同じことは無施肥区にも言えるはずである。そこにはリービヒの想定とは異なったさまざまな系が複雑に係わっており、それを単純な施肥理論で割り切ることはできないということなのだ。

　最後に、無施肥農業は決して無策農業ではなく、そこには無施肥農業らしい技術の積み上げと形成があるということについて少し述べよう。

　この長期継続試験に戦後すぐにかかわった久津那浩三氏は当時の回想記で、有機区の除草は土の表面が軟らかくて楽だったが、無機区と無施肥区は土の表面が堅く締まっていて除草がとてもたいへんだったと述べている。久津那氏は無機区は無機質肥料が土の表面を堅くしたのだろうと推定している。無施肥区については特に述べていない。その頃の除草は田車と手取りだった。

　こうした圃場試験データの解析においては、先に紹介した高井氏や久津那氏のような多面的視点が特に重要なのだろう。

　土壌表面の堅さについては、無施肥農業の諸事例をみれば、そこにはそうした事例もあれば、表面が柔らかい事例もある。これは今流に言えばトロトロ層形成ということにもなるだろうが、無施肥農業の積み重ね、そしてその成熟は、土壌表面が堅い段階から柔らかな段階への展開としてあること、トロトロ層が形成されるようにもなれば、除草も少なくて済み、仕事も楽になり、稲も元気にしっかりと育つようになり、収量も少しずつ向上していく、というだんだんよくなる展望が見えてきている。だから無施肥区はいつも土の表面は堅いわけではないのだ。

　2013年12月に東北大で開催された日本有機農業学会での木戸将之さんや富樫一仁さんのような優れた取り組みがあることを知ったうえで、先に紹介した田中さんの意見のような農法比較試験がされていれば、だから無施肥区が、深まりのある無施肥農業区として重ねられる55年間として設定されていれば、無施肥区にはまたかなり違った様相が見えてきていただろう。無施肥区を無策区としてしか位置づけられなかった日本農学を拓いた俊英たちの不明が惜しまれる。

## 5. 明峯哲夫さんと三浦和彦さんの無施肥・自然農法論

### ① はじめに

　本章の2〜5は、秀明自然農法のみなさんとの出会いと共同研究（2013〜2015年）に触発されて、自然農法における「無施肥」という強い主張にかかわって、それを農法史、農学史において位置づけようとした中島の論考である。しかし、本章の「はじめに」で述べたように、それは秀明自然農法調査研究プロジェクト全体の結論紹介としてはいかにも偏っている。それを補正したいという気持ちから、プロジェクト途上で相次いで逝去された同志明峯哲夫さんと三浦和彦さんの論考から自然農法にかかわる主要点を以下に再録紹介させていただくことにした。農業生物学を主張されてきた明峯さんは主に作物生理学からのアプローチが、植物病理学からスタートされ、その後、生態学にシフトされた三浦さんの論考では、土壌生態学からのアプローチが示されている。

　できれば、明峯さんと三浦さんの論に中島の論を加えて、私たち三人が到達した共同認識として読み取っていただければ幸いである。

### ② 明峯哲夫さんの無施肥・自然農法論

　故明峯哲夫　最期の口述（2014年8月29日）
　以下に紹介するのは、逝去の半月前の病床での口述である。この段階での私たちが直面した検討課題が切迫したものとして端的に語られている。

　「これまでの従来の日本の有機農業運動は、化学肥料や農薬を多投する農業の反省の上に立って行われてきた、非常に優れた農業技術だと思われます。
　ところが、現実の現在行われている有機農業を考えると、有機質肥料だけを与えれば、それを有機農業だとするような姿、それで作物は健康に育つのだというばかりの姿が見受けられます。すなわち、多肥農業、化学肥料でなくて有機質肥料なのだけれども、それを大量に農地に入れることによって、土地の生産性を高め、農業生産力を上げるという、そういう考え方に従っているわけです。
　このような有機農業の現実の姿は、かつての化学肥料に依存する多肥農業と

基本的には変わらないと考えることができます。

　自然農法というのは、いろいろな考え方、いろいろな流れがあって、一言では表現できないのですけれども、ここでは、必ずしも施肥に依存しない、化学肥料はもちろんのこと有機質肥料も場合によっては投入しない、施肥に依存しない農業というようなことがいわゆる自然農法として、かなり共通性のある技術として行われている。

　肥料を与えなくても作物は育つということは、旧来の農学、旧来の農業のイメージからすれば、ありえないということになるわけです。しかし、彼らの実際の姿を見ていると、もちろんそれが全てうまくいっているわけではなし、やはり肥料を入れないということが土の力や作物の力を損なっていくということは、多々あるわけですが、しかし、時と場合によっては、植物は、栄養をやらなくても育つという現実を目の当たりにすることができました。

　これは、大げさに言えば、ある種のカルチャーショックだったと僕は思っています。

　つまり植物というのは、施肥が必要だということに凝り固まっている立場から言えば、必ずしもそうでもない、施肥しなくとも植物は育つという現実は大きなカルチャーショックだと思います。

　まあ、とはいえ、やはり施肥をしないということは、地力を損ねていく、地力の維持を困難にするということは、僕たちが想像するように問題になるわけですけれども、しかし、ある条件が満たされれば、施肥をしなくても結構植物は育つ可能性がどうもあるという感触を得たことになるわけですね。

　果たして植物は、肥料を与えなくても育つんだろうかということですね。

　育つとすれば、どういうそれは理屈なのか。おそらく旧来の植物生理、あるいは、作物学、農学の既成概念を大きく壊すことになると思うんです。どういうことが起きているのかということの解明が、なされなければなりません。これまでの農学、生物学、あるいは植物学は、植物に肥料を与えるということを前提にして、さまざまなことが行われてきましたので、肥料を与えないということは考えられなかったわけです。肥料を与えなくても育つかどうかなどという発想はそもそも出てこなかった。そういう実験も満足に行われてこなかった。そういうデータもなかったと考えられます。まさに目からウロコの状態に僕た

ちは今直面しているということだと思います。」


### 明峯哲夫「低投入・安定型の栽培へ」

　無施肥も含む様々な環境条件の下で作物はどのような生命的に対応をしてい
くのかという課題に関して明峯さんは2007年にすでに次のように提起してい
る（「低投入・安定型の栽培へ」2007年、『有機農業研究年報』7）。早い時期
における極めて優れた見識である。私はこの論考から多くのことを教えられた。


　「長年の化学物質大量投与で病弊した畑地が、どのような方法で、どのよう
なプロセスを経て、熟畑に至るのか。そして、熟畑に達した段階では、投入さ
れる資材、エネルギー（人手も含めて）はどこまで下げられるのか。現場での
実地に即した詳細な調査、研究が必要である。」

　「長い間慣行農法を実践してきた農地を有機農業に転換する場合、初期には
それ相応の量の有機物を投入しなければならない。地力が絶対的に失われてい
るからだ。しかし、5年、10年と堆肥投入を続け、適切な輪作を実施し続ければ、
農地は熟畑化するはずだ。一定量の腐植が土壌中に蓄積し、それが地力となる。
土壌の団粒化が促進され、通気性のよい、そして水はけがよく、しかも水もち
のよい土壌となる。しかも、土壌微生物相は多様化し、各種微生物相の相互規
制の網は複雑化する。特定の病原微生物だけが増殖する事態は抑制される。熟
畑とは土壌が緩衝作用をもつようになった状態だ。緩衝作用とは、土壌自身の
力で土壌の状態を一定の状態に維持できることである。」

　「植物に与える物量は、可能な限り少ないほうがよい。植物はそのような環
境下では、自らの環境適応能力を最大限喚起し、手持ちのカードをフルに活用
して生き抜いていく。植物の成育の高い自立性こそ、健全な植物生産を保障す
る。」

　「植物の生き方には手数（カード）がたくさん準備されている。そして、与
えられた環境にふさわしい生き方を、つまりその手数のなかから最良のものを
選び取っていく。植物の形態や生理は与えられた環境に対応し、融通無碍に
変化していく。与えられた環境に応じて、自らの姿をそれにふさわしいものへ
としなやかに変身させていく能力。これを『環境応答能力』と呼ぶことにする。

この能力こそ、植物の生きる基本原理だ。」

「現代の工業的栽培技術は、植物を物量で攻め立てる。栄養分が必要なら、大量の化学肥料を投与する。水が必要なら、地下水が枯れるまで水を与え続ける。土を柔らかくすることがよいとなれば、大型機械を駆使し、徹底して耕起する。病虫害や雑草を防ぐとなれば、膨大な毒物を環境にばら撒き、クリーニングする。過剰な物量を駆使して整備された“最適環境”では、そこで育つ植物は数ある生き方のうち特定の（とにかく生産性をあげるという）カードしか使用できない。」

「光合成で合成されたブドウ糖をめぐり、植物体内には二つの代謝系が存在する。

　一つは、ブドウ糖を多数結合させ、デンプンやセルロースなどの多糖類を合成する系。成長中の若い植物では細胞壁の主成分であるセルロース合成が優先され、生殖成長に入った植物では種実などに蓄積されるデンプンの合成が盛んになる。

　もう一つは、タンパク質合成である。ブドウ糖はいったん有機酸となり、有機酸は根から取り込んだ窒素（アンモニア）を取り込み、アミノ酸となる。アミノ酸が多数結合すると、タンパク質が合成される。

　窒素分が過剰だと、ブドウ糖の代謝はタンパク質合成系に傾く。その結果、成育中の植物ではセルロースの合成が滞り、細胞壁の発達が抑制され、細胞の、ひいては植物体全体の頑丈さが失われる。過剰な窒素分の投与は植物を軟弱にさせ、結果として病虫害への抵抗性が低下する。」

「現代の栽培技術は、植物を単なる物質系とみなしている。しかも、植物に与える物量を増やせば、それが高い収穫量として戻ってくるという、素朴な機械論である。」

「植物は単なる物質系ではない。植物は同時に情報系でもある。植物が外界から取り入れるのは物量、つまり物質だけではない。植物は環境から情報も取り入れている。たとえば、根が栄養分を取り込む場合、栄養分という物質とともに、環境に存在する栄養分の量・質に関する情報も取り込んでいる。その情報をシグナルとして読み込み、植物は適切な環境応答をしようとしているのである。」

### ③　三浦和彦さんの自然農法論──草資源活用の自然農法技術論

　三浦さんは、自然農法における土づくりについて、土壌形成の地球史的経緯にまで遡って、本質的技術論を「消耗型土壌管理」と「増殖・蓄積型土壌管理」という二つの対抗するモデルとして提示された。以下、三浦さんの提案について紹介したい。

　三浦さんは、多肥栽培は土壌生態系の生きもの構成を単純化させ（端的には著しく非生物化させ）、土壌を「施肥の受容体」的な存在へと劣化させるが、無施肥、少施肥栽培では、土壌の生物多様性を保全し、栄養面でも多様な生きものたちの土壌内生的な活動を活発化させていくとされる。そうした提起の背景には、土壌は森林や草原での長期にわたる自然史的経過の中で形成されてきたという歴史認識がある。

　地球のごく表層での鉱物的要素と生物的要素との長期にわたる複雑な交換関係の中で土壌は形成され、それは地球史的な存在としてある。石炭紀の後、膨大に堆積された樹木遺体を食べ、分解していくキノコ類が出現し、そしてさまざまな土壌生物、土壌微生物との連鎖、連携の中で、腐植を形成、蓄積しつつ地表に現在のようなある程度の厚みのある土壌相層が形成されていく。農業の営みはそうした土壌形成からずうっと後の時代に開始される。したがって農業にとってそのように形成されてきた土壌はまずは与件として存在することになる。こうした土壌形成の歴史認識については第4章4．で述べた。

　しかし、森林や草原を農地に拓き、耕すことを必須とする農耕は土壌に対する強い攪乱であり、必然的に土壌消耗を伴う。したがって、農耕においては、土壌の消耗防止と土壌生態系保全が不可欠の技術となる。このことは耕作による土壌消耗が顕著な畑作において特に鋭く認識されてきた。

　「低投入・自然力依存型農業」は無為無策の農業ではなく、特に畑作においては長期的、総合的視点からの土壌保全への継続的な技術対応を必須とする農業形態である。その主たる技術内容が土壌への有機物の還元・補給（有機物施用）にあることは、洋の東西を問わず、長い歴史の中でほぼ一貫してきたと考えられる。

　こうした認識を踏まえて、三浦さんは、無施肥・少施肥農業における有機物

施用は、「消耗型土壌管理」から「増殖・蓄積型土壌形成」への転換を図ろう
とする戦略的取り組みだとされる。そこでの有機物施用では，施用する有機物
の分解の難易を積極的に意識し、①土壌栄養の適切な補給（分解は易）、②土
壌生物の多様化と活性の向上（分解は中）、③腐植形成などによる土壌構造の
改善（分解は難）、などが混合された、複合的、連続的効果のある技術過程と
して構想提起されている。

　「増殖・蓄積型土壌管理」の視点からすれば、有機物は早い分解だけでなく、
時間をかけた緩やかな分解の意味も大きい。そのプロセスでは、多様な土壌生
物の複雑な働きが重なり、単なる有機物の消化分解だけでなく、生理活性物質
の合成なども進み、土壌の生物的多様性や活性が向上していく。

　施用有機物の「ごちそう的利用」「おすそわけ的利用」そして「カスケード
（さみだれ的、連鎖的）的利用」、そしてそれらの組み合わせ的展開が期待され、
そこでは時間や季節の要素が重要な意味をもってくる。青草利用の場合には、
その施用をこうした連続的、発展的プロセスへと誘導していくために「天日で
の一干し」の効果はきわめて大きいとされる。

　①の土壌への栄養補給効果をねらう有機物施用では、糠類や豆科植物残渣な
ど比較的高栄養な有機物の施用が効果的で、糠類などについてはできれば自然
発酵させたいわゆる「ぼかし」であることが望ましい。また、出穂前の禾本科
牧草なども栄養価は高く有用である。

　②の生物多様性向上効果については、ワラや草を主原料とした完熟堆肥の施
用が望ましい。これによって土壌の団粒化などの土壌物理性改善の効果も期待
できる。

　③の土壌構造改善のためには、炭素比率が特に高く、リグニンを多く含む落
葉や柴（小枝）、茅などを主原料として、時間をかけて完熟させた落ち葉堆肥
の施用が望ましい。

　また、これまでの有機物施用は土壌中への転ない込み施用が一般的だったが、
敷草的施用もできるだけ工夫、追求されるべきだとされる。敷草的施用は、土
壌表面を物理的に保護し、土壌小動物の生息環境を提供し、有機物分解プロセ
スに土壌小動物を積極的に介在させることになり、その効果はたいへん大きい。
森林や草原でのリター層（A$_0$層）形成の効果を農耕にも取り入れようとする

提案である。敷草は、団粒形成、腐植形成において土壌小動物の関与の意味はたいへん大きいようだ。

　なお土壌形成の地球史については、その概略を本書第4章4．にも書いた。

　このような効果を期待する「増殖・蓄積型土壌管理」の有機物施用の取り組みは、これまでは主として冬季などの農閑期の山仕事（里山での落葉掻き等）として位置付けられてきた。施用する有機物の給源としては里山依存が特に重要な意味を持ってきた。畑と里山の結合である。このあり方はきわめて正しく、本質的な課題である。しかし、現実には、作付けの周年化が進み、農閑期を取ることも難しくなり、里山依存の畑保全の実施には困難が多い。

　他方、有機農業では雑草管理、除草は依然として深刻な作業となっている。雑草のバイオマス量はきわめて多い。そこでは作物と雑草はきびしく競合し、生産者の意識としても雑草を敵視せざるを得ない状態が続いている。

　この状態を大きく改善し、圃場雑草を資源として活かし、草の生産力に支えられ、草と共生する農業を作っていくことは有機農業においてきわめて重要で切迫した課題となっている。

　このことへの一つの改善方策として、三浦さんは、圃場全体の一律な耕作管理ではなく、多品目生産に対応した、畝単位の耕作、畝単位のローテーション、そのなかへの雑草の畝際への堆積、敷草利用の組み入れというあり方を提案されている。こうすることによって圃場の雑草は、大きな手間もなく順次、畑の土壌保全としての重要な役割を果たすようになっていく。夏季の太陽熱処理をその中に組み入れて、それを畝毎ローテーションのリセットとしても機能させる取り組みなど、すでにさまざまな実践例も各地に見られている。

　次の言葉は三浦さんの最期の結論だった。


「化学的施肥技術は栄養学的にはそれなりに合理的かもしれないが、土壌生物学的には原理的に間違っており、「施肥」重視に替えて適切な有機物施用などの低投入な持続的栽培管理法の導入が望ましい」

〈参考文献〉

明峯哲夫（2015）『有機農業・自然農法の技術——農業生物学からの提言』コモンズ

明峯哲夫（2016）『生命を紡ぐ農の技術——明峯哲夫著作集』コモンズ

金森哲夫（2000）『国公立農業関係試験研究機関における有機物・肥料等の長期連用圃場試験の概要』農業研究センター研究資料

加用信文（1972）『日本農法論』御茶の水書房

久津那浩三（2007）「伝統的圃場試験の跡を追って（農林省農事試験場鴻巣試験地の思い出）」『肥料科学』第29号

木戸将之・富樫一仁・佃文夫（2016）『秀明自然農法実践資料集』秀明自然農法ブックレット第5号

近藤康男編（1959）『牧野の研究』東京大学出版会

椎名重明（1973）『近代的土地所有』東京大学出版会

高橋英一（1992）「肥料の必要量は何で決まるか」『農業および園芸』第67巻第2号

テーア（1837）『合理的農業の原理』邦訳相川哲夫、農文協、2007

中島紀一・金子美登・西村和雄（2010）『有機農業の技術と考え方』コモンズ

中島紀一（2013）『有機農業の技術とは何か』農文協

中島紀一・大山利男・石井圭一・金氣興（2015）『有機農業がひらく可能性』ミネルヴァ書房

中島紀一・明峯哲夫・三浦和彦（2017）『「無施肥・自然農法」についての農学論集』秀明自然農法ブックレット第6号増補版

菱沼達也（1962）『日本畜産論』農文協

マルク・ブロック（1931）『フランス農村史の基本性格』邦訳河野健二・飯沼二郎、創文社、1959

三浦和彦（2016）『草を資源とする——植物と土壌生物が協働する豊かな農法へ』秀明自然農法ブックレット第3号

水野章二（2015）『里山の成立——中世の環境と資源』吉川弘文館

リービヒ（1840）『化学の農業および生理学への応用』邦訳吉田武彦、北海道大学出版会、2007

**施肥論参考資料①**

**近藤康男編（1959）『牧野の研究』東大出版会**

「序説」近藤康男

　農民が社会の基本的階級であった封建社会、工業生産物たる肥料を未だその社会の生産諸力の一部として知らず、農業生産様式は苅敷をもって地力再生産の主力となし、そこから生ずる貢納をもって農民支配の基礎とするような封建社会にあっては、農民的生産を確保するためには、苅敷をする場所を農民のために保証することは、権力維持の前提条件であった。然るが故に旧藩時代において、広大な林野に対して、農民の入会権が公認され、村落共同体的秩序がそこに保持されたのである。

　日本の資本主義が確立するに先だつ明治維新の時期において、農民を土地やその他の生産手段から引き離し、自由なる労働力を資本の発展のために創設する一手段として、このような林野の広大な部分を官有に移した。しかし、そのばあい、資本主義の発達が鈍く、自由な労働力を吸収する力が乏しいという事情は、官有になった林野を直ちに完全に農民の利用から遮断することはできなかった。共同体規制の下に農民による林野の入会利用（採草、放牧）は、官有林においても私有林においても、おそくまで慣行として認められるところであった。その時代には未だ水田経営が入会秣場を不可欠な基礎としているのである。

　それが崩れるのは二つの側からであった。一つは、農業生産そのものにおける生産力構造の変化で、金肥の利用が苅敷のもつ意味を大いに低下してゆくという面であり、他は、木材が商品になり、官林や大地主の林業が施業され、山の木が伐って売られるだけでなく、植林が行われるようになるという面からである。これらの過程の進行するときには、牧野利用の生産物である牛馬や駒・犢も商品化するときであり、その結果として狭められた牧野が一層強く放牧や採草のために酷使され、入会という古い秩序による農民的林野利用が、内部的に崩壊するときでもある。

　苅敷農業の基盤としての牧野が、牧野利用の原型であるが、それは単に

水田経営に従属していたというだけでなく、共同体的な方式によって、水田農業の基盤をなしたところに特徴がある。

　すなわち、農業生産そのものは農民的個別経済による生産として早くから確立していたけれども、その農民的生産に不可欠の一要素である水や草の供給は、独立した生産者による供給ではなく、共同体的方式によってはじめて可能であった。秣場の入会ということが、百姓の権利としてあまねくみとめられ、それが封建社会の基底の一部をなすのであった。

　ところで、明治二、三十年代から、金肥が用いられるようになり、商品化する米の量も多くなり、農民の商品経済化は深く浸透し、棉作に代わって養蚕業を一般化していった。金肥導入ということが従来の地力維持のしかたに重要な変更を与え、農法変化の契機となったのである。すなわち金肥、養蚕の導入ということは、苅敷の減少を可能にしただけでなく、養蚕が入ったばあいにすぐ判るとおり、労働力の点からみても、苅敷を刈ることができなくなるのである。地力維持、生産力の再生産は、古い共同体の内部だけでは行われなくなるのである。

　もちろん、そのばあいにも林野は農業再生産に無関係になるのではない。ただこれまでの地力維持の主役であったのが、飼料の一部を補充し、金肥の補足物となったところの厩肥の供給源になるのである。つまり、金肥の時代になっても苅敷の止揚は完全には行われないのである。（中略）

　林野の供給する草が、稲を中心とする農業の生産力維持上もっている重要さが減じ、厩肥が金肥の補充物に移行する段階では、牛馬の農業上の意義もかわり、かつては苅敷運搬が重要であったのが厩肥踏みになり、耕耘では代掻きのみであったのに牛馬耕が新しく加わるのである。そしてこの変化は、従来山野へ長期放牧して、飼養労働を省いていたのを、その期間を短縮して舎飼を主とすることを必要とする。

　右のような農法の変化の結果は、林野が水田経営にとって、従来ほど必要でなくなることを意味する。そこでこれまでの入会地を形成していた林野が、地力維持機構の一環であった位置から解放され、林野利用のいろいろな形態を通じて、独自にその生産物を商品化していくことが可能になってくる。すなわち犢や駒の生産販売を目標とするところの畜産業、あるい

は林業、それもはじめは薪炭・木材の採取、後には植林を伴うところの種々なる林業が、農業から分離して発展できるようになる。

これらの発展のうち、犢・駒生産は、農民にその経済力がないばあいにも、預託、小作等の形態をとって、牧野の利用において古い共同体的規制と調和するけれども、植林という形態をとるところの林業は、土地利用において二者択一的関係に立ち、農民的林野利用である入会牧野や薪炭林と地主的林野利用である植林とは一つの土地をめぐって対立するばあいを生じてくる。

このような問題に当面するとき、振り返ってみれば、明治維新の土地改革に際して行われたところの官民有区分がものをいう。当時広汎に存在していた林野に対して所有権者の認定を行った。当時広大な林野が、農民がこれを利用していたにもかかわらず、官有に編入された。それは、林野の利用は薄く、且つ入会利用が一般的であったため所有の観念が明確化していないばあいが多く、これまで貢租を払っていたばあいにもそれから免れるために国有に編入を希望するばあいすらあって、莫大な林野の官有への編入が行われた。ローマ法的私有権の意識が農民にはなかったのである。

この官民有区分は、資本が農民から基本的生産手段たる土地を収奪する本源的蓄積であり、それは同時にその必要とする自由な労働力を析出する作用をするものと理解されるのが常である。しかしそのような作用が明確になってくるのは、明治末年、官有林野で本格的な林業経営がはじめられたときであって、それまでは官民有区分による林野収奪のために、多くの土地を失った農民が街頭に放出されたということはできない。当初においては、官有地化された林野においても、入会慣行は認められて、当時未だ農業生産に不可欠であった苅敷の秣場になっていた。

官民有区分による官有地編入が、農民を林野利用から締出す危機となるのは、明治後期、国有林経営が積極化し、ユンカー的林業経営がはじめられたときである。そのときは地方自治強化のときであり、地主制確立の時期でもあって、部落有林統一がその梃子として強行されたときでもある。農民的牧野の利用は圧縮をうけ、例えばそれまで秣場や放牧地の唯一の管理方式として各地で行われていた火入れの禁止が強行される。このときに

は、上述したように、秣場が水田経営にとってもつ重要さが、決定的では
なくなっておるし、犢・駒生産の畜産業も、後に検討するように経済性が
低いので、多くの地方の農民はこれをはねかえす力を失っているときであ
る。

### 「第3章　日本的牧野」梶井功

　水田農業を主体とする日本のばあい、地力再生産の基本形態は刈敷だっ
た。この場合の草の利用には家畜という「媒介手段」を必要とせず、採取
してきた草・若芽はそのまま耕地＝水田にふみこまれたのであるが、もち
ろん飼畜産業をおこなっている農家（上層であることはいうまでもない）
では厩肥の利用も広汎にみられた。

　しかし、阪本楠彦氏の推算によれば、刈敷あるいは厩肥もふくめて自給
肥料消費量は大正初期までは増加しているが以降減少し、昭和一〇年代に
は購入肥料の方が自給肥料よりも多くなっている。明治から大正初期にか
けては、購入肥料の使用量は漸次増加していたが、まだこの時期には供給
も量的に限られた比較的高価な漁粕、あるいは輸入満州大豆であったため、
明治以降すすむ耕地の絶対的拡大＝農業生産の拡大がもたらした肥料需要
の増大は採草を中心とする自給肥料の増加となったものであろう。しかし、
大正中期以降、肥料独占資本によって割安な硫安をはじめとする無機質肥
料が大量に供給され、自給肥料と購入肥料の代替、草からの離脱が決定的
にすすんだのである。

　このように購入肥料の投入が増加し、自給肥料との代替がすすむことは、
とりもなおさず草肥からの離脱・採肥源牧野の消滅の過程であった。第1
に刈敷の採取減は刈敷的牧野の存在を不要とする。また、厩肥にしてもそ
の投下量が減少することは厩肥生産に必要だった敷草採取量を減少させる。
後にしめすように、金肥の投入につれて厩肥生産のために必要だった夏期
舎飼期間が減少し、放牧期間が延長することを、牛馬産地ではみることが
できるが、一般的には金肥の導入等によってもたらされた耕種生産力の高
まりが、その副産物として藁稈生産量を増大させ、増大した藁稈と畦畔の
草で家畜の飼敷量をまかない、次第に金肥を主体としつつそれでできる範

囲に厩肥投下量をおさえてきたといってよい。

**施肥論参考資料②**

**高橋英一（1992）「肥料の必要量は何できまるか」『農業および園芸』67-2**

　前工業化社会とは土地の有機物生産力に基礎をおいた社会であり、その時代の人口規模は土地の生産する有機物の量による制約をうけ、一方土地は増加しようとする人口の圧力をたえず受けていた。産業革命は深刻な土地不足の所産であり、これを契機として長らく続いてきた土地の生産力に基礎をおいた有機経済社会は、鉱物資源に基礎を置く工業化社会に移行していった。それは英国では 1770 年ころからであり、日本ではこれにおくれること約 100 年の明治時代になってからであった。

　英国では 17 世紀中頃に第 1 次農業革命がおこり、それまでの三圃式から穀草式と呼ばれる方式がとられるようになった。これは開放農地や共同放牧地の一部を一時的に囲い込んで草地に転換し、永年性のイネ科牧草を作付けして穀物の連作を中断し、これによって地力の回復を図るとともに、夏期の飼料の充実を図るものであった。さらに 18 世紀になると輪栽式と呼ばれる新しい農法が、ノーフォーク地方の富農層によって導入されるようになった。これは窒素固定をするクローバと、飼料価値の高いカブやテンサイなどの根菜類を組入れて休閑をやめ、耕地のすべてを利用するもので、これによって冬季の飼料の欠乏から開放され、多数の家畜を飼養できるようになった。

　このことが英国の施肥農業に持つ意義は大きい。何故なら英国では、家畜は四つ足の肥え車（fourlegs dung cart）と呼ばれ、家畜による肥料の生産が行われていたからである。飼料の不足は飼養可能な家畜頭数を制約し、それは家畜による肥料供給を制約する。その結果土地生産力は上がらず、飼料不足を招来することになってしまうが、新農法はこの悪循環を一応たち切ることができた。

　江戸時代は農業が飛躍的に発展した時代であり、江戸時代の繁栄はその上に築かれた。大規模な開田による稲作の振興、都市周辺農村におけるそ菜の栽培、新しい経済作物としての菜種、棉、藍、桑栽培が盛んとなり、それらは肥料に対する強いシンクとなった。これに対応するソースとしては、米とそ菜の消費の結果としての下肥、菜種作、棉作からの植物油粕、養蚕からの蚕糞、蚕沙、また近海漁業のもたらす漁粕や干鰮があった。時期を同じくしてシンクとソースが存在したこと、またそれをつなぐ経済的ルートが巧みに形成されていったこと、これが江戸時代のユニークなところであった。

　盛んな経済活動によって生み出されたいろいろな「有機物」が土地を介して見事な循環をみたことは、江戸時代の経済、文化を発展させるとともに、当時の世界に類を見ない清潔な都市の存在を可能にしたのであった。これに対してヨーロッパの諸都市では投棄されたゴミや糞尿が街路を汚し、その対策として下水道がつくられるようになったが、これも今度は川や湖を汚染した。イエズス会の宣教師ルイス・フロイスはその著「日欧文化比較」の中で、われわれは糞尿をもっていってくれる人に金を払うが、日本では逆に金を払ってもっていくと驚きを示している。実際下肥は江戸時代の代表的商品の一つであり、農民はしばしば下肥の値下げ運動を行った。

　農業は長らく土地に含まれている養分に依存して行われてきた。日本の刈敷農法、英国の厩肥農法も土地の中の養分を利用する手段であったことに変わりはない。ところが18世紀中頃英国に始まった産業革命により、世の中は鉱物エネルギーに基礎をおく工業化社会に移行していった。肥料も19世紀に肥料鉱物資源に、20世紀になって化学肥料工業が勃興すると鉱物エネルギーに大きく依存するようになった。

　鉱物エネルギーに依存した経済社会が有機エネルギー依存の経済社会（それは太陽エネルギーによる循環的経済社会である）と根本的に異なるところは、エントロピーが著しく大きく、しかもその加速の度合が急速である点である。これはまず資源問題に、つづいて環境問題に危惧の念を生じさせるに至った。

# 第4章　農業技術論・覚え書き

## 1. はじめに

　本書で私は、農業という複雑系と向き合う農学は、経験科学という枠組みで考えた方が良いと度々述べてきた。

　いま自然科学の分野では「エビデンス」(証拠となる整理された端的なデータ)添付が大はやりである。しかし、農学の分野では、単純化された「エビデンス」だけを優先するあり方はどうもいただけない。

　第3章で「無施肥の農学」についていろいろ述べたが、例えば施肥と収量の関係という代表的な命題がある。施肥をすれば収量が増えるというデータもあるが、収量が減るというデータもある。品種を変えれば、この命題の回答はまた様々であり得る。また、施肥によって短期的に見て増収する場合でも、数年のスパンでみると、土壌は劣化し、生産力としてはマイナスに作用するという場合もあるだろう。試験の地域や場所、品種、そして土壌を変えればデータも違ってくるだろう。最近の社会動向の下では持続可能性という判断要素も重要なものとなっている。こうしたことを考えると、農学においては単純化した「エビデンス」だけでなく、それらについての「総合考察」がとても大きな意味をもつことが多い。

　では経験科学としての農学における「総合考察」とはどんなことなのだろうか。やや一面的な言い方になるが、私は「常識」による繰り返しの検証と言いかえられるように考えている。だが、当たり前のことだが「常識」は一つではない。社会にはいろいろな「常識」があり、それらの「常識」と「常識」は食い違うことも少なくない。だからこそそれらと把握した現実、それについての様々なデータを考え合わせた「総合考察」が必要なのだ。

　振り返ってみると私のつたない農学の歩みは、実にさまざま多面的な「常

識」に囲まれ、それらの「常識」から繰り返し批判を受ける。そうした過程に支えられてきたように思う。幸いなことだった。良き「常識」の主は，まず野良仕事に励む農民たちであり、それを支える現場の技術者たちだった。引退された高齢の方々の「常識」も貴重なものだった。何か問いを抱えたり、何か着想を覚えたりしたときには、それらの良き「常識」の主たちに意見を聞いてみる。その繰り返しの中で、私はさらに多くの「常識」を知ることになり、私の認識はもまれ、鍛えられ、少しは前に進むことができたように思う。つくづくと有難いことだったと感じている。

　前著『野の道の農学論』(2015) の「あとがき」では、これからの若い農学徒たちに引き継ぐべき課題として「経験の継承」について述べた。本書は主にその思いからまとめたものだが、なかでも本章では、つたなくはあるが私なりの農業技術についての「常識」を提示してみた。ここで示したいくつかの私の「常識」が正しいというのではなく、若い世代の方々にはこうした様々な「常識」にも関心をもちながら「総合考察」の視点を大切にしながら進んでほしいという思いからである。

## ２．農地耕耘と土地利用をめぐって

　有機農業・自然農法にかかわる社会的論義において「不耕起」が注目され、また、耕起の作り出す不自然・反自然も強く語られるようになっている。私が大学に入学したのは50年ほど前のことだが、そこで巡り会い入門させていただいた恩師菱沼達也先生の「総合農学研究室」には、近藤康男先生からの「深耕細作」と墨書された色紙が飾られていた。農耕のあり方を巡る社会意識の大きな変転が実感される。

　なお、自然農法のもう一つの特徴的技術論である「無施肥」についての私なりの総合考察は本書第3章に書いた。

### ①　日本での農耕の基礎的前提

　日本の農耕の中心に位置する1年生草本の栽培である。もちろん、果樹、畜産、多年生草本の栽培などさまざまな農耕のあり方もあるが、その中核には1

年生草本の栽培があるとしてここでの論を進めたい。

　まず、耕耘を論じていく基本的前提としてその地域における土壌形成、その状態があることを確認したい。

　だいぶ前のことになるが、中国西部や北部の乾燥地帯での遊牧民らの暮らしとかなり詳しく接する機会を得た。乾燥・遊牧地帯とそこでの遊牧民たちの放牧という営みと暮らしぶり、それは、日本の農耕の風土と農民たちの暮らしぶりと著しく違っていることに驚いた。

　その地域は準沙漠地域で、降水量は極端に少ない。外来者には、草1本も生えていないと見えるのだが、よく観察すると多年生草本のごくわずかな植生がある。人々はそこで羊、山羊、牛、駱駝、ヤク、馬などの反芻動物、草食動物を放牧で飼育し、遊牧の暮らしを営んでいた。その暮らしぶりは、私の見聞の限りでは、長期にわたって安定していて、豊かで、文化的にもかなり成熟しているように感じられた。

　遊牧の暮らしの基本的与件は、土壌形成が微弱だという点にある。その薄いわずかな土壌にわずかに生えるのが根の深い多年生の草で、そのわずかな草を反芻家畜、草食家畜が食べ、その家畜の乳や肉を人々が食べ、毛や皮や骨をことごとく利用している。糞はていねいに集められ燃料として使われる。

　そこでの暮らしでは不安定なわずかな土壌の保全が最優先の前提となり、土を傷つける行為は厳しく否定される。耕耘などはもってのほかとされる。もし耕せばわずかな土壌もわずかな植生も失われ、完全な沙漠となってしまう。過放牧も強く戒められる。そこでの植生は多年生草本の自然植生に限られ、遊牧民は種を播くことをしない。

　それに対して、日本の場合は、温暖な湿潤気候が前提となっており、長い地球史的過程のなかで、ごく一部の高山地帯や海岸地帯を除けばほぼ隈無く豊かな土壌が厚く形成されている。そこでは多様な植物が旺盛に生育し、農耕はそのなかに分け入って、さまざまな技術的工夫をして、1年生草本を軸として、独自の栽培的な生態系を形成し続けている。厚く蓄積された土壌の生物的活力は高く、攪乱からの回復力は強く、農耕においては、耕耘は、とても有効な、危険性の少ない技術手段とされてきた。

〈種を播かず耕すことを禁じる遊牧民の世界〉

〈種を播き耕すことを基本とする農耕民の世界〉

　遊牧民が暮らす地域と農耕民が暮らす日本には、土壌形成の違いを基本的な背景として、顕著に違ったそれぞれの文化があることが理解できた。

　なお、裸地にすると土壌と植生の消耗が激しい熱帯雨林地帯には、この2つの類型とはまた異なった文化の類型があるに違いないが、それについては、私は見聞不足なので立ち入らない。

　私たちの農耕論はこの2類型における後者の場での論議であることをまず確認しておこう。

　そうした認識の上で、豊かで安定した土壌とそこでの多彩な旺盛な自然植生のなかに分け入って営む1年生草本を基本とした栽培という日本の農耕が私たちの検討対象となる。

　そこで最重要な技術的事項として考えられるべきは、季節の移ろいとそれに対応したリズミカルな作付方式の定着、そして農地における植生遷移のリセットという3点である。

　季節の移ろいについては、日本の1年生草本には大まかに見れば、夏草と冬草の2類型があり、それぞれがかなり異なった生育条件のなかにあるという点が重要である。他の植物や生きものとの共生、競合条件も夏と冬では大きく違っているし、また土壌環境も季節によって異なっている。さらに夏から冬へ、冬から夏への季節の移ろいとそれに伴って植生は大きくリズミカルに変異するという条件も重要となる。

　南北に細長い日本列島では、こうした季節の変化に対応して、北海道では年1作型、東北では2年3作型、関東以西では年2作型、九州や四国では2年5作型などの作付体系が定着してきている。そこには植生と作付の頻繁な交替と変化がある。

　また、1年生草本の生育は、植生遷移の初期段階に対応する。その繰り返しの栽培のためには遷移の頻繁なリセットが不可欠となる。遷移リセットの基本的技術としては、伐採、刈り取り、火入れ、敷草、そして耕耘がある。

　日本における農耕技術論として耕耘の意味を論じるためにはおおよそ以上のような諸点は基礎的前提として考慮されるべきだと考えられる。

## ②　現代トラクタ農法への批判

　現代トラクタ農法は、完成度が高く、刻々と発展・充実を遂げつつある。大型トラクタは大型田植機、大型コンバインなどとセットとなって開発され普及されつつあり、それは強力で、現場農家からの支持も強い。無理をすれば購入できる程度の価格帯が設定されており、強い政策的誘導もあり、その導入が小規模経営を駆逐し、大規模経営が展開していく強い技術的テコともなっている。だが同時に、この機械化体系には、故障などのリスクも高く、更新サイクルも早く、その経費負担が経営破綻の大きな原因ともなっている。

　日本（都府県）でのトラクタの普及（耕運機からトラクタへの転換）は1970年代に始まり、80年代にほぼ普遍化していくが、その頃は20〜30馬力程度が日本的なあり方だとされ、それは中型機械体系（水田稲作においてはトラクタ・田植機・自脱型コンバイン・縦型循環式乾燥機の体系）と呼称されていた。耕運機時代の水田区画はおおよそ10a程度で、中型機械体系が広がる時代には標準的水田区画は30a区画となっていた。しばらくはその時代が続いたが、21世紀に入る頃から水田の大区画基盤整備（1ha規模）が強い施策として各地で著しく進行し、それに対応する技術として50馬力トラクタを超えることを通常とする大型機械体系が開発され強く普及されていった。担い手の高齢化が進み、その交代期に入っていて、一部の大規模経営への土地集積が進んでいることも普及の背景となっている。

　現代トラクタ農法にはさまざまな問題点があるが、なかでもそれは田畑の土壌を劣化させ、土壌の脱自然化を著しく進めている点が強く批判されるべきであろう。

　現代トラクタ農法の典型的あり方は、トラクタの大型化と強力なロータリ耕である。

　トラクタの高馬力化は、水田においても乾田化された基盤条件の下では、広幅での強力、高速度での、そしてかなりの深度でのロータリ耕を可能にした。土壌は機械的に瞬時に細かに粉砕される。これによって有機物の分解、消耗は極度に進む。コンバインによる生わらのほぼ全量還元は普遍化しているが、堆肥等の有機物投入量は一貫して減少しつつある。そんななかで、かなりの深度

での過度な度々の粉砕は、土壌の生物性を極端に破壊し、その劣化を進めてしまう。かつて耕深はせいぜい 10cm 程度であったが、現在では 15cm くらいの耕深はあまり無理なく可能となっている。

　トラクタの大型化は、重量増加を不可避としており、それによる耕盤形成も著しさを増している。耕盤形成に関しては、水田の基盤整備において破砕転圧工法の開発と一般化によって、当初から強固な耕盤構築が容易になされるようになって、より極端化してきている。

　プラウやサブソイラなどの土層構造改善のアタッチメント開発も進んではいるが、あまり普及していない。

　こうしたなかで現代トラクタ農法のばく進は、作土の下に強固な耕盤を作りつつ、作土に関しては極度な過耕耘を、広域に、かつ普遍的に広げ、その結果、土壌の自然性は著しく失われてきてしまっている。

　現代トラクタ農法のこうした問題点はまだ広くは認識されていない。したがってそれへの農法批判は必要かつ有効である。極度な過耕耘ではなく、土壌の自然性の回復を意識したより穏やかな耕耘体系への移行・転換への提案も急務となっている。多方面からのより突っ込んだ検討が求められている。

　しかし、こうした現代トラクタ農法の一般化はまだ 20 〜 30 年ほどのことであり、それ以前の長い農耕史では、現代トラクタ農法との対比でみれば、耕耘は穏やかな部分耕に止まっていたと考えられる。だから現代トラクタ農法を批判するだけで、だから農耕において不耕起のみが正しいあり方なのだと言ってしまうのはあまりにも短絡的だろう。

　この後に続いて述べるが、日本の長い農耕史において、耕耘に画期的な変化が生まれたのは、江戸時代の備中鍬の開発普及以降のことだった。ただ、冷静にみればそれもなお部分耕と理解すべき技術だった。それが強烈な現代トラクタ農法によって取って代わられるまでのおおよそ 300 年の間、この時期には、堆肥等による有機物還元の努力も奨められていた。備中鍬を軸とした手作業での耕耘体系の進展は、農耕として大きな問題を生じさせてはこなかった。

### ③　長い農耕史における耕耘の変遷

　耕耘の始まりは、種まき時の棒による蒔き穴つくりにあっただろうと推定さ

れている。掘り棒から鍬や犂の考案で、点播は条播へと進化していった。

　さらにこうした農具と手労働による作業は、作物の生育箇所の植生管理、他の雑草などの排除、リセット効果のある耕耘として進化・技術化されていく。

　だから耕耘の始まりは、土壌肥料学的効果を狙ったというのではなく、播種・栽培への補助的効果によって誘導されていた。また、耕耘と雑草対策・植生のリセットは一連のものだったのだ。

　日本では古くからの耕耘の道具として、平鍬、踏み鋤、長床犂などがあった。

　まず平鍬だが、これは土を耕すというよりも、土をさくる農具である。土の表面を削り、それを横に動かす。だからここでは除草と土寄せが主な目的になり、平鍬を使えば立毛中での中耕作業もできる。

　踏み鋤は、多少の技能を要し、また土質を選ぶことにはなるが、畑作におけるかなり能率的な土壌管理農具である。主に播種、植え付け前の作業に用いられる。

　長床犂は畜力を使った田のシロカキのための農具である。平安時代の荘園制農業の頃から使われていたようだ。当時は水利条件の制約もあって半湿田が一般的であった。その耕深は5cm程度で、耕耘と言うよりもシロカキの前段階に使われた作業具で、その後に牛馬に馬鍬を着けて、シロカキの仕上げがされる。シロカキにはいろいろな目的があるが、主要には田植えのため（田植えのしやすさ）と位置づけられている。

　現在ではトラクタによる強力なロータリ耕耘によって、耕耘とシロカキを1作業として実施することさえ可能となっている。しかし、長い農耕史のなかで、耕耘とシロカキは、もともとは別作業であり、その間には砕土の工程も不可避となっていた。乾田における秋耕は冬季の凍てつきによる自然砕土を期待したもので、春耕とシロカキを楽に進めることが大きな目的となっていた。そのことが田植えを頂点とする春作業農繁期の円滑な進行にとって大きな意味をもっていた。

　関連して「岩澤式」などの最近の不耕起稲作が撞着してしまっている問題点として、田植えの難しさ、宿根性雑草も含めた雑草の繁茂などがあるが、上記のような水田農耕の歴史からすれば容易に想定される困難であった。

　だから、長い間、日本の農耕では、現代トラクタ農法のような本格的な苛酷

な全面耕耘は一般的な作業ではなかった。より本格的な耕耘が望ましいと認識されてはいたようだが、手労働を軸とした当時の技術条件の下では、それを一般的に実施することは不可能だったのだ。

先に述べたように耕耘についての状況を大きく変えたのが江戸期のはじめ頃の備中鍬の考案と普及だった。これによって、かなりの粘土質の土でも、重労働の努力を重ねれば本格的な耕耘が可能となった。

備中鍬での耕耘＝耕起は、さらに努力すれば堆肥などの耘い込み施用も可能とし、施肥による増収にも道を拓いた。重労働ではあったが、農民たちは土に鍬を振り下ろして農に励んだ。こうした農のあり方が農家＝百姓という家族形態を強化させていった。とはいえ備中鍬での耕起は重労働で、すべての田畑でまんべんなく実施することは難しかった。

水田についてみると、明治期に入って、短床犂が考案され、乾田化した水田（水利条件に恵まれた水田が乾田となった）では乾田馬耕が行われるようになった。短床犂を上手に使うと 10cm くらいの水田耕耘が可能となり、その耕耘の後に水を張って馬鍬でのシロカキという作業順序となっていった。

耕運機の普及の段階でも、耕耘の実施実態は全体としては部分耕程度で、全面耕耘が一般化するのは、耕運機の普及を前段階として、ロータリ耕を普通とするトラクタ時代以降のことだった。

他方、ヨーロッパでは、作物と競合する1年生雑草への技術対策は未熟だったようで、極端な厚播きか、あるいは、低収覚悟での粗放な広面積栽培（雑草の中にまばらに生える穀物）などに甘んじてきた。施肥耕耘・中耕除草の体系が導入され増産が図られるようになったのは農業革命後（輪栽式農法）以降のことだった。

ヨーロッパの農耕において深刻な課題は、イバラ、ヒースなどの家畜の立ち入りも拒絶する宿根性雑草が広がることだった。これがはびこってしまうとそこでの農耕は放棄せざるを得なくなってしまう。その土地は放牧利用すらできなくなってしまう。そうした事態への対策の決め手は、夏期休閑耕だった。盛夏にプラウで深耕（反転耕）し、宿根性雑草の根を掘り起こし、炎天に晒して枯死させる。1作を犠牲としたこの夏期反転耕は3年に1回程度の実施が必須であり、そこから三圃式農法が必然化されていた。

そこでの耕耘の決め手は深い反転耕（プラウ耕）であり、そのためには高馬力（たとえば馬8頭引きなど）、超重量の犂の開発が必要だった。馬による牽引は蒸気機関による牽引に代替させるなどの試行錯誤を経て、超重量高馬力トラクタの開発へと進んでいった。そこでは土壌肥料的意図というよりも根の深い宿根性雑草対策が主な目的となっていた。堆厩肥多肥はその後に加えられた追加的な目的となった。堆厩肥多投を可能とする家畜の舎飼の通年化はその後のことだった。

輪栽式農法以降は、こうしたトラクタ開発とは別の系譜として、畜力による中耕除草の工夫が重ねられ、カルチベータの開発へと進んでいく。

欧米でトラクタが一般的に広がるのは20世紀はじめ頃からだった。

### ④　日本農業における農地立地と土地利用の構造、いくつかの特質

直接の耕耘論とは少し離れるが、日本における農地立地の特質や耕耘も含めて農耕の前提とされる日本における伝統的土地利用の特質について、参考としていくつか摘記しておきたい。

まず、複雑な自然を相手としてきた日本の伝統的農耕についての考察においては、地形立地、土壌立地について、もっと立ち入った関心が注がれるべきだと思われる。

たとえば土壌論にしても、「形成・回復」「流亡・溶脱」「集積」といった地形立地を踏まえた特質が農耕のあり方に関して大きな意味をもつ。

「形成・回復」の拠点は林野・草原であり、それとの連携は農地にとってたいへん恵まれた条件となる。耕作放棄は別言すれば休閑のことで、それは自然性回復としてのプラスの意味もある。

「流亡・溶脱」は、土壌劣化である。傾斜地、台地などの畑地では十分に注意しなければならない。

「集積」は低地の田畑にとっての有利な条件である。畑地としては「集積」を一つの特質とする褐色低地土が最上である。茨城では河川下流の自然堤防地域の褐色低地土は坏（あくつ）、肥土（あくと）などと呼称され、最高の野菜場となっている。こうした認識は残念ながら今日の農学において常識化されていない。

集落や農地が山腹、山上に立地している場所もある。その多くは地滑り地である。地滑りは極端な場合には災害として認識されるが、僅かな場合はむしろ農耕のプラスの条件となる。多くの場合、そうした地区の土は肥沃で、品質の高い収穫物が得られることが多い。また、僅かな地滑りによって、耕さずも耕したと同様な効果も得られる。また、高い場所から湧水が得られることも多い。

続いて、「ムラ・イエ（集落）－ノラ（農地）－ヤマ（里山）の三相の一体的立地」について。

立地論的な農業地理学の理論としては、フランスやドイツを想定したチューネンの「孤立国」がよく知られている。しかし、日本の伝統農村とは基礎条件の違いが大きくて日本における農業立地論の考察にはあまり役に立たない。都市への薪炭供給、火事の多い都市への建築材供給などについては、日本では河川、舟運条件が決定的に重要で、そうしたための林地はチューネンの定式化のようには立地しない。

「ムラ・イエ（集落）－ノラ（農地）－ヤマ（里山）の三相の一体的立地」は日本の農村村落の基本的あり方として、全国各地の村々を歩いた柳田国男が言い当てた真理である。集落が集居として中心に位置し、その周りに農地が配置され、さらにその周りに里山が形成される。この3つがセットとして作られているのが日本の農村だと柳田は看破した。「ムラ・イエ」（集落）とは自給的な暮らしの場であり、「ヤマ」は自然の恵みの場である。農、従ってここでは「ノラ」は、その両者に支えられて安定した再生産が続けられる。

こうした日本の伝統的農村の基本的あり方は、最近改めて支持が広がってきているアグロエコロジーの視点から見てもきわめて優れたものと評価されるものだろう。

自然農法における「不耕起」への関心の高まりは、農と自然の連続性回復への希求の現れだと理解できるが、単に特定の農地における「不耕起」だけを追求していくだけでなく、柳田のむらの三相立地のような幅広い視点から、自給的暮らしと自然からの恵みという要素も組み入れた幅広い総合的な技術論の探求へと展開してほしいと感じる。

最後に、「農耕・農業」（主として穀物栽培など）と「園芸」（軟弱野菜作など）の体質的相違について。

　第3章3.でも紹介したが、ヨーロッパの農学では「農耕・農業」と「園芸」の区別はかなり強く意識されてきたようだ。そうした感覚のもとで、日本の伝統的農耕は園芸的だったとの認識も一般的だった。これらの認識は、日本の農耕の特質を理解していくうえで一つの参考にはなるだろう。しかし、この程度の考察に止まっていては、より深い理解へは進めない。

　まず「園芸」関係から考えてみると、歴史的には日本の蔬菜栽培は著しく自給的であり、それは庭先の「前栽場」（ぜんせいば）が場となり、だから蔬菜は「前栽物」（ぜんせいもの）と総称されてきた。ここでは陽当たり等は考慮されるが、土壌条件を厳しくえり好みする訳にはいかない。必要とあれば丁寧に耕され、また生活残渣、下肥、風呂の水なども適当に施される。農業における育苗もここでやられることが多く、そこでは良質の熟成堆肥が腐葉土として重用される。これは山の恵みの援用である。

　だが、都市が拡大して、そこでの生鮮野菜の需要が拡大していくと、主として都市への供給を意図した野菜産地（野菜場）が近郊に形成されていく。各地にその分布をみてみると、舟運と結んだ下肥供給という社会的条件と、排水の好い集積型の肥沃土としての自然堤防地帯の褐色低地土地域という土壌立地の条件が不可欠なものとして見えてくる。

　次に「農耕・農業」について考えてみよう。ドイツの農業経営学者のブリンクマンは、土地利用と作付方式について経営学的な優れた考察を書いているが、その記述の中に「内圃」と「外圃」の区別という観察がある。

　住居に近く手がまわりやすい近隣の農地が「内圃」とされ、そこには集約度を求める作物が主に配置され、遠隔の農地は「外圃」とされ、そこでは粗放を許容する作物が配置される。その結果「内圃」は次第に肥沃化し、「外圃」は痩せたままで放置される。

　こうしたブリンクマンの観察は、日本の農耕においても認識されることが多い。ただ、ブリンクマンの観察を、私たちの日本の農耕観察と対比すると「外圃」への認識にかなりのズレがあるようだ。日本でもブリンクマン式の「外圃」と位置づけられるだろう農地はあるが、そこは劣等地とばかりは言えない。先に述べた「ヤマ」と「ノラ」の交流、「ノラ」における自然性の回復という点からすれば、外圃的な農地が、かえって有利で優れた立地という特質を有して

いることもある。焼畑跡地が常畑化した場合などでは、その畑だからできるという作物が特定されている場合も散見される。

　こうしたことも、自然との繋がりを重視する自然農法においては、より広い視野から、「不耕起」論等だけでなく注目していくべきではないだろうか。

## 3．除草から抑草へ、そして雑草を活かす農業の模索へ

　雑草対策は、有機農業・自然農法における最大の難課題である。雑草対策は引き続き苦難の課題になっているというのが厳しい現実なのだろう。

　しかし、長年の苦闘のなかから雑草対策にも変化は生まれてきている。雑草対策技術は除草技術と同義と理解されるのが普通だった。しかし、生えはびこってしまった雑草を取るというだけではなく、雑草の発生を抑制していく抑草技術という方向での取り組みも進み始め、また、雑草を資源として積極的に活かしていく取り組みへのトライアルも広がり始めている。

　この節では、有機農業における雑草対策の歩みを振り返りながら、そこからようやく拓かれはじめた変化と展望について考えてみたい。なお、35年も前の旧稿であるが、雑草抑制の技術構造について少し書いたことがあった。本書第10章に再録したのでこれも参照いただきたい。

### ①　有機農業・自然農法における従来型の雑草論（強競合雑草との総合的闘い）

　病虫害については農耕においてこそかなり不可避的に生じる特殊現象と位置づけられる（人為性が極度に強まっている近代農業においては特に）。しかし、雑草との競合害は、農耕に限定することなく自然界においても普遍的に生じる一般現象である。また、視野を広げれば、雑草の草生の状況はその土地の自然的肥沃度をよく示すという認識もある。それ故に、歴史的にみても、それへの対策の体系的構築は、特殊な分野での特別な技術というのではなく、地域における農法を構成する基本的要素となってきた。それぞれの地域における農法の歴史は、加用信文さんが『日本農法論』（1972年、御茶の水書房）で明確にしたように、地力の維持発展技術体系の確立と雑草対策技術体系の二つが基軸となってきたというのが世界の農法史の共通認識なのである。

　そのように位置づけられる雑草対策技術は単なる除草ではなかった。狭義の除草（草取り）は農耕における最終局面に持ち越されてしまった雑草対策と位置づけられる。粗放で規模の大きな欧米の農耕においては、そうした除草が必須とされる状態の出現は農耕の失敗だと認識されていた。そこでの雑草対策は、作付時期、作付作物、作付順序、耕耘・中耕・敷草、休閑などの耕地管理などの系統的な総合技術体系として、別の言い方をすれば抑草と雑草の活用などの技術体系として形成されてきた。この段階での雑草論は、圧倒的な雑草草勢に懸命に対抗しようとする雑草との総合的で体系的な闘いを背景にしたものだった。それは作物栽培のあり方についての強い制約ともなってきた。

　こうした長い農法史において、1960年代からの除草剤の出現と広がりは実に画期的なものだった。栽培の最後の局面で雑草が猛烈に広がってしまうことを強く懸念することなく栽培を組み立てられる。除草剤の開発と普及はそこに道を拓いたのである。それは実に効果的であったが、しかし、それ故に、除草剤の開発と普及は、上に述べたような総合的な雑草対策の伝統的あり方を崩壊させていってしまった。除草剤に助けられて、自由勝手な作付栽培方式が普遍化していった。それは農耕論における抑草体系構築の放棄でもあった。

　有機農業は、近代農法史におけるこうした歴史的局面において開始された取り組みだった。それは総合的な雑草対策の体系が崩壊し、雑草対策は除草剤撒布だけとなってしまった時点以降に、除草剤を使わない農業として、比喩的に言えば草取りの苦闘から始まる農業としてスタートしたのだ。除草剤が雑草対策のほぼすべてとなり、伝統的な総合的雑草対策の体系がほぼ完全に崩壊してしまっていたという状況下で、除草剤を使わない有機農業における除草は、強雑草が旺盛に繁茂してしまうなかでの、懸命な苦闘として開始されたと言える。

　しかし、その苦闘の繰り返しの中で、さまざまな知恵も発見され、工夫も重ねられ、少しずつではあったが、それらが系統化され、模索の中から有機農業における雑草対策の体系化が図られていた。それはたとえば管理機（これは畜力時代のカルチベータを起源とするもので、その開発、改良、普及は有機農業にとって大きな救いだった）の活用、水田では最近のチェーン除草の考案と普及、2回シロカキの工夫などはその好例と言える。

　こうした中で有機農業においても、まだまだ不十分ではあるが、たんなる草

取りという形での雑草との苦闘だけではなく、それなりに工夫され、積み上げられた雑草対策技術も形成されるようになってきている。

## ② 雑草との競合回避　雑草論の新展開（その１）

しかし、こうした雑草との闘いの中で、徐々にではあったが、単なる除草という雑草との闘いだけではない、新しい雑草論への気付きも生まれ始める。

そこでの気付きのポイントは、雑草のあり方は毎年いつも、どの田畑でも同じと言うことではないということだった。雑草の植生は年を追ってかなり大きく変化していくという事実への気付きだった。

それは雑草もかなりダイナミックな遷移過程のなかにあるという、いわば当たり前の認識の獲得だった。土壌の状態が変化し、栽培のあり方が変化していくなかで、雑草も、その草種も、その草勢も変化していく。その変化の意味を農学的に、農業技術論的に受け止めて、その動向を適切に予測し、それを雑草対策技術として活かしていくという新しい技術開発の始まりだった。

たとえば水田のトロトロ層の形成がコナギやヒエの草勢に大きく影響するという認識がある。この認識は最近ではすでに多くの有機稲作・自然稲作で共有されてきている。この認識の始まりは、これももう30年以上も前のことだった。東北の自然農法の取り組みに寄り添った片野学さん（彼は私と同年で、川田信一郎先生の直系の最後の弟子で、東大大学院時代は多収穫水田での水稲根の実証研究に打ち込んでいたが、岩手大学に転じてからは、農家とともに野を歩き、田と稲を観察し、自然農法主義者となった。その後、熊本の九州東海大学農学部に転勤し、そこで自然農法の指導者として活躍された。残念なことに志半ばにして先頃逝去された）らが初めて明示的に認識された現象だった。

また不耕起、冬草の草生が夏期の雑草草勢を大きく変えるということは、私の友人の可児晶子さんや高松修さんらが実践的に提起された認識だった（高松・中島・可児『有機米づくり』家の光協会、1993）。畑作・野菜作では三浦和彦さんが提唱された敷草マルチの効果などもその系列の新発見だった（三浦和彦「草を資源とする──植物と土壌生物とが協働する豊かな農法へ」秀明自然農法ブックレット３号、2016）。

有機稲作においては深水管理が一般的になり、湿田的水田管理が再評価され

てきたのもこの流れからのことと理解できる。

　こうした現場でのさまざまな気づきを踏まえた新しい除草論は、生態的な認識を踏まえて、圃場における草と作物の強い競合的局面から身を躱して、雑草との正面からの対決を回避しようとする取り組みだったと言える。

### ③　より広い視点からの雑草の積極的位置づけへ　雑草論の新展開（その２）

　競合回避の除草論は、しかしなお、視点は作物と敵対的に対抗する雑草という認識の枠内での巧みな工夫の積み重ねだった。

　しかし、最近の現場の動きをみると、競合回避という枠組みを超えて、雑草をもっと積極的な存在と位置づけて、新しい雑草対策と農耕体系を構築していくという動きも顕著になってきている。

　舘野廣幸さん（栃木県野木町）の有機稲作では、ほぼ無施肥、無除草が実現され、持続性のある高い生産力が確立されてきている。その生産力の基本は旺盛な雑草草生にあるとのことである。松沢政満さん（愛知県新城町）の畑作では、夏草、冬草の転換を基本認識として、草の中で作物が多彩に生長している。浅野一夫さん（茨城県阿見町）の野菜畑も耕作放棄地的な雑草の中で作物がゆうゆうと育っている。佃文夫さん（茨城県取手市）の見事な自然農法の野菜畑の生産力は、きわめて旺盛な雑草草生を基盤としたものである。こうした雑草草生の積極的活用において小型歩行型のハンマーナイフモアの改良普及は大きな助けとなっている。

　水田作について、先に深水管理が有機稲作の基本となってきたと書いたが、深水管理は、雑草対策というだけでなく、有機物の多い水田に深水を張ることによって、田面の表層と深水のなかに、一つの独特な生態系が形成され、それが抑草というだけでなく、独特なイネの育ちも作りだし、地力維持にも効果を発揮するという状況が、自然に作られていく。田面に粗大有機物が多くあるという条件下での深水が、水草や藻が繁茂し、さまざまな虫類が多様に繁殖していく。田面にはトロトロ層も形成されていく。また、そこを好適な水場として野鴨なども多くやってくるようになり、虫を求めてツバメが群舞するのも、深水の有機・自然農法水田の共通した風景になっている。

　藻や水草が繁茂する深水田んぼの様子をみて、これはどうもこれまでの有機

稲作とは基本点で違っているなと、初めて大きく驚嘆したのは茨城県八郷町の横田不二子さんの田んぼに出合った時だった。これももう25年も前のことである（横田不二子『週末の手植え稲つくり』農文協、2000年）。

　果樹園では、かつては除草剤は不可欠とされていたが、最近では草生栽培がごく普通となり、よく観察し工夫していけば、草生はそのまま土づくりの基本になっていくことを澤登早苗さん（山梨県甲州市、恵泉女学院大学）が報告している。

　世界の農法史のもう一つの柱であった地力維持も、基本は圃場内、圃場周辺の雑草類の利用にあり、それには草肥、堆肥というあり方だけでなく、雑草の敷草利用にもたいへん大きな効用があること、敷草は自然生態系における A_0 層の再現の意味もあり、土壌生物との共生のなかで、落ち着いた土壌形成を図っていく道だと、三浦和彦さんは地球生態史を振り返りながら最期に力説されてきた。

　圃場内外の雑草などの生態環境が、例えば害虫などの生態コントロールに大きな役割を果たすという認識。大野和朗さん（宮崎大学）はそうした認識を踏まえて、天敵の宿主雑草を適切に配置することで害虫コントロールが可能だと提唱されている。この認識は、日鷹一雅さんや宇根豊さんの、害虫対策論における「ただの虫」への注目の視点と共通したところがある。

　まだまださまざまな新知見もあるだろう。これらの認識と技術的トライアルは、視点を作物対雑草の対抗関係だけに限定するのではなく、作物も雑草も、田畑とその周辺の山野で展開する農にかかわる生態系における、重要だけれど一つの要素であり、有機農業や自然農法はそうした自然生態系に寄り添って、その展開を穏やかに、そしてより生産的に組み立てていこうとする営みなのだという認識へと新しい展開を拓きつつあるようにも思われる。そこでの主体性は、人間の意志と労働だけでなく、自然自体も悠然とした主体性を持っており、人の能動性はそれに寄り添う方向でこそ発揮されるべきだという認識である。

　単なる言葉の言い換えではなく、有機農業や自然農法は、自然共生型農業の形成への道を歩き出していると感じられるのだ。

## 4．農業の基礎には森（ヤマ）がある——土壌は森（ヤマ）で作られる

　私は埼玉県の生まれで、武蔵野は故郷である。中学生の頃に父に誘われて武蔵野の雑木林の小径を歩くことを覚えた。今回、映画『武蔵野』（原村政樹監督、2018 年）に収められた三富新田あたりもよく歩いた。武蔵野の森の小径は半日ほど歩いても途絶えなかった。20 代の頃は、千葉・北総の田舎を菱沼達也先生に導かれてずいぶん歩いた。そこも平地林地帯だった。30 歳の時に転勤で茨城に転居した。茨城・常陸野も果てしなく続く平地林の土地だった。

　武蔵野も北総も常陸野も地形はとてもよく似ている。いずれも平坦な台地（昔は浅海の底だった）で、標高は 20 〜 30m ほどで、その上に火山灰（関東ローム）が堆積している。土壌は火山灰土壌で、黒色の黒ボク土である。火山灰の堆積は、武蔵野台地では厚く、常総の両台地は比較的薄かった。かつて大噴火した富士山、浅間山、日光などの山々から武蔵野は近く、常総は少し遠かったからである。

　大噴火の度に降り積もる火山灰は何層にも堆積し、層と層の間には薄い不透水層が挟まっている。火山灰土壌は水の浸透性が良く、雨水は縦に浸透し、不透水層で止まって横に浸出する。こんな事情が関係して、火山灰の堆積が厚い武蔵野は水のない台地となったが、常総の場合は、比較的浅い地層からの絞り水があり、それが水源となってその後谷津田が拓かれた。谷津田の出口付近には集落が形成された。私が勤務していた茨城大学農学部のある阿見町の場合には、なんと 200 本もの谷津田が拓かれていた。

　茨城に転居してみると、ここでは平将門が大人気で、私も将門伝を何冊か読んで、ゆかりの地域をいろいろ歩いてみた。そんななかで将門の頃の風景とその後の私たちの見知っている風景とはかなり違っていたことに気がついた。現在の常陸野の風景には中心に平地林があるが、将門の頃は平地林ではなく、ススキの原＝牧が基本だったようなのだ。ススキの原は度々火入れされていたが、火入れの残り炭が黒ボク土の黒となったという研究とも出合った。かつての原の風景は牧だったという点では北総も武蔵野も同じだったらしい。

　私たちが直接見知っている武蔵野も常陸野も北総も基本的には平地林の風景

である。ススキの原＝牧から平地林への大転換はいつ頃、どんなプロセスとしてあったのだろうか。

これは推測でしかないが、その背景には、戦国から徳川への、戦争から平和への時代の変化（馬需要の減少）と江戸の巨大都市への急成長（薪需要の急増）があったのだろう。

江戸時代の武蔵野、常陸野、北総の産物を調べてみると、米、麦、大豆、雑穀などの農産品も重要だったが、薪はそれとならぶ、或いはそれ以上の産物となっていた。普通、言葉としては薪炭（しんたん）とまとめられているが、関東あたりを頭においてみると、かつて炭は高級な（上級武家や商人の）特殊需要（茶の湯なども含む）の燃料で、庶民の普段の生活では薪が使われていたように推定できる。

普通の薪としてはクヌギ、ナラ、コナラ、エゴなどの広葉樹木に人気があり、これらの樹種は、切り株からの萌芽から次世代の木が育つ。これらの雑木には手間のかからない萌芽更新のできる樹種だという好都合な性質もあった。

江戸に隣接した武蔵野台地では牧から薪への転換は早くから進んだのだろう。それがその後の雑木林が果てしなく続く武蔵野を作っていった。

販売商品としての薪生産という点では常陸野や北総は少し後発だったものと思われる。常陸野や北総の平地林では、武蔵野のような雑木は少なく、松が多い。松は腐りにくく杭木に適しており、薪としては煙が出るが火力が強く、工業用の薪として歓迎された。杭を打つ建築も、薪を大量に使う工業も、主に明治以降のことだろうから、常総両台地での松の平地林の本格的展開は、明治以降のことだったと推察される。

松の場合には萌芽更新はないので、伐った後は小苗を植えることになるが、伐採後に軽く火入れがされ、数年間は陸稲などが作られていたようだ。松の伐り跡では陸稲などの作柄は良かったらしい。

常総両台地の薪は、よく発達した谷津田の細い水路を使って、もっぱら舟で江戸、東京へ運ばれた。

この文章の主題は、牧から薪への時代の変化のことではなく、森（ヤマ）が土を作ったというお話しである。本題に進もう。

三富新田の開発では、農地の３倍ほどの雑木平地林が計画的に造成された。

それは新田百姓たちの暮らしのヤマだった（台地の森はヤマと呼称されてきた）。暮らしのヤマという意味は、薪＝燃料、農具の柄など利用、山菜、キノコ、木の実、薬草などの採取、そして畑のための堆肥利用等々の、農も含んだ暮らしの必要に対応した総合利用というあり方のことだ。

　ここで薪＝燃料利用のことで一言。当時の新田百姓たちは、自分たちの生活のためにどんな燃料を使っていたのか。せっかく雑木林を作ったのだから、雑木の薪だったと考えるのが普通だろうが、ちょっと違っていたかも知れないという気もしている。

　茨城の私の近所のお年寄りたちの話を聞くと、ちゃんとした薪は主に出荷用で、生活の場での燃料は粗朶（そだ）がほとんどだったと言う。粗朶とは材にも薪にもならない灌木、小枝、枯れ枝などのことで、それをていねいに拾い集めて束ねて小屋にしまっておく。それを暮らしの場での燃料にしていた。三富新田でもそんなことがあったとすれば、薪は江戸出荷もされていて、大事な現金収入源になっていたのかも知れない。

　また、横道に逸れてしまったが、ヤマの農業利用である。ヤマ（森）は地力の源泉であり、ヤマがあることが農業の継続性の必須の基盤となってきた。だから畑の売買の場合、附属して「畑附き山」としてヤマが付いてきていたということも珍しくはなかった。そういう土地証文も各地に遺っている。

　では、どのくらいのヤマが農用林として利用されていたのか。茨城、千葉、埼玉などで聞き取り調査をしたことがあった。地域によって事情はそれぞれに違っていたが、数字としてはおおよそ農地の２〜５倍ほどという結果だった。

　農用林としての代表的な利用は、落ち葉の採取、牛馬の秣（まぐさ）採取だろう。夏は秣としての草刈り、冬は落ち葉掻きが重要なヤマ仕事だった。集めた落ち葉は積み上げて、できれば水を打ち、時折切り返して堆肥に仕上げた。

　しかし、少し調べてみると「堆肥」という言葉は比較的新しいもののようで、江戸時代の田畑の養生の方策としては「刈敷」が一般的だったとも伝えられている。刈敷と言えば代表的な材料はススキの類いだろう。刈敷を「刈り干し」と呼んでいた地域もあった。

　山（ヤマ）の利用では「柴刈り」が普通だったとも伝えられている。桃太郎話の爺さんの柴刈りである。ここで柴とは鎌で刈れるほどの太さまでの灌木や

小枝のことで、柴刈りと落ち葉掻きとは少し違うようだ。

　山形・置賜の田んぼの村で聞いた話だが、夏の頃、あるいは稲刈りが終わる頃になると、山手の人たちが荷馬車に山柴を満載して柴売りに来たという。田どころの農家はそれを購入して小山ほどに堆積し、堆肥を作った。切り返しの折には斧を使ったとのことだった。

　50年ほど前に東京・多摩の山村で、田んぼのシロカキの頃に若柴を刈ってきて、田んぼに敷き詰めて、ていねいに踏み込む風景を観たことがある。百姓たちはそれを「かっちき」と言っていた。苗の活着と初期生育の促進のためとのことだった。漢字ではこれもおそらく「刈敷」となる。

　北総の谷津田地帯では、「山薙ぎ」（やまなぎ）、「土肥」（つちごえ）が取り組まれていた。落ち葉掻きの後の平地林の表土を平鍬などで薙ぎ採り（山薙ぎ）、家に運んでワラなども挟んで堆積して「土肥」に仕上げた。幕末の農村指導者大原幽学が奨励したヤマ利用の技術だった。

　落ち葉の発酵熱を巧みに利用した「踏み込み温床」も北総起源の民間技術だとされている。たいへん優れた育苗技術で、温床につかった落ち葉は翌年には良質の腐葉土として育苗に使われた。現在も、関東の有機農業農家では基本技術となっている。

　ヤマの農業利用、堆肥利用と言ってもそのあり方は一様ではなかったようなのだ。ありとあらゆるヤマの産物がさまざまに工夫を凝らして土づくりに使われていた。それらの多様な利用法のなかで、いまの時代にもつながっている代表的あり方が堆肥ということなのだろう。堆肥にはワラなど農業残渣物や刈草、家の生ゴミなども堆積された。草の堆肥の仕上がりは早いが、山柴の堆肥の仕上がりには数年かかることもあったようだ。

　仕上がった堆肥の利用方法だが、田畑に撒布して、耘い込むのが普通だろうが、刈敷の言葉通り、敷草的利用も普遍的だった。土壌の環境保全、環境形成という視点からみると「敷草」には「耘い込み」とは違ったたいへん大きな意味があったようだ。

　この稿の最後に山柴、落葉、堆肥等などヤマを活かした田畑の養生法の農学的意味について考えてみたい。

　従来の土壌肥料学、農学では、堆肥施用の効用としては、原料の有機物が分

解して肥料として作物に利用されるという肥料効果と土の物理性の改善という土壌改良の2つが挙げられることが多かった。だが、そこには生物的視点、生態学的視点がほとんどなかった。

　個人的な思い出だが、50年ほど前、私が学生の時に聴講した土壌学はほとんど粘土鉱物学からの解説で、肥料学は無機化学からの解説だった。素直に見れば、土は地球の表面の風化鉱物と生きものが複雑に関係して作られた自然物であることは明らかなのに、当時の農学の土壌へのアプローチには、生物学、生態学の視角は著しく欠如していたとの印象が強い。ヤマの農業利用の効用には、肥料的効果、土壌物理性改善もあったが、何よりも土壌の豊かな生物性への改善効果が一番見やすい現象なのに、そのことは農学の視野からはほとんど外されていたのではないか。だから山柴堆肥の効果も刈敷の敷き込み効果もきちんと説明できなかった。学生の時の講義には「腐植」の解説はあったが、そこには生物学的な、あるいは生態学的な深まりはなかった。ヤマの有機物利用において、腐植の保全と追加的形成こそ重要なのに、そうした視点からの解説は聴けなかった。


　そうした農学への反省を踏まえて、その後の地球史研究の成果にも学びながら、地表における土壌形成の長い経緯についてその概略を振り返って本節の結びとしたい。

　地球は約46億年前に誕生し、生命は38億年前に、海の中で生まれたとされている。海中の生物は、大気との交流に挑み、空気中の窒素固定と炭酸ガス固定（光合成）の能力を別の系統の生物が獲得し、それを踏まえて陸への進出へと進んだ。窒素固定能力は一部のバクテリアやカビに引き継がれ、光合成能力は緑色植物の基本的性能となった。光合成によって、水と炭酸ガスから、有機物が作られ、また、酸素が大気に送り込まれていった。生きものの陸上への進出は5億年ほど前だったとされている。

　当初は、根などの器官のないコケ類などの植物類と微生物類が相互に助け合いながら陸上生活を始めたようだ。陸上に出た植物類はより良く光合成をしていくために、茎などの維管束、根をもった種類（シダ類など）に進化し、茎葉の遺体は少しずつ地表に堆積し、根は地表の鉱物の生物的風化を促進し、原初

的な土壌形成が始まる。

　植物の進化は、高く伸びられる樹木へと進んだ。そして3億5000万年前頃には大森林時代が作られる。この頃の膨大な樹木遺体の堆積物が石炭となった。樹木遺体が堆積してそれがそのまま石炭になるということは、当時は、樹木遺体を食べる生きものがいなかったことを意味していた。しかし、その状態は3億年前頃に崩されていく。硬い木質の基幹となっていた難分解のリグニンも食する、木材の分解腐朽能のあるキノコ類が進化出現してきたのである。

　キノコ類の出現による石炭紀の終わりは、土壌形成の大展開への起点となった。キノコ類はリグニンを分解するが、なお分解され切れなかったリグニンを核として土壌腐植が形成されていく。膨大な樹木遺体の堆積とその分解、そして腐植形成という長い過程は、バクテリア、カビ、虫類、小動物などのたくさんの生きものたちの参加を得て、土壌を分厚い層として作り出す。こうした土壌の形成と蓄積の結果がいま私たちの前に存在している土壌なのである。だから土壌は森が作り出した自然物だと言えるのだ。

　こうした土壌形成史を振り返ってみると、ヤマの自然のさまざまな利用として、田畑のさまざまな養生法が取り組まれてきたことの複合的な意味は自ずから理解できてくる。早い分解も、緩やかな分解も、さまざまな材料の利用も、ともに意味のある複合的な過程なのだ。そしてそれは単に分解過程としてではなく、多様な生きものがかかわる蓄積、増殖の過程でもあり、むしろ複雑な土壌生物世界が作られた過程と捉えるべきだと思われる。

　このような生物誌的な土壌理解については、有機農業の父とされるハワードが『農業聖典』（1940年）にすでに実に鋭くそして詳しく記述している。また、それらのことの地球史的読み解きやヤマを活かした農業のあり方についての原理的理解などについては、明峯哲夫、三浦和彦の優れた遺稿がある。ご一読をお薦めしたい。

　　　　　　　　　　　　　　（山崎農業研究所所報『耕』147号掲載、2019年）

## ５．新しい植物育種学の提唱——生井兵治さんの遺稿

　品種改良、植物育種学は農学、農業技術においてとても大きな分野だが、私はこれについてあまり発言してこなかった。その理由はもっぱら不勉強のためだった。わずかな例外は遺伝子組換え技術に関して農学論からの危惧を表明したもので「『品種』と種採りについての農学的考察——『品種』は私的所有権と馴染まない」(2013) という文章である。前著『有機農業の技術とは何か』に補節として収録した。品種についての生物学的な基本特質として「固定性」と「変異性」があるという認識を軸に一つの論を述べた。いま読み直してみると、この節で紹介する生井兵治さん（筑波大）の学説とたいへんよく似ていてちょっとほっとしている。その小文を書いたときには生井さんの学説を参考にしたわけではなかったのだが。

　その生井さんが 2017 年 4 月 17 日に逝去された。79 歳だった。植物育種学の抜きんでた大学者だった。いまは廃学となった東京教育大学（その後の筑波大学）の敬愛する先輩である。

　生井さんは沢山の著作を遺されているが、それらを集大成して『新植物育種学原理』の刊行を準備されていた。原稿はほぼ出来上がっていたのだが、完璧主義の生井さんは、なお補筆、加筆を続けられていて、未完の遺稿となってしまった。起稿は、おそらく筑波大の定年退職の頃だったと思われるので、書き続けること 15 年余。遺された原稿は 1 万枚を超えていて、段ボール 1 箱にもなっていた。あまりにも膨大すぎて、残念ながら刊行の目処はまだたっていない。

　農業技術論・覚え書きの本章の最後に、生井さんの遺稿から、「まえがき」を紹介したい。そこには自然論的農学の構築を志す生井さんの新しい育種学への大構想が示されている。

　いま、社会の脚光を浴びながら植物育種学は大展開している。だが、そこでの話題の焦点は、遺伝子組換えやゲノム編集など、生命への人為操作を内容とするもので、それは自然とともにあったはずの農学からの離脱への急展開を意味している。いま、育種学は、農民が営む農業の学としての「農学」（土壌・栽培・育種の 3 本柱）の一つという位置から離脱し、アグリビジネスが主導する独占

的な知的財産の学へと大変貌を遂げようとしている。

　生井さんは、この膨大な遺稿で、そうした現代育種学の流れを根本から批判し、その流れを反転させ、植物育種学を自然とともにあろうとする農学の大切な柱として再構築し、種の技術を農民の手に取り戻そうとする大提言を記している。生井さんの論は自然論が基礎となっている。

　生井さんは、この「まえがき」で次のような主張をされている。

　農業は長い歴史の中で1年生草本を主な対象として展開されてきた。そこでは〈誕生⇒成長⇒繁殖⇒個体死〉という過程が短期間に定型的に圧倒的な回数で繰り返されてきた。そこには「個体としての生」と「種としての生」の関連と対抗が見事に顕れてきた。ここに農業が主に1年生草本を対象にしてきたからこそ実現できた野生から作物への、品種の膨大な形成という飛翔の道が開かれた。そこにはさまざまな変異が出現し、その変異を基礎に、さまざまな品種が農民の手によって選抜され、人類の共有財産として、実に多様な作物品種群が作られてきた。これが人類の普遍的な営みが農業として形成される基本的な一過程だった。

　植物の存在と周辺環境との決定的な接点として交配受粉がある。そこでの象徴は植物と訪花昆虫の共生である。生井さんの「新植物育種学」の何よりの特徴は、植物の繁殖体系をはじめとする生活史戦略を踏まえ、その基軸に受粉生物学を位置づけるという点にある。

　そこから生井さんの自然論的農学論が構築されていく。生井さんの農学論は、顕花植物の普遍的出現という新生代といういまの時代、花と訪花昆虫に象徴される現代の地球史的時代論として組み立てられている。

　生物の適応・分化論にもとづく生殖生物学、その要として受粉生物学を位置づけ、それらに裏打ちされた総合的な植物育種学が構想されている。そこでは植物集団が基本的にもっている生活環の各段階における適応戦略を積極的に引き出すことの重要性が強調されている。

　具体的には「個体維持と種族維持の矛盾」「遺伝性と変異性の矛盾」に注目し、次の3つの柱が提示されている。

①　植物の生と性を追究し植物の適応戦略を育種に利用する際の基礎理論として植物生殖生物学とくに受粉生物学をおく

② 植物の形質発現を植物自身の内的・外的環境との関連において総合的に
見る姿勢を堅持

③ 個々の育種目標に関連する植物の適応戦略を基本命題として育種法を総
合的に論じる

生井さんは、持続的農業に向けた事業と研究の展開が可能となるような植物
育種学の再構築を目指された。従来つぎつぎに捨てられてきた様々な種類の固
定品種や在来品種も貴重な共通財産として扱われ、地域ごとの気候風土に合っ
た多様な特性を持ったたくさんの品種の作出、維持・増殖、保全が目指されて
いる。そして育種自体を広く農家や栽培者自身のもとへ近づけようとする転換
が提案されている。

少数作物の少数品種を大量に繰返し集約栽培する多肥・多農薬のモノカル
チャー的な農業をさらに促進する遺伝子組換え技術のようなピンホール突破的
な人為的変異の作出に傾斜した今日主流となっている育種の理論・技術とは大
きく異なり、たくさんの作物の多数品種が小規模に輪作される粗放的な少肥・
少農薬のマルチカルチャー的な農業を促進する学として新しい植物育種学が提
案されている。

生井さんは、膨大な専門論文のほかに、一般向け著作として『植物の性の営
みを探る』（1992年、養賢堂）、『ダイコンだって恋をする──「ポコちゃん先
生」の熱血よろず教育講座』（2001年、エスジーエヌ）、『農学とは何か』（2018
年、朝倉書店、共編著）などを遺されている。ここで遺稿の「まえがき」を紹
介する。遺稿の出版の目処はたっていない。何らかの形での出版にむけて、ど
なたかご助言、ご助力はいただけないだろうか。

---

**生井兵治先生　遺稿　『新植物育種学原理』　まえがき**

近年、植物の分子遺伝学や発生生理学が目覚ましく発展し、いわゆるバ
イオテクノロジーの分野でも遺伝子組換えや細胞融合の技術の発展には目
を見張るものがある。その結果、学界においてさえ圃場研究が軽視され実
験室内のバイオテクノロジー研究が幅をきかせる風潮があり、遺伝子組換

えや細胞融合などさえ行えば、それだけで育種ができると思われる状況である。

　遺伝子組換えや細胞融合は育種の第一段階である遺伝的変異の拡大に、また薬培養や花粉培養による半数体植物の作出は育種の第二段階である遺伝形質の安定化に役立ち得る。組織培養は種子繁殖や栄養繁殖が困難な植物における育種の第三段階としての増殖（大量増殖）などに役立ち、とくに生長点培養は栄養繁殖植物のウイルスフリー苗生産や遺伝資源保全に役立ち得る。しかし、いかなる国においても農業生産の大前提は土と水と空気と太陽に育まれて行われることが基本である。

　農業生産の素材となる品種を育成する実際の育種事業は、圃場試験を省いては成り立たない。圃場に播かれた種子は、諸々の環境要因の影響を受けながら発芽して栄養成長を開始する。栄養成長期は、生物がもつ根源的特性のひとつである個体維持という本性の発露の場であり、より大きな根源的本性である種族維持を全うするための準備期間である。一年生植物にとって、生殖成長に移り種族維持を図ることは個体維持の終わり（死）を意味し、いつ生殖成長に移るかは種族維持の成否を規定する大きな要素となる。栄養成長を続けた植物は、環境要因の影響を受けながら、やがて生殖成長へと進む。生殖成長期は、配偶子形成から開花・受粉・受精を経て結実に到る生殖過程の場である。この生殖過程こそ、植物の適応と分化にとって最も重要な場であり、遺伝性と変異性というもう一つの大きな矛盾を抱える場である。

　つまり、すべての生物は、「個体維持と種族維持の矛盾」と「遺伝性と変異性の矛盾」という二つの根源的な矛盾をつねに抱えている。「個体維持と種族維持の矛盾」は、種族維持をはかる上での個体の維持と子作りとの矛盾である。また、「遺伝性と変異性の矛盾」は、多様な環境に対して生存適応的な子孫を残すために親の形質をどれだけ正確に遺伝させ、どれだけ遺伝的に変異させるかという矛盾である。生物はこの根源的な二つの矛盾を巧みに操ることによって適応・分化をとげ、進化してきたのである。

　したがって、人類が動植物の恵みを利用しながら繁栄をつづけるためには、生物がこれら二つの根源的な矛盾を巧みに操りながら適応と分化を進

めている実態をよく理解して、栽培技術や育種技術に取り入れながら持続的農業の発展を図る必要がある。ここにおいて、植物の繁殖体系をはじめとする生活史戦略の実態を諸々の環境要因との関連において解析することの積極的意義があり、実際の植物育種を進める際に植物の生活史戦略を基礎に据える必然性がある。

　とくに、このような生物の生存のための適応戦略の最前線は、性の営みの中にこそあり、その良し悪しにこそ種族繁栄のゆくえも託されており、植物の場合はとくに受粉の過程に多くの秘め事が隠されている。われわれは、諸々の生物がいろいろな環境にさらされる生活史の個々の場面でみせる適応と分化のための生活史戦略（適応戦略）を謙虚に学びながら、植物たちの巧妙な生活の知恵を利用させてもらうという姿勢で育種研究に臨む必要がある。

　しかしながら、従来の育種学書では、①基本的に植物遺伝学だけを論じており、②植物の形質発現を個体または集団として環境との関連で総合的に見る姿勢が弱く、③個々の育種目標が植物のいかなる適応戦略に関連する形質かという適応戦略としての位置づけを示さないままに育種法が論じられている。

　それに対して、本書では、①植物の生と性を追究し植物の適応戦略を育種に利用する際の基礎理論として植物生殖生物学とくに受粉生物学をおき、②植物の形質発現を植物自身の内的・外的環境との関連において総合的に見る姿勢を堅持しながら、③個々の育種目標に関連する植物の適応戦略を基本命題として育種法を総合的に論じており、従来の育種学書には類例を見ない新しい植物育種学原理の書である。本書は、近年の遺伝子操作に特徴的な分子遺伝学を基礎とする分子育種学ではなく、生物の適応・分化論にもとづく生殖生物学的基礎、なかでもその要たる受粉生物学に裏打ちされた総合科学としての植物育種学である。こうしたスタンスに立てば、植物育種学自体も志向する方向が大きく転回し、持続的農業に向けた事業と研究が展開することになるであろう。

　ところで、従来の育種学書では、個々の栽培植物の繁殖体系が実際には極めて多様であるのにもかかわらず、まったく画一的なものとして描かれ、

繁殖体系の差異が育種過程の採種法や選抜法と具体的にどのように関係しているのかが明確でない。その理由は、植物集団内における花粉流動の実態や遺伝子流動の実態はもとより、繁殖過程で生じる性選択（雌雄淘汰）について論じられていないからである。ここにおいて、植物育種を学として論じる際に、生殖過程における適応戦略をはじめとする総ての生活史戦略を基礎とする意義がある。

　実際の圃場での自然受粉による採種栽培では、他殖性植物でも他家受粉と自家受粉を行っている場合が多く、自殖性植物でも同様である。さらに、他殖性植物と自殖性植物の境界は厳密なものではなく、実際には顎（あご）と頬（ほほ）の関係に似て境目はなく連続的であり、多くはいろいろな割合で自殖種子と他殖種子を実らせる混殖性植物である。

　混殖性植物集団中の１個体を種子親として見れば、個々の花には自家受粉による自殖種子に混じって複数の花粉親からの他家受粉による他殖種子がいろいろな割合で結実する。この場合は、この個体が種子親としていかなる種子をどれだけ結実するかという種子親能力が問題となる。また、１個体を花粉親として見れば、個々の花では雄蘂の花粉は自家受粉もすれば複数の他個体に他家受粉して、自殖種子と他殖種子をいろいろな割合で結実させる。この場合は、この個体が花粉親としていかなる種子をどれだけ結実させるかという花粉親能力が問題となる。生殖過程では、「花粉（雄性配偶子）の受精競争」や「胚珠（雌性配偶子）による花粉の選り好み」などの性選択も種々の強度で起きている。

　したがって生物現象の追究と利用は、物事を非連続的・不変的にみる「ピンとキリ理論」の二元論に基づくのではなく、物事を連続的かつ可変的にみる「あご・ほっぺ理論」に基づかなくては大きな発展は望めない。つまり、「ピンかキリか」（all or nothing）の断続的・固定的な世界から、「ピンからキリまで」（one and all）の連続的・偏差的な世界への発想転換である。

　それは、少数作物の少数品種を大量に繰り返し集約栽培する多肥・多農薬のモノカルチャー的な農業をさらに促進する遺伝子組換え技術のようなピンホール突破的な人為的変異の作出に傾斜した育種の理論・技術とは大きく異なり、植物集団が基本的にもっている生活環の各段階における適応

戦略を積極的に引き出す生殖生物学を基礎とする総合的な育種の理論・技術である。それは、たくさんの作物の多数品種が小規模に輪作される粗放的な少肥・少農薬のマルチカルチャー的な農業を促進する。ここでは、従来つぎつぎ捨てられてきた様々な種類の植物の固定品種や在来品種も扱われ、地域ごとの気候風土に合った多様な特性を持ったたくさんの品種の作出、維持・増殖、保全がなされるとともに、育種自体を広く農家や栽培者自身のもとへ近づけようとする転換である。

つまり、本書は育種の現場を研究室から圃場へ取り戻す試みである。本書は植物の生と性の営みの基本原理に依拠し、従来とはまったく違う自然観にもとづく新しい植物育種学原理の提案であり、その実践応用案内である。なお、紙数の制約から遺伝学的基礎事項は必要最小限の解説にとどめ、いわゆるバイオテクノロジーについても繁殖生態に関連する問題を取り上げるにとどめた。

本書の構成は、以下の6章からなる。

導入部としての第1章では、人類による植物栽培一万年の歴史が植物たちとヒトとの共同による植物育種の歴史であり、そこから導き出される育種の原理原則が単なる遺伝学の応用ではなく、進化論を基礎として植物の生殖過程の人為的制御を通じて適応・分化を促進させながら進化論を能動的に発展させる動的な総合科学に収斂され得ることを明示した。第2章と第3章では、植物育種の基礎である植物の生活史戦略とその基礎となる生殖生物学ならびに、本書の基本命題である生殖過程の適応戦略と受粉生物学について概説した。

第4章と第5章では、上の基礎的解説を受けて、種子繁殖植物と栄養繁殖植物の実際育種について生活史の各段階における適応戦略の実態と、関連する育種目標にそった個々の育種法を概説した。最終章の第6章では、基本的な植物育種の工程にしたがい植物の適応戦略に依拠した育種と種苗生産の実際を示すとともに、持続的農業を志向して自家育種・自家採種のすすめを論じ、学生・院生や試験研究機関の研究者・技術者はもとより、農民たちにも夢のある農業の礎としての植物育種と採種に興味と関心

を持って貰えるように心がけた。

　この度、農文協編集部各位のご協力で本書を出版できた。本書が、学生たちの思考訓練を助け植物育種の事業と研究を正しく発展させる研究者の輩出に寄与するとともに、試験研究者の育種事業での新展開に資し、農民には農に対する自信と植物たちへの愛を育む座右の書となれば、望外の喜びである。

2003 年 1 月 18 日　65 歳の誕生日につくばにて記す

生井兵治

〈参考文献〉

明峯哲夫（2015）『有機農業・自然農法の技術』コモンズ

加用信文（1972）『日本農法論』御茶の水書房

澤登早苗（2017）「有機農業技術の組み立て方と可能性」環境社会学研究第22号

澤登早苗・小松崎将一編著（2019）「代替型有機農業から自然共生型農業へ」『有機農業大全』第Ⅱ部コモンズ

高松修・可児晶子・中島紀一（1993）『安全でおいしい有機米つくり』家の光協会

田付貞洋・生井兵治（2018）『農学とは何か』朝倉書店

中島紀一（2013）『有機農業の技術とは何か』農文協

中島紀一（2015）『野の道の農学論』筑波書房

生井兵治（1992）『植物の性の営みを探る』養賢堂

生井兵治（2001）『ダイコンだって恋をする──「ボコちゃん先生」の熱血よろず教育講座』エスジーエヌ

ハワード（1940）『農業聖典』日本語新訳（保田茂監訳）2003、コモンズ

三浦和彦（2016）『草を資源とする──植物と土壌生物が協働する豊かな農法へ』秀明自然農法ブックレット第3号

横田不二子（2000）『週末の手植え稲つくり』農文協

# 第 Ⅱ 部　家族農業＝小農制農業論

## はしがき

　第Ⅱ部は、家族農業＝小農制農業こそ農業の大切なあり方なのだという、農業論についての私の主張の概略を述べた最近の5編で構成した。第Ⅰ部は私の農業技術論のまとめで、第Ⅱ部は農業のあり方論のまとめということになる。

　第Ⅰ部での考察の対象は有機農業、自然農法であるが、それは単なる特殊農法ではなく、志のある農家らが、営農の現場で、農業の本来のあり方を技術論的に追究した成果としてそれは実現されてきたと書いた。第Ⅱ部では農業のもっとも普遍的なあり方は、家族農業＝小農制農業だとの主張を綴ったが、その主張を支える技術論の基礎は、第Ⅰ部で述べた有機農業、自然農法という方向での諸実践のなかにこそ求められるというのが私の理解である。その意味で第Ⅰ部と第Ⅱ部は対をなしており、両方あわせて現時点での私の農業論ということになる。

　第Ⅰ部の論旨は、地球環境問題や世界の食料問題の根本的解決のためには、工業製品の多投入を軸とした人為優先の近代農法から自然との穏やかな関係性こその形成を重視した自然共生を志向する低投入型農業への転換が必要で、そこに持続性のある未来への可能性が見通せるというものだった。第Ⅱ部の論旨は、農業は単なる一産業としてあるのではなく、人類社会のもっとも基本的な営みで、それは家族と相互扶助的な地域社会によって支えられ、またそうした持続性があり、平和で豊かさのある社会は、農業を軸にしてこそ支えられるというもので、一つの未来社会論でもある。

　第Ⅱ部での私の主張は、考え方の枠組みを述べたに過ぎず、詳細な具体論にまでは及びきれていない。内容的にもそれほど独自のものではない。他の論者たちとの多少の違いは、国連などの場で世界的にも重視されるようになってきた家族農業というあり方は、日本では小農制農業として、以前から論じられてきたあり方であり、それは農家とそれが中心となって構成する地域社会の二つ

の連携で成り立つ農業体制〈百姓とムラの農業体制〉だとする理解である。

　そしてその小農制農業はおおよそ800年ほど前頃から、中世期の始め頃から形成がはじまり、近世期に制度的にも確立し、明治以降もその体制は継続し、第二次大戦後の農地改革によって、歴史的に大きく開花した。しかし、その後、工業と都市が圧倒的に主導する社会の近代化、そして近年のグローバル化が進むなかで、社会的な展開への道がふさがれ、行き詰まりの厳しい局面を迎えているという歴史理解も私の論の独自性だと言えると思う。

　第5章〜第8章は、既稿の収録で、第9章の農本主義論は書き下ろしである。

　第5章はTPP推進などグローバル主義を強引に展開させていく政権寄りの論説を批判した小論である。それらの論説では「通商国家」という社会のあり方が礼賛されているが、それに対して農を軸とした庶民社会こそが目指されるべきだという私見を対置してみた。

　第6章は、アベノミクス農政のどぎつい展開への批判として企画された農文協のブックレットへの参加をお誘いいただき執筆したものである。第5章とあわせて第Ⅱ部の小農制農業論のイントロダクションである。

　第7章は、国連の家族農業評価の取り組みの広がりの中で、この課題を有機農業研究に携わる一人としてどう受け止めたら良いのかについての自問自答のメモ書きである。大﨑正治さんのご紹介とお薦めで日本有機農業研究会の小集会で報告させていただいた。

　第8章は、日本農民文学会の機関誌『農民文学』に連載させていただいたコラムである。会誌としては1回2ページという制約があり、削らざるを得なかったこともあったので、今回の収録では少しだが加筆したところもある。茨城大の定年退職の頃に、お誘いがあって農事技術者としての宮沢賢治についての小論を同会の機関誌に掲載していただいたことがご縁となり（その小論はその後拙著『野の道の農学論』に収録した）、以来、事務局のお手伝いをしている。

　第9章は、書き下ろしである。近代農政史の碩学楠本雅弘先生に昭和戦前期の日本農政史についてお話しいただく「楠本ゼミ」を2年ほど前から開催していて（農文協のご厚意で会場の提供、記録の作成などをお願いしてきた）、その折に、私から農本主義はもっと幅広い視野から振り返ってみることが必要で

はないかとの意見を度々申し上げた。その思いをつたない文章にしたものである。農本主義を広義に捉えて、それを家族農業＝小農制農業の展開を支えてきた思想論として位置づけ直すという筋立てで書いてみた。

　本書の中軸は第Ⅰ部、第1章の自然共生型農業技術論の総括的取りまとめであるが、その末尾に、こうした私の技術論探求は、農業のあり方論との整合性が十分とれていないとの反省を自らへの課題として書いた。今回の第Ⅱ部はそうした自己反省を踏まえての取り急ぎの対応である。

　2011年に、有機農業推進法制定に係わる政策論についての論考を『有機農業政策と農の再生』（コモンズ）としてまとめたことがあった。このとりまとめが中間地点となって、本書の第Ⅱ部へとなんとか辿り着いたというのが農業論の取りまとめについての私としての経緯である。

　勉強不足は明らかでまだまだ不十分なところが多い。多方面からのご批判をお願いしたい。

# 第**5**章　日本とアジア諸国が進むべき道は？

〈この章は 2013 年に執筆したものである。以来 7 年が経過し、TPP からのアメリカの離脱など状況はさまざまに変化している。しかし時論としての稿なので、修正せずそのまま収録した。ご了解いただきたい。〉

「年内合意」に向けてアメリカ主導の TPP 交渉は最後の山場を迎えている。

安倍首相は「アベノミクス」を掲げて TPP 的世界形成において重要な役割を演じ始めている。海外への原発の売り込み、オリンピック招致のための「汚染水完全ブロック演説」、消費税増税と企業減税、などなどその言動の過激さには驚かされる。すでに彼の中には TPP 合意受け入れの演説骨子が出来ているのかも知れない。

TPP 交渉の内情が明らかにされる中で、問題点を抉る鋭い論説もさまざまに展開されるようになっている。ここではそれらの論に補足して、いくつかの私見を述べてみたい。

## １．TPPでアジアは壊されていく

改革開放の中国の登場を画期としてアジアの時代の到来が言われ、いま進められている TPP 拡大もアメリカのそれへの対応の一つである。韓国も TPP 参加の方向を言い始めている。中国やインドがこうした動きにどのように対応していくのか。いずれにしてもアジアはこれで大きく変貌していくだろう。とても拙いことだと感じている。

日本では TPP 参加で日本がどうなるのかに関心の焦点がおかれている。それは当然だが、併せてアジアはどうなっていくのかについても関心をもっていかなくてはならないと思う。反 TPP の論者が TPP 関係諸国への農産物輸出に積極的だったりする場面も散見される。「アジアには新しい富裕層が生まれつ

つあり、安全で高品質の日本産農産物は売れ筋だ」というのがそこでの状況判断ということが多い。

　しかし、こうした認識は根本的に違っているように思う。これでは TPP 反対派もこぞって最近のアジアの歪んだ経済成長主義となってしまう。

　鄧小平の改革開放が進められて 30 年が経過した。私はその頃初めて中国を訪ね、開設された自由市場の賑わいに好感し、その後もそれに惹かれて度々中国農村を旅したが、10 年ほど前にそれを止めた。改革開放のうねりは奥地農村にまで及んで、広大な中国のどこでもスーパー、コンビニ、ファミレスなどのアメリカ的、あるいは日本的な生活様式が街路と人々の暮らしを把握していく形が私の眼にもはっきり見えてきたからだ。

　昔から続いてきたアジアの都市の、そして農村の、喧噪、賑わいも好きだった。街路の露店では生きた鶏が売られ、その場でつぶされ、あるいは足をしばっておばさんたちが買っていく風景などはその象徴だった。かなりの大都市でも鶏の鳴き声で夜が明けるという情景があった。そこには貧しくも元気な民衆的な賑わいがあった。

　TPP は恐らくアジアの国々の街路のそうしたあり方を一掃してしまうだろう。アジアのアジアらしさが喪われてしまうということだ。昔からアジアは交易が盛んな地域だったが、その交易は、民衆たちの自然とともにある自給的な暮らしと贈与と互恵の共生的社会関係を踏まえたものだった。モンスーンのアジアは降水量や気温にも恵まれて、生物資源が豊富で、それを基盤としてすばらしい土壌が形成され、それぞれの地域で資源を活用した風土的で豊かな農業とそれを基礎とした自給的な暮らしがつくられてきた。

　そうした風土と伝統のあるアジアがこれから進むべき道は、TPP に象徴されるようなアメリカ式の弱肉強食的な競争原理が優先し、地域が荒廃し格差拡大が進む「通商国家」への道ではないのだ。

　1992 年のリオの地球サミットでは「開発が環境を壊す」という共通認識がつくられたが、10 年後のヨハネスブルクでの地球サミットでは「貧しさが環境を壊す」と基本テーゼが書き換えられ、経済成長の推進によって 1 日 1 ドル以下で生活する人びとを根絶し環境を守るのだと主張された。「1 日 1 ドル以下で生活する人びと」とは典型的にはスラムなどで暮らす人びとが想定されて

いたが、この人びとの多くは戦乱等の事情で住み慣れたむらを追われた人びと
だった。そしてふるさとのむらで地域の自然と資源を活かして落ち着いて暮ら
している人びともまた「１日１ドル以下」の大群だった。すなわちお金に頼ら
ず自給的に暮らす人びとがまだ大勢いるのだ。

　TPP は、落ち着いた自給的なむらと暮らしを壊し、人びとをスラムに追い
込み、スラムの人びとをさらなる貧困に追い込んでしまうだろう。

　こうしたことは民衆生活論としても、地球環境論としても、そして文明論と
してもとても拙いことだ。反 TPP の論戦のなかではこうした視点も必要では
ないかと思う。

## ２．福島の農は土の力に支えられて収穫の秋を迎えている

　「汚染水の垂れ流し」報道で福島第一原発事故は、「収束」どころではなく、生々
しく継続していることが改めて明らかにされた。そんな時に安倍首相はオリン
ピック招致のために「汚染水は完全にブロックされている」と国際的に宣言し
た。しかし、事実は、破損した原子炉は事故当時のままで、原子炉の熱暴走を
防ぐための応急対策で使われている大量の冷却水に、原子炉から大量の放射能
が浸出し、いまも汚染水という形で外部に放出され続けているということなの
だ。

　しかし、その一方で、強制退去措置などを免れた地域の福島の農村では、原
発事故から３度目の収穫の秋を迎えている。天候不順ではあったが今年の作柄
は上々のようだ。懸念されてきた農産物のセシウム汚染はほとんど検出されな
くなっている。都市の消費者の心情にはまだ福島産への拒絶感は残ってはいる
が、福島の農は地域自給を基礎にして再生しつつあると確言できると思う。

　原発事故現場での汚染水たれ流しの現状と福島における農の再生の動向は、
実に対比的だ。

　事故現場の実情は、政府や東電のいい加減な対応の酷さもさることながら、
より本質的には壊れた原子炉をどうするのかについて２年半たっても何らの方
針も出せずにいる現状こそが深刻なのだ。安倍首相の提言で東電福島第一原発
は東電廃炉センターに衣替えすることになりそうだが、現実は廃炉云々以前の

状態で、壊れた原子炉は事故当時のままでほとんど手が付けられず、いつ暴走を始めるかが深刻に懸念される状態が続いているのである。

それと対比して、農の再生は「福島の奇跡」と言うにふさわしい展開を示している。技術的には、田畑は耕され、表層に薄く沈着していたセシウムは大量の土に混和され、土の強い吸着固定力によって、土にセシウムがあってもそれが作物にはほとんど移行しないという状況がほぼ普遍的に作られてきた。福島の農は土の力に守られて再生してきているのだ。

だがここでTPPへの政策対応とも関係して農の再生に関してもう一つ注目しておくべきことがある。それは今回の農の再生を主導したのは自給的な農を担う高齢者たちだったということだ。被災地の中心はあぶくま山地で、そこは小規模小農、自給的農が根強く残っている地域で、農の担い手は元気な高齢者たちだった。

福島の百姓たち——その主力は自給的農に取り組む高齢者たちだった——は、原発事故の苦悩のなかでも、手を抜くことなく、丹精を込めた営農に取り組み続けてきた。そうした百姓の努力と土の力が結び合って、そして地元の消費者も参加した地域自給の体制の再建・維持に支えられて福島の農は再生しつつあるのだ。

概念的な、あるいは比喩的な言い方をすれば、仮に被災地の中心が平地農村で、構造再編が進み、いわゆる新しい担い手層が優越する地域であったなら、農の再生はこのようには展開していなかっただろう。自給重視の小農から産業化した経営に脱皮した農家は、福島の農産物への消費者の拒絶感にたじろぎ、前に進みきれなかっただろう。南相馬市は県内でも農業の構造再編が比較的進んでいた地域だが、そこは幸いに放射能汚染は比較的軽かった地域が多かったのだが、そういう地域でも「作っても売れない心配がある」「除染が先だ」という主張が優先し、三年間米の作付けを自主的に中止し続けてきた。4年目の来年も作付け中止が継続されることが懸念されている。

原発事故の直後、農業を継続すべきか否か、田畑を耕すべきか否か。農家には深刻な迷いがあった。そうしたなかで、放射能の測定を丁寧に実施していくことは当然として、季節が来れば田畑を耕すものだという百姓らしい判断がその時に優先したのだ。それは経済や経営の判断ではなかった。

　TPP 対応の農政・農業論は「攻めの農政」「攻めの農業」に収斂されてきている。担い手への土地集積、思い切った規模拡大、6 次産業化、法人経営の拡大、投資・投入拡大による技術革新、青年の就農促進、そして農産物輸出の推進等がその政策内容となっている。もう、自作農＝小農の時代は終わったのだ、新しい時代にはそれにふさわしい農業体制を作るしかない、そこにこそ新しい希望があるのだ、といったところが共通認識になってきている。

　しかし、そこには日本の農の伝統を継承し、それを未来に活かしていこうとする視点、自然と結びあう伝統的な農のあり方、地域自給を暮らし方とする伝統的な農村の地域社会のあり方をこれからの戦略的地域政策論において積極的に位置付ける視点、そうした農と地域のあり方を守り続けている高齢者への感謝と尊敬の視点は完全に欠落している。

　福島の農村では、原発という科学技術が深く傷つけた自然を、農の道をたゆまず歩んだ百姓たちが土の力に支えられつつ農の道を守り拓いてきているのだ。

　福島原発事故で被災した阿武隈の農村が苦悩と苦闘を通じて私たちに教えている真実は、上述した TPP 対応の政策戦略論とは根本的に異なっている。

　グローバル化の濁流が押し寄せるこれからの時代においてこそ、阿武隈の山村で高齢者たちが、原発事故に翻弄されつつも、しかしたゆまず営み続けて来た自給的農、自給的な贈与と互恵に支えられた地域の暮らしのあり方を積極的に評価し、それを継承していく視点が重要であり、3.11 を体験した私たちが目指そうとする自然共生を基本的方向とした新しい時代は、そうした認識を基礎にしてこそ拓かれるのだろうということ。それが原発事故後 2 年半の農の再生に取り組んできた福島の百姓たちが実践的に引き出してきた大切な認識だったように思う。

## 3. これからの道は「生き残りの道」ではない

　TPP によってこれまでの日本農業の基礎基盤が大きく崩されてしまうだろうという危惧はすでに農業関係者の共通認識となっている。

　しかし、たとえ TPP 参加へと事態が進んでしまったとしても、日本農業はそこで崩壊してしまう訳にはいかない。多くの百姓たちは TPP を迎え撃つた

めの準備を始めている。

　いまここで、よく考えるべきことは、私たちのこれからの道は、「生き残り
の道」ではないということだろう。私たちの道は、なんとかわずかな活路を見
つけ出して生き残るという道ではない。

　そうではなく、TPPへの道を進んでしまうような浮かれた経済優先の現代
社会に、その道は違うのだ、本当の道はここにあるのだということを、農の立
場から、力強く、明確に提示し、農を軸とした本当の道を共に歩むうねりを作
り出していくことなのだと思う。農はいのちの営みであり、その道は自然に学
び、自然とともにあろうとする道なのだ。そうした農を基礎にした地域は、お
金だけが優先する地域ではなく、自給的な贈与と互恵が人びとを繋ぐ共生的な
地域なのだ。そして人びとの健康を支える自然な食がそこに作られていく。

　私たちの道は、TPPにも負けない強い農業、自給的あり方を失った産業化
した農業を作ることではなく、大地の恵みをいただいて、地域の資源を活かし、
自然とともに豊かに生きる、新しい共生的な地域の展開を作り上げていくこと
なのだ。

　9月27日にIPCC（気候変動に関する政府間パネル）の第5次評価報告書
の概要が公表された。これまでも警告されてきたことではあるが、報道された
内容は衝撃的なものだった。

　・気候システムの温暖化については疑う余地がなく、1950年代以降に観察さ
　　れた変化の多くは、数十年から数千年にわたって前例のないものである。
　・20世紀半ば以降、世界的に対流圏が昇温していることはほぼ確実である。
　・1950年以降の二酸化炭素の大気中濃度の増加は、正味の放射強制力（地球
　　温暖化を引き起こす効果）に最も大きく寄与している。
　・二酸化炭素の累積排出量と世界平均地上気温の上昇は、ほぼ比例関係にある。

　地球環境についてのこうした深刻な警告が発せられているなか、なおも経済
成長とグローバル化の道を突き進むTPPを推進するなどという発想はとても
正気だとは思えない。

　IPCCからの警告をしっかりと受け止めようとするならば、農業と環境に関
する政策論の大きな転換も不可欠となってきている。これまでのこの領域の基

本的な政策論は、環境負荷削減を主内容とした環境保全型農業の推進と理解されてきた。しかし、この政策論はあくまでも経済成長論の線上に位置しており、農業生産の向上と環境保全はトレードオフ関係から免れきれず、人類の膨大なる生産・生活活動の展開の下では、破綻を先送りするだけで、問題の根本的解決とはなり得ないことを直視しないわけにはいかない。いま厳しく問われていることは、単なる負荷削減ではなく、農業生産の展開が、それ自体、環境保全を超えて環境浄化に繋がり、また、自然との関係では、農業生産が、それ自体、自然共生型の営みになっていくような農業論と政策論の構築だろう。

　こうした政策方向は、端的にいえば自然共生型農業ということになるが、そうした方向は理念的には理想的だが、実体的には空論に近いというのがこれまでの大方の理解だった。しかし、有機農業や自然農法の動向のなかには、すでに実体的にその道を拓く取り組み群が各地に生まれ始めている。外部資材等の投入削減が、圃場生態系や地域自然との良好な関係性の形成を促し、環境浄化・自然共生の線上での本来的生産力が図られるという真に注目すべき世界が作り出され始めているのだ。

　有機農業や自然農法は単に農薬や化学肥料を使わないだけの特殊農法ではない。地域の風土と農の伝統とじっくりと向き合って、自然の恵みと作物の力を引き出していく息の長い取り組みである。そこではさまざまな試行錯誤の積み上げのなかから「低投入・内部循環・自然共生」の３つが技術的キィワードとして定式化されるところまできている。その産物には自然な美味しさが備わっており、その先には土とつながった健康な食が待っている。

## ４．日本農業の長い歴史を踏まえて

　哲学者の梅原猛氏は「アイヌの人びとはすぐれた文化伝承力を持っていた」と感嘆しておられる。私も同感だ。山と川、鮭と木の実、そして自然＝神としての熊、それをつなぐ慎ましい暮らし方とその伝承。アイヌプリと総称されるそのあり方はたしかにすばらしい。

　だが、そうしたことなら、それは和人の百姓たちにも自然とともにあるすばらしい精神と暮らし方があり、その文化の伝承力はあった。日本の百姓の先輩

たちは時代に翻弄されつつも、長い時代に培われてきた農のあり方を継承、発展させ続けてきた。

　アイヌの人びともすばらしいが和人の百姓もまた同じく自然と結びあったすばらしい暮らし方を培ってきた。明治維新までは、北海道はアイヌの土地として、和人の百姓たちは、本州以南の土地において、それぞれが自然と結びあった暮らしを続けてきたのだ。

　かつて先輩たちの時代はそうだったとして、ここで振り返ってみて、私たちのいまの時代はどうだろうか。社会全体の経済成長のなかで、農の自然は豊かに守られ、より豊かな農の土地として育てられてきたのだろうか。土はより良くなり、暮らし方は深められてきただろうか。工業的、都市的開発は農村の深部まで進み、農と暮らしは地域の自然と離反し、その荒廃が進んでしまっているというのが率直な現実ではないだろうか。

　TPPと成長戦略にさらにのめり込んでいこうとするいまは大きな岐路だ。これまでの農の長い歴史を振り返り、この地での農と暮らしとは何だったのかを問い直し、農と暮らしの本当の道に立ち返り、その道を継承しつつ新しい農と暮らしの時代を着実に拓いていく方向へ、すなわちはっきりとしたスイッチバックへの舵取りがいま私たちに求められているのだ。

　スイッチバックの道筋も少しずつだが見えてきている。TPPや成長戦略に翻弄されるのではなく、農と暮らしの本道に立ち返り、社会に対して触発力のある田舎の営みを広げていく時だと思う。

（山崎農業研究所所報　耕 131 号　2013 年）

# 第**6**章 「農業の産業化」こそが問題だ
## ——自給的小農の意義を見つめ直す


## 1.「産業競争力会議」の新提言

　規制改革会議の農業改革提言が 2014 年 5 月 22 日に公表され、それは驚くべき暴論だったが、アベノミクスの柱として直ちに国の方針に採用され、JA 中央会の廃止、農業委員会制度の廃止などが強行される流れとなってしまっている。これではいくらなんでもひどすぎると農業現場や識者からの批判、反論が相次いでいる。同感である。

　嵐のように進められようとしているいわゆる「農業改革」は安倍首相への提言組織である規制改革会議と産業競争力会議の二つが（いずれも財界推薦の新自由主義の過激派たちが主導している）連動、連携してその流れを作ってきた。産業競争力会議からは「『農業の産業化』に向けて」という新浪剛史氏（同会議農業分科会主査）のとりまとめが 4 月 24 日に示されている。

　2014 年春に二つの組織から提出されたこれらの提言について、規制改革会議のものは過激で問題が多すぎて紛糾しそうだが、産業競争力会議のものはすでに語られてきた事柄が多く、大きな議論もなく受け入れられるだろうというのが一般的な受け止めのようである。日本農業新聞の解説でも「（産業競争力会議の提言は）そのほとんどが農水省が容認できるとしている内容で、昨秋の生産調整廃止を打ち出したときのような大きな論争は起こりそうにない」としていた（2014 年 5 月 21 日付け）。

　しかし、私の印象は少し違っていて、むしろ産業競争力会議の提言の方こそが問題で、提起されている「農業の産業化」政策の強行推進は日本農業を最終的に破滅に追い込んでいく最悪の政策提起だと受け止めている。このブックレットは規制改革会議提言批判を主題としているが、それを相補する意味で、

私のこの文章では産業競争力会議の「農業の産業化」提言の問題点について批判的に考えてみたい。

　産業競争力会議の提言では、これからの農業政策の中心は「農業の産業化」政策の強引な推進であるべきだとして、具体的な焦点としては「6次産業化で所得倍増」「6次産業化において2次産業や3次産業の主導性の確保」「マーケット・インの視点を明確にしたバリューチェーン（産業・企業連関）の構築」「和食を売りとした国際展開」「グローバル化に対応した国際認証の推進」などが重点課題として提起されている。農地の集約化、農業経営の大規模化などの課題は、政策論としてはすでにある程度決着がついているものという扱いになっている。農業への企業の参入や6次産業への食品企業などの参入促進も力説されているが、それは企業の参入で生産現場において生産力形成が進むという筋立てというよりも、主としてバリューチェーン構築という視点から参入促進の重要性が強調されている。

## 2.2次、3次産業主導の6次化構想

　今回の提言の問題意識の局面を端的に示すものとして「1次産業を出発点とする発想の柔軟化」と「和食」を売りとした「食と農の国際展開に向けた総合戦略の確立」の2つがある。これについて少し意見を述べてみたい。

　周知のように農業の6次産業化は今村奈良臣氏の創案によるもので、農業は作物や家畜の栽培飼育の場面だけでなく、製品加工や販売など、広く見れば食の領域への積極的な進出が必要だという政策構想である。それはまずは各農家から始められ、さらに農家グループや地域の、あるいはJAなどの取り組みとして展開していくという方向性が示されていた。そこでは当然のこととして、食品加工業者や流通業者との連携が広がっていくが、あくまでも原点は1次産業であるべきだと強調されてきた。その展開過程でも提唱者の今村氏は1次産業こそが原点だと説き続けてきたし、取り組みを進めてきた農家らの思いも今村氏の提唱に呼応するものだった。

　それに対して産業競争力会議の提言は、こうした1次産業原点主義を修正し、2次産業や3次産業が主導していく6次産業化も大いに認めるべきだというも

のである。２次３次産業主導の６次産業化こそが経済を活性化させ、それが所得倍増につながるのだと主張する。具体的には２次３次産業が主導する６次産業の取り組みにも国の支援資金（６次産業化ファンド：Ａ－FIVE）を廻すべきだと言っている。

　いま、財界筋がこうした要求を強く出すということは、２次産業、３次産業にとって１次産業を巻き込んだ取り組みに特に魅力を感じているということなのだろう。マーケット・インの視点からのバリューチェーンの構築という発想もそれと対応している。具体的イメージとしてはコンビニなどのオリジナルブランド商品の開発を１次産業も巻き込んで進める、できればCMなどでは１次産業（生産者や産地）の名前を前面に出して売り込みたい、と言ったことのようなのだ。そこで主に想定されている２次産業、３次産業像は、町の小さな会社ではなく、大都市を主な商圏とする全国展開の大手の会社であるらしいのだ。これがこれからの６次化政策だとするのはあまりにも露骨な換骨奪胎というほかない。しかし、こんな類いの新しい６次化への誘い話の噂もむらの各所で聞かれるようになっている。

## ３．「和食を売りにして世界進出を」という戦略

　「和食」を売りとした「食と農の国際展開に向けた総合戦略の確立」の問題に移ろう。

　「和食」が「日本人の伝統的な食文化」としてユネスコの世界無形文化遺産に登録されたのは 2013 年 12 月のことだった。そこでは和食の基本形はご飯を中心とした一汁三菜の献立だとされている。私もこれを慶事として喜んだ。世界遺産登録もきっかけとなって、ご飯中心の和食が庶民の食卓によみがえり、地産地消を基盤とした食の自給の体制が強まるかもしれないと期待したからである。しかし現実は、国の家計調査では 2011 年にパンの消費が米を上回ってしまい、ファーストフードが国民の、なかでも若い世代の食を席巻していくような流れが続いている。

　そんな「和食」がどうも安倍首相も産業競争力会議も案外気に入っているらしい。安倍首相は１月の施政方針演説では「おいしくて安全な日本の農産物は、

世界のどこでも大人気、必ずや世界に羽ばたけるはずです」と述べ、和食の世界展開の夢を語っている。産業競争力会議の新浪主査提言でも、「食と農の国際展開」を「和食」の世界的な人気の高まりへの期待をベースに組み立てている。

　「和食」への関心は、私の場合は食料自給への寄与にあるのだが、安倍首相や新浪主査の関心は、国内の食料自給についてではなく、もっぱら外国への売り込みやすさに向けられている。そして、新浪提言ではご丁寧にもそこでの「和食」とは「日本の洋食等を含む広い概念」だというあさましい注釈まで書き加えているのである。

　要するに彼らの場合には、「和食」の世界遺産登録は国民の食のあり方の見直しや食料自給体制の強化という方向への契機としてではなく、農産物輸出戦略展開への使いやすい素材としてのみ位置づけているのだ。

　ここで私が特に注目すべきと感じる点は、すでに提言における主な関心は単なる「農産物輸出」ではなく、日本の企業の海外展開に向けられていることだ。海外で販売される商品は、食の素材としての農畜産物であるよりも、食品メーカーが製造した食品（それをジャパン・ブランドとして押し上げる）であるらしい。それらの食品が販売される主な場面は、まずは日本の大手食品流通資本が海外に作る売り場（スーパーやコンビニ、ネット通販など）であり、また、日本の大手資本が提携する海外の大手小売業の店舗であるらしいのだ。こうしたことをスムーズに進めるために、商品の規格基準等を国際標準に整合化していくことも急ぎの重要課題として具体的に処方されている。

　これは従来の農産物輸出論とはかなり様相が違っている。とりあえず人気が高い「和食」風を売り物として、コールドチェーン整備等も含めた企業連携の体制を整えることなどを「食と農の国際展開への総合戦略」として急ぎ整備すべきと力説しているのだ。国内での販売がすでに行き詰まっている大手量販店やコンビニ、さらにはネット通販などの海外展開支援に、農政を、そして日本の食文化や農家の生産努力もその一つのパーツとして総動員していくという露骨な意図が明確に読み取れる。

　これが今の時点での「農業の産業化」の総合戦略だと言うのだ。

## 4．小農制こそ農業の普遍的あり方だ

　振り返れば「農業の産業化」を農政の中心課題として提起したのは1961年の農業基本法だった。そこでは「自給的生活維持の農業」との対抗として「産業としての農業」が提起され、農業近代化によって「産業としての農業」の体制としての確立を進めると宣言された。以来半世紀を経て、「農業の産業化」政策はいよいよここまで来たかとの思いが迫ってくる。

　先にも一言触れたが、農業の担い手としての農家、なかでも自給色の濃い小農を潰せという政策は、世代交代による農家の衰滅の加速化もあって、すでにある程度めどがついたという認識がそこにはあるようで、いよいよ次の主要テーマは農業を使いやすい素材とした食農産業の新展開であり、その主戦場は海外に移りつつある、というのが産業競争力会議の認識のようなのだ。

　農家の動向をみるとこの対抗は最後の局面にさしかかりつつあると考えざるを得ない。兼業農家という形での「自給的生活維持の農業」の事実上の継続はすでに相当に難しくなっている。兼業先の就業条件や現代の都市型生活習慣の定着が世代交代時の農業兼業継続を難しくしている。兼業農業の主な場面だった稲作は、超高額の高性能農機（1400万円の自脱コンバインなど）の威圧的な出現によって、そして米価低落の動向のなかで、継承、継続に困難が増しているのである。

　しかし、農家の「自給的生活」体制、すなわち小農の体制の維持が、安定した農家の暮らし方という場面だけでなく、幅広く国民の暮らし方の問題としても、だから社会のあり方の問題としても絶対に不可欠なことであるのは間違いがない。食においても、健康においても、教育においても、自給的な暮らし方、すなわち地域と土と自然に根ざした暮らし方は消去することのできないあり方なのだ。今回の原発事故は、自然から離脱した工業的な生活文化（それは商品消費生活の徹底的な深化へと向かう）は破滅への道でしかないことを痛烈に私たちに教えてくれた。原発事故に抗して被災地の阿武隈山地で農業と地域を懸命に守り続けてきたのは産業化した農業セクターではなく主として自給的な農家たちだった。こうしたことは、脱原発は、単に自然エネルギーへの移行など

によって成し遂げられるのではなく、自然とともにある自給的暮らし方への回帰こそが重要だということを私たちに教えている。

　このような状況下でもなお農業を家業の柱として継続しようと頑張っている農家は、一応、認定農業者等の名称で担い手農家として政策的に位置づけられようとはしている。しかし、厳しい経済情勢のなかで農業経営が生き抜いて行くには、必死の経営的努力と絶えざる成長が求められ、その結果、農家としての営みのなかに自給的要素を活かしていくことはなかなか難しくなって行くに違いない。北海道ではだいぶ前からそういう体制（兼業農家のいない専業オンリーの農業体制）になってきたが、それは地域の風土を地域農業として豊かに発展させる道にはならなかったことは明らかとなってしまっている。

## 5．小農制農業再興元年

　さきに「自給的生活維持の農業」の事実上の継続と書いたが、もはや「事実上の継承」に依存するだけでは小農制農業の体制の存続維持は難しくなってしまっているのだ。とすれば、必要なことはより明示的な小農主義の提唱と推進ということになるだろう。農業は暮らしの様式であり、目標は所得というより暮らしの安定と充実だというあり方、お金を稼ぐだけでなくなるべくお金を使わない工夫が重要だという生活態度、そのためには何より自給が大切で、そして自給の基礎には地域の自然と地域の社会と伝統的な技術や文化があるという主張と実践。そうしたことの明示的な、そして多面的な提起と連携した取り組みの推進が必要となるだろう。まことに遅ればせではあるがここで小農制農業再興元年を提唱したい。

　　　　　　　　　　　　　　　（農文協ブックレット No.11、所収、2014 年）

# 第**7**章　家族農業と有機農業

## 1. はじめに　日本での有機農業の展開と家族農業主義

　2017年12月の国連総会で2019〜28年を「家族農業の10年」とすることを全会一致で議決し、続いて2018年12月の総会では「小農と農村で働く人びとに関する権利宣言」（以下「小農の権利宣言」と略）を議決した（日本は棄権）。

　これを期に家族農業の意義を再確認し、家族農業を守っていく取り組みが広がっている。有機農業の陣営はそこで重要な役割を果たそうとしている。画期的なことであり今後の大きな展開に期待したい。

　しかし、農業の現実を振り返ると、そうした新しい世論の動向とは、極めて異なった、反家族農業的な動きも依然として広がっている。その対比的様相をしっかりと見つめることは重要だと思われる。そこで、この章では、はじめにこの問題にかかわる有機農業陣営に着目して、その様相を振り返っておきたい。

　日本での有機農業の最近の動きに関してみると、マスコミ等では大規模化と企業的展開という方向も提唱され、有機農業においても家族農業主義からの離反の動きも顕著だとも報じられている。しかし、それらはグローバル主義に基づく政権サイド等からの政策的煽りによるトピックスの紹介という色彩が強いように感じられる。

　日本の有機農業の現実の展開は、依然として、おおむね家族農業主義の線上にあると判断できる。

　日本有機農業研究会は、日本の有機農業は家族農業論を基礎とすると明示的には述べてはいないようだが、同会の設立の経緯からして、農協陣営との緩やかな連携は明確であり、身土不二的な自給の重視、企業的な農業展開への批判、自由貿易主義への批判もほぼ常に明確だった。同会が早い時期から提起してきた提携型有機農業という方向も、家族農業主義の色彩が強い。さらに、同研究

会も大きな推進役となって開催した「'88 食糧自立を考える国際シンポジウム」
は、今日の国連の「家族農業の10年」や「小農の権利宣言」に先行する先駆
的な取り組みとして高く評価できる。

## 2．世界の有機農業の動向は多様であり、家族農業主義一本ではない

　国連での「家族農業の10年」、「小農の権利宣言」議決等にいたるプロセス
では、東南アジアや中南米の有機農業陣営の果たした役割が大きかったようで
ある。こうした経緯についての認識は重要なものと考えられる。しかし、世界
の有機農業は家族農業主義一本でまとまっている訳ではないという点にも留意
しておくべきだと思われる。

　欧米を起点として1990年代から顕著になった有機農業認証の国際標準化の
動きは、新自由主義的な国際自由貿易論とも親和的なところがあり、国際的に
展開しはじめていたオーガニックビジネスはそれを強く後押ししてきた。EU
や北米での有機農業認証の制度化は、域内流通の促進への寄与も重要な課題と
してきたが、当時すでにこれらの地域では有機農産物の広域流通は普遍化して
きており、有機農業の拡大においては、それとの親和性の確立も重要な課題と
なっていた。欧米での有機農業を担う農業経営の主流はいまも家族農業だと理
解できるが、それらが生きる社会環境は、すでに著しく新自由主義的になって
いたことにも留意が必要だろう。

　有機農産物の国際貿易の絶対量はまだ少量であるが、それを主に担っている
のはオーガニックビジネスであり、コーデックス/WTO で標準化されたオー
ガニックガイドラインと第三者認証の仕組みは、そこで主導的な制度となって
いる。

　アフリカ、中南米などでの有機農業の実態をみると、生産は「植民地型」の
オーガニック農場が担い、流通は国際ビジネスが主導するというケースが依然
としてかなり多いようである。

　今回の国連の「家族農業の10年」や「小農の権利宣言」への過程では、新
たに「アグロエコロジー」という言葉が多用されるようになっている（私はこ
の文脈での「アグロエコロジー」という言葉にはいまだ意味不明な点が多すぎ

ると受け止めている）が、そこにはこれらの国や地域での有機農業展開が現実には上述のようであることへの総括的批判が含まれているようにも理解できる。

　今回の国連の「小農の権利宣言」では、様々な国や地域での家族農業は、国際的アグリビジネスの席巻のなかで、いわば外から強い圧迫を受け、外から壊され、家族農業の存続を強く制約していく制度化が進められているという危惧が語られている。

　こうした「小農の権利宣言」が提起した見地と世界の有機農業展開の位相は、上述のような状況の下では、それほど単純ではなく、この宣言を世界の有機農業陣営がこぞって支持し、支援するという状況にあるとばかりは考えられない。そこでは複眼的な、そして冷静なウオッチングが必要だと思われる。

## 3．日本における家族農業は崩壊の縁にまで追い詰められている

　1961年の農業基本法は、自給を基盤としていた当時の日本の農業経営を、市場出荷を主とする産業型の農業経営へ転換していくという政策、「零細農家中心の農業体制を産業の担い手に相応しい大型の自立経営を軸とした農業体制へ変革していく」という政策方向を「農業構造政策」という枠組みで提起した。

　以来60年近くが経過した。政策目標とした自立経営を大勢としていくという農業像は、その後、さまざまに変化し、現在は企業型の「強い農業」という言葉へと移行・展開しているが、そうした政策展望に関しては、現実として遅々としか進んでいない。日本農業の大勢は依然として家族農業で占められている。

　しかし、「家族農業はもう古い」「家族農業はもう終わりだ」というキャンペーンと強い政策誘導だけは繰り返し推進され、家族農業の維持・充実の政策方向については一向に積極策は示されない、という歪んだ社会環境の下で、日本の家族農業には後継ぎがほとんどいないという形での内部崩壊が進み、現状としては最期とも言える縁まで追い詰められている。

　国連の「小農の権利宣言」では家族農業はアグリビジネスなどからの外からの圧迫や攻撃によって危機に瀕していると主張されているが、日本では家族農業は内部からの崩壊が極度に進んでいる。この位相の対比はしっかりと認識されなくてはならない。

　単純化した言い方になってしまうが、日本では家族農業主義への積極的支持は、農業内部からはすでにほとんど聞かれなくなってしまっているのである。若い新規就農者の多くは、農業内部からではなく、農業外からとなっている点にそれは象徴されている。

　それは何故なのか。私たちはその深刻な状況についての検討から始めなければならない。

　私見では、それは現代社会における家族農業の存続の可能性が見えにくくなっている、家族農業のこれからについての政策展望が見えていない、さらには家族農業の価値が見失われてしまっている、などの諸点が家族農業の内部崩壊的状況において重要な問題点となっているように思われる。

## 4．現代日本における家族農業再建論の基本点　家族の社会的再建の視点から

　これまで日本での家族農業論は、主に農業形態論の視点からのものだった。しかし、今日の社会状況からすればこの視点は明らかに狭すぎるだろう。

　現代の日本社会では「家族の危機」は家族農業の危機以上に深く進行している。そして「家族の危機」に関しての本格的な対応展望はほとんど見えていない。現実をみれば「家族の危機」は農村・農家家族以上に都市・非農家家族において深刻だと判断される。

　そして前項の末尾で提起した諸点についての多面的な検討を踏まえての結論としては、現代社会全体の状況を視野において、家族農業の文明史的とも言うべき積極的意義、その豊かな再建論が、新しい時代状況から期待されるものとして強く大きく提起されなくてはならないと考えられる。

　今日の「家族の危機」は、極言すれば家族の社会的価値は子どもを産み育てるという場面でしか語り難くなってきており、その場面ですら、かならずしも、家族だけが有効とは言えないという主張も強まってきている。そこでは個人の尊重という視点しか見えにくくなっている。現代社会では、ことに都市・非農家家族においては、家族の存在根拠が実に見えにくくなってきているのである。

　それに対して、農村・農家家族においては、その社会的、経済的存立には困難が多いが、そこには家族の幅広い存在意義が比較的見えやすく継続されてい

る。農業において家族の協力はとても有意義であり、家族の存在は農業の目的にもかかわって重要な位置を占めている。家産の継承についても、農業の継続、そして世代の継承は合理的である。

　最近、少しずつ増えている新規就農者たちの農業の多くも家族農業であり、その内実として、実に多彩な生き生きとした家族の創生が展開されている。

　現時点での農業の圧倒的多数となっている高齢者農家についてみると、高齢者家族にとって、農業、農村という環境、それとの関わりはとても貴重なものであることは明確である。現代社会において多数を占めようとしている高齢者たちにとって、農と農村の身近な存在、それへのさまざまな繋がりは、安心と希望のあるものとなってきている。その価値を求めて、定年帰農などの動きも広がっている。

　現代社会における「家族の危機」のもう一つの深刻な場面は子どもたちにある。「家族の危機」はそのまま「子どもたちの危機」として顕れてしまっている。簡単な診断や処方などは語り得ないほどの病理的状況も広がってきてしまっている。しかし、食と自然と農、そこでのいのちへの体験、家族農業にかかわる体験は、子どもたちの育ちにおいてたいへん大きな意義をもっていることは識者らの共通認識となっている。

　これらの諸事例は、現代社会における「家族の再生」への実に示唆的なモデルだと言えるだろう。そこには家族農業の存在が、社会における家族の根拠と価値のありようにおいて、農業政策論という枠組みを超えて多彩な光として示されている。

　地域社会の衰退も現代日本社会の深刻な問題となっている。地域社会のありように関して、都市と農村を対比すれば、農村優位であることは言うまでもない。そして農村地域社会を支えているのは家族農業であり、共同体的色彩も残す地域社会であり、地域の自然と結びあった自給的な暮らしの伝統である。地域の暮らしに則した人々の、そして家々の繋がり、そこでの自然や伝統を踏まえた相互互恵的な地域社会の関係性。それらは地域の経済も支え続けている。

　家族農業にとって兼業農業の多様な展開というあり方も普遍的であり、それは農を基盤とした地域社会展開、さらには家族再生における新しい可能性という視点からも大きな意義を有している。

　地域社会という点では、伝統的な地域文化の継承も大きな課題である。祭りや芸能が地域活性化において重要な役割を果たすことは各地の実例が証明している。文化の伝承には、お年寄りから子どもたちへという世代継承の流れが不可欠で、ここでも家族農業の地域的保全が必要となっている。

## 5. 家族農業論の歴史性　日本における小農制の歩みを振り返って

　今回の論議における「家族農業」という言葉は、世界的規模で共通理解を無理なく広げることを意図した国連文書の言葉の日本的な意訳である。家族が農業の中軸になっている農業、小規模農業、伝統的な農業の流れのなかにある農業、などがそこには含意されている。しかし、そこでの定義は厳密ではなく、歴史的視点もない。だからより突っ込んだ検討のためには、定義がより明確で歴史性のある別の用語に置き換えて考えることも必要となっている。

　日本を例にしてこの問題をより詳しく論じていくためには、それを農政学や歴史学でも詳しく検討されてきた「小農制」という概念に置き換えることが適当だと考えられる。日本の「小農制」は、別言すれば歴史性が明確な「百姓とムラの農業体制」のことである。この概念においては、国連文書ではきちんとは位置づけられていないムラ＝自治的な地域社会の形成と存在が、家族農業の存立と分かち難いセットしてあると位置づけられている。

　「家族農業」を家族と農業が強く結びついた農業体制として、いわば表面的にだけ理解して、人類が農業に辿り着いた最初の頃からずうっと続いてきた超歴史的な形態のように受け止める向きもあるだろう。だが、そうした見方のままでは議論の深まりは期待できない。人類の長い農業史において、「家族農業」＝「小農制」は、人類史という長いスパンとの対比で観れば比較的最近の、そして人類史としてたいへん重要な時代的な到達点と理解すべきなのだ。世界的に見ても「小農制」の成立は私たちが生きる時代を特徴づけている。そしてそうした小農制の形成・展開・充実において、共同体的地域社会の存在は基盤的意味を有してきた。その意味で、小農制の形成・展開は、世界史のある段階における歴史的普遍と考えられるのである。

　日本における「家族農業」＝「小農制」＝「百姓とムラの農業体制」の起点

は平安時代の終わり頃から鎌倉時代の始まりの頃にあり、以来、今日まで800年ほど続いてきた農業形態である。そのスタートは荘園制の崩壊と重なっていた。中世期にそれは荘園制に代わる支配的な農業形態として確立し、戦国期にはその地域自治的な社会的骨格が強く定まり（そこでは〈百姓ノ持チタル国〉としての山城国一揆や一向一揆などの広がりとその敗北、太閤検地・刀狩りの実施などが重要な意味をもっていた）、近世期には石高制や身分制とともに制度としても確立し、社会の体制的基礎をつくった。

　明治維新は、そうした近世期の農業体制を、地租改正によってそれを近代所有制度、さらにはその後の近代社会形成に接ぎ木しようとした。明治当初の農業構想として一時期、ヨーロッパ型の大農主義の上からの導入が図られたが、ほぼことごとく失敗し、近世期からの小農制がかなり意識的に継続されることになった。そこでは実績ある農民リーダーが「老農」として抜擢され、明治期の農業充実に大きな役割を果たした。

　しかし、明治期の富国強兵政策の展開のなかで、日本農業は強く翻弄され、大正期には小農制は、地主－小作制という縦型の社会体制へと変転されていってしまった。横型社会から縦型の社会への変転のなかで、農村には戦前期の日本社会の諸矛盾が鋭く集積されていってしまった。

　しかし、第二次大戦の敗戦後の抜本的な農地改革の実施で、地主－小作制はほぼ完全に廃止され、自作農制へと移行した。小農制の800年の歩みにおいて、戦後の農地改革による自作農制の創設は、日本の小農制の歴史的大開花として位置づけることができる。そこでは「農家」＝「農民」＝「百姓」は大きく安堵された。しかし他方では、地域自治としての「ムラ」は、農業・農村の独自の制度としては積極的には位置づけられなかった。

　そうして形成・開花した戦後の自作農体制は、その後間もなく、重化学工業を軸とした日本経済と都市的社会の大展開に巻き込まれ、その足場とされ、労働力＝人材は都市と工業に吸い取られ、農産物は都市の食糧としてだけ位置づけられるようになり、その誇りも奪われ、農村の活力は削がれ、農業体制としても著しく劣化させられてしまった。そうした商工業と都市を機軸とした戦後社会に、農業を産業として適応させるために1961年に農業基本法が制定され、それ以後の、今日の農業の現状へと続いてきた。

　今回の国連の「家族農業の10年」や「小農の権利宣言」にかかわる議論は、日本においては、こうした「小農制」＝「百姓とムラの農業体制」800年の歩みを経た現在として位置づけられ、論じられていかなくてはならないのだと考えている。

## 6.「家族農業」再建に向けての取り組み方向について

　「家族農業はもう終わりだ」「企業型農業への早急な切り替えが必要だ」「これからは強い農業しか生き残れない」という煽りのような言説が政権サイドから流されている。大手のマスコミもほぼそれに同調してきている。それは事実にも反しており、日本農業を極めて不安定な状態へと追い込もうとしている。それは環境保全という社会の基本方向とも大きく食い違っており、社会の持続可能性を壊してしまう政策方向である。こうした反家族農業主義の言説を批判し、家族農業の社会的価値を確認し、家族農業を守っていく社会的機運を広げていくこと、これが私たちが先ず取り組むべき基本課題だろう。

　国連の「家族農業の10年」「小農の権利宣言」は、これからの私たちの取り組みにとって、たいへん有力な追い風である。「家族農業は国際的にも時代遅れだ」というマスコミ等で流され続けてきた言説が、国連合意とは真逆な、国際的には特異な道であることが示されたのだ。だがこれらのことはまだほとんど知られていない。国連合意の紹介、日本政府やマスコミの言説との食い違いなどを具体的に示していくことも当面の大切な課題だろう。

　農業振興施策から家族農業を排除している最近の諸制度の改定、改善を一つ一つ丹念に批判していかなくてはならない。

　1999年に旧農業基本法が廃止され、21世紀日本の新しい農業政策の基本方向を示すものとして食料・農業・農村基本法が制定された。そこでは農業の社会的あり方として、旧基本法で基軸とされた生産性の向上だけでなく、農業の多面的価値を重視し、暮らしの場として農村の意義を評価し、食料自給率の向上を基本的な政策目標に定めた。そうした新基本法の政策方向と、最近の、ここ6〜7年の政権サイドからの家族農業攻撃の言説は著しく離反している。日本農業の多数を占める家族農業を差別的に排除し、企業的展開を志向する農家

だけを支援していくという政権の煽り的な諸発言は、新基本法の方向と大きく
食い違っており、それが農業の衰退を加速しつつあることへの指摘が強調され
るべきだろう。

　有機農業振興施策については、現在、見直し検討が進みつつあるが、そこで
も有機JAS認証やGAP認証などだけを優先的に位置づける流れが強まってい
る。しかし、JAS有機もGAPも任意参加の制度であり、GAPは民間の任意
的な制度である。それに参加するか否かは農家の任意の意思によることになっ
ている。これらの制度に参加しない農家には、それぞれの判断と事情があり、
またそれぞれの歩もうとする道がある。新基本法や有機農業推進法の趣旨に基
づいて行政はその意思と選択を尊重し、それへのできるだけの支援策を講じて
いくべきなのだ。

　日本農業の大勢は、現在でもなお家族農業によって占められている。マスコ
ミ等で紹介されている先進的とされる農業も、ていねいに見れば、家族農業の
枠組みから大きくは外れてはいない例が多いようである。

　ところが、政権サイドからの煽り的政策誘導の中で、農業は個々バラバラに
生きているという見方だけが優先され、農家の相互の関係についても、地域に
おける共助・互恵的なあり方ではなく、利害を異にする離反的な側面だけが強
調されて語られることが多い。それらのさまざまな家族農業の諸動向を相互離
反ではなく、相互に連携し、地域を豊かに、人々の暮らしを豊かに、地域を豊
かに、そして自然や風土を活かしていく方向で、子どもたちの教育や地域文化
を盛り上げていくような方向で、再編していく工夫も大切だろう。そこでは各
地に広がっている集落営農へのさまざまな取り組みも貴重な経験として重視し
ていくべきだろう。

　しかし、私たちは、こうした当面の諸課題への取り組みを超えて、さらに大
きく重い課題にも挑戦していかなくてはならない。家族農業の体制、日本につ
いての私の考えに則して言えば、小農制＝百姓とムラの農業体制は、これか
らも当分の間は（小農制に替わる十分に持続性のある安定した農業体制が作り
出され、成熟していくまでは）農業の主要な、そして合理的な形態であり続け
る、そこにこそ私たちの時代の農業の道がある、という判断を、農家も、社会
も、政治も、明確に持っていくこと。私たちの取り組みはそれを目指さなくて

はならない。

　そのためには家族農業＝小農制＝百姓とムラの農業体制の仕組み、その農業的利点、社会的利点、自給を重視した暮らし方、自然と結びあった相互互恵的暮らし方の大切さ、それらのこれからの可能性等について、各地の諸事例に則して、多彩に検討し、認識を深めていかなくてはならないだろう。

　こうした作業は、今の時代における家族農業＝小農制農業の時代的価値の再整理・再構成への協働作業ということになる。今日的視点からの家族農業、小農制農業の意義とこれからの可能性をめぐる本格的な論議は、とりあえずここでの論述の範囲外とせざるを得ないが、いま想起される方向性のイメージについての私見の要点を列記してみたい。

① 　今日的視点からの農業・農村・農の営みの再評価　農の社会的な役割と価値の重視

　　　食の視点　里地・里山などの環境の視点　暮らし方の視点　地域の視点　文化の視点　世代の継承の視点

　　　持続可能性のある社会への転換の第1歩として

　　　家族農業とそれを支える互恵的な地域社会の体制＝小農制の歴史的意義とこれからの時代に期待される可能性などについての幅広い研究的論議の推進

② 　自然と共に生きる、地域の風土を活かした自給的暮らし方を大切にする農業

　　　外部からの資材投入だけに依存するのではなく、里地・里山などの地域自然の力、作物・家畜の命の力に依存する農業（有機農業・自然農法など）の重視とその農業経営像の整理

③ 　地域の自然を活かした暮らしの共同体としての家族の、あるいは家族連携のあり方　地域社会としての可能性の模索

④ 　老若男女　家族員のさまざまな役割と協力　家族の、あるいはその範囲を超えた地域における人々のそんなあり方への模索

　　　そうした関係性のなかでの工夫とそこでの暮らしの知恵の伝承

⑤ 　個人だけでなく家族の存在を重視した地域の形成　農家・非農家・兼業

農家等々のさまざまな暮らしをしている諸家族の連携の模索とその意義
農の協働　暮らしの協働　地域自然を守り活かす　食の文化　地域の文
化　祭りと芸能　先人たちの歩み・地域の歩みに学ぶ

⑥　家産としての農業の価値と可能性　蓄積された価値　その継承　ものと
命と自然を大切にするというあり方　そこへの工夫

⑦　都市住民との交流　都市住民の農の参加への応援

⑧　農と農村、自然の恵みを大切にする国民文化の形成　新しい農本主義の
提唱

　だが、私たちの検討は、こうした農業体制にかかわる再検討だけでは終わら
ない。それは当然に近代社会のあり方の抜本的再検討に進むことになるだろう。
地球環境問題の起点に産業革命があり、そこで仕込まれたベクトル上に現在が
あることは、メドウズ『成長の限界』以来、すでに半世紀にわたって承認され
てきたこの時代についての基本認識である。

　それに対して家族農業、その真髄をより鮮明に追求してきた有機農業や自然
農法の取り組みは、少なくとも農業や農村に関しては、産業革命的な方向では
なく、自然調和的な、伝統的知見を生かしていく方向に、現実的な可能性が豊
富に潜在していることを私たちに教えている。有機農業・自然農法に関する最
近の農学研究はそこにある科学的ロジックのいくつかを解明してきている。

　産業革命に始まる近代化の道は、人類の歴史における、極めて深刻な破滅的
な脇道であった。社会全体としても抜本的なスイッチバックが不可避なことは
論理的には明らかなのだ。社会のさまざまな場面で、そして社会全体として
どのようにスイッチバックを果たし、どのように新しい道を見つけ出していく
のか。スイッチバックへの模索自体が一つの大きな時代となっていくだろうが。
この大問題に私たちはいま本格的に取り組んでいく時機にきているように思う。

〈追記〉

　もう 20 年も前のことになるが日本の農村地域社会の未来像として「農村市
民社会の形成」という提起をしたことがあった。本書第 11 章、第 12 章にその
提起論文を収録した。

　20世紀の終わりの10年ほどの間、地域づくりの動向やあり方を知るために全国の村々を訪ね歩いた。そこから得た認識を踏まえてのヴィジョン提起だった。いまから振り返ると小農制についての歴史的認識がなお不十分だったとも反省しているが。

　各地を歩く中で、それぞれの土地には、それぞれの条件に則した、さまざまな取り組みの積み重ねがあり、村々の、そして人々の状況は、時代の中でかなり変化し、地域づくりも深化しつつあることが実感できた。農村市民社会形成の可能性という視点から、それらの動向の特徴点を10項目に整理してみた。

　この10項目は、今日の私たちの家族農業論義においても参考になるように思うので、第11章、12章と重複するが、以下に一部加筆し再録しておく。

①　現代の農村地域には、さまざまな産業業種が立地している。何よりもそこに農業があり、あるいは林業、水産業などの第一次産業が幅広く立地している。そして、活力は著しく低下しているとは言えそれらの第一次産業を起点とする地場産業の産業連関構造を持っている。

②　それらの農村的な産業群は、いずれも地域の自然的風土的環境、伝統的な暮らし方の蓄積を踏まえた個性的な構造、特質が形成されている。

③　人々はそうした自然性の高い地域社会への定住（ほとんどの場合は数世代にわたる定住）を当たり前の生活規範としている。

④　それ故に伝統性、安定性、持続性等の要素が社会規範として保持され、重視される。

⑤　多くの場合、個々の暮らしのなかに農業や自然を持っており、長い伝統の中で培われた優れた知恵も蓄積していて、自給的地域生活者、すなわち単なる消費者ではなく、自然性豊かな自立的地域生活者として豊かに生きていく回路が保持されている。

⑥　生産と生活が同じ地域内で営まれ、自然管理も含めて農業については多くの場合は生業として営まれ、生産と生活を地域生活者の視点から統一的に運営していく可能性が開かれている。

⑦　個人は多くの場合は家族・世帯として生活しており、地域の社会関係は個人と個人の関係だけでなく、家族と家族の重層的な関係が重要な意味

をもっている。

⑧　地域の社会関係の基本は、顔見知り・相互理解関係であり、かなりの長期スパンでの相互信頼と互恵がベーシックな関係規範となっている。

⑨　地域内に多世代の人々が定住的に生活しており、世代ごとそれぞれに社会的に、あるいは生活的に役割を果たす場があり、そこには伝統があり、また新しい可能性も開かれている。

⑩　都市とのさまざまな関係回路、双方向的なネットワークを持っており、閉じられた社会ではなくなっている。


　家族農業の再生的新展開への道は、有機農業・自然農法の広がりにあるというのが私の基本的な考え方である。その点を、一般の専業的農家、兼業的農家、自給的農家、それらは慣行栽培を続けている農家であるが、それらの農家らに有機農業への参加を呼びかけるという形での文章を、前著『有機農業政策と農の再生——新たな農本の地平に』（2011年、コモンズ）に書いた（第9章　農業の国民的基盤を広げ、深めていくために）。本章に掲げた8項目の検討課題との関連で併せてご一読いただければ幸いである。


（2019年9月14日、日本有機農業研究会主催の家族農業についての小集会で報告）

# 第**8**章 「農民」という言葉を振り返って
## ──『農民文学』連載コラム

## 1.「農民」という言葉の消滅

　この連載コラムは、「農民文学」とは何か、さらには「農民文学運動」とは何か、について考えるための連載である。ただ、これは小コラムの連載なので、この大テーマに正面から切り込むのではなく、「農民」という言葉の現在と過去をさまざまな角度から探ることを通して、この言葉の基盤と私たちの大テーマの外囲について少し確かめる形にしてみようと考えた。

　今回は初回なので、「農民」という言葉は現在ではもうほとんど使われなくなっている、という「農民文学」の私たちとしてはかなり深刻な現実から出発したい。

　死語というほどではないが、若い世代の感覚としては、自分たちの日常用語には、おそらくもう「農民」は消えているだろう。高齢の農家の中には「自分は農民だ」と自称される方はおられるだろうが、農民以外の方で「農民」ということばを日常で使用するというケースは、高齢世代でもすでに希だろう。

　アマゾンの書籍検索で、「農民」と入力してみる。まずそこでヒットする本の数の少なさに驚く。リストアップされる本のほとんどは歴史書で、最近の一般出版では森まゆみさんの『自主独立農民という仕事──佐藤忠吉と「木次乳業」をめぐる人々』(2007、パジリコ) くらいである。懐かしい本では、大牟羅良さんの『ものいわぬ農民』(1958、岩波新書) がヒットするが、これは名著として 2002 年に再刊されたものだ。

　「農民」は一般用語で、とりたてて難しい定義はない。広辞苑を引いてみても「農業に従事する民、農業を生業とする人、百姓」とあるだけだ。かつては多くの場合、それほど強い意味もなく、多くの方がごく普通に使っていた。

　その「農民」が、なぜいまはほとんど使われなくなっているのだろうか。

　「農民」という言葉が死語化してきている大きな要因に農政の動向、農業の動向の大変化がある。

　もともと日本の農政は「農民」という言葉を使用してこなかった。農政用語は「農家」「農業従事者」が主だった。日本の近代化農政は 1961 年の農業基本法に始まるが、この法律では、それまで自給的で生業従事の性格が強かった農家を、販売を主目的とした近代的な、産業の担い手としての農家に作り変えたいという意図が貫かれていた。ただ、そうしたニュアンスの違いはあっても、この頃は、「農民」も「農家」も「農業従事者」も、それが指す実態や意味は、ほとんど同じようなものだった。

　その後、経済成長と社会の変化の展開のなかで、農政は産業主義的に純化し、農政の目的は「農家」全般への支援ではない、農政は「農業経営体」「農業事業体」の育成を狙うのだとの方針が次第に明確になっていく。現在では、従来型の農家は消滅にまかせるだけでなく、積極的に消滅を促すという方針を露骨に示すようになっている。だから現在の農政においては、「農家」という言葉は、使わないだけでなく、使いたくないという考え方が強くなっているのだ。

　また、「農家」の実態としても、その数は減少し、なかでも生計の多くを農業に依存している「主業農家」の激減はすさまじい。農民の高齢化は著しく進み、すでに農業従事者の半数は 70 歳以上となっている。

　社会における「農民」「農家」の位置についても、1960 年と 2010 年の 50 年間を比較すると、農家戸数は総世帯数の 29％から 3.1％へ、農家人口は総人口の 36.5％から 5.1％へ、農業就業人口は総就業人口の 26.8％から 3.4％へと、その比率が大きく低下している。

　要するに、この半世紀に、農民も農家も社会最大の多数派から、極めて小さな、高齢者に偏ったわずかな少数派に転じているのだ。

　だが他方で、若い世代には農業や農村への新しい関心がかなり顕著に広がっている。地球環境問題の深刻化は、農業や農村の重要性を浮上させている。健康な食への関心も強い。高齢者にとって農は素晴らしく適合的な営みだという認識も広がっている。

　嶋津治夫さんの『哀惜の大地』が第 60 回農民文学賞に選ばれた。爽やかな

力作である。だが、私の意見としては、やはり私たちは「哀惜の大地」に留まるのではなく、明確に「豊饒の大地」を目指すべきだと思う。とすれば「農民」の死語化を認識するだけでは済まない。

　私たちの「農民」論は、こうした現実をリアルに認識しつつ、それでもなお、なぜいま「農民」なのかをさまざまに考えていかなくてはならない。これはかなりしんどい作業だが。

## 2．「農民」と「百姓」

　前回は、「農民」という言葉は、現在ではあまり使われなくなっているという「農民文学」としては由々しい現状について述べた。今回は、「農民」とほぼ同義の古くからの言葉「百姓」について考えてみたい。

　今より少し前の頃には、放送等では「百姓」という言葉は差別用語だとされてなかなか使えなかった。だが、そこにはかなりの社会的誤解があった。「百姓」のもともとの読みは「ひゃくせい」で、言葉の普通の意味は、百の仕事の人というほどのもの。歴史的にみてもともとは蔑称というニュアンスはあまりなかった。

　少し前の時代にこうしたいわれなき扱いを受けていた「百姓」という言葉は、しかし、最近ではほぼ復権し、名刺に「百姓」と書く農民と出会うことも多くなっている。いま「百姓」には、誇りと自己主張が込められるようにさえなっている。農民の誰もが「百姓」を自称しているわけではないが、名刺に「農民」と書く人の方がむしろ少ないように感じられる。

　そうした少しのニュアンスの移ろいはあるが、現在では、「農民」と「百姓」はほぼ同義とされている。ところが、大人気の中世史家の網野善彦さん（1928～ 2004）は、この「百姓」＝「農民」という理解は歴史的には間違いだと論陣を張って話題を呼んだ。

　「百姓」が歴史の中で明確に登場しはじめたのは平安時代の終わりから鎌倉時代の頃からだった。「百姓」の登場と展開・成熟の歴史的意味はとても大きく、それが今に続く時代を創ったとも言えるようなのだ。

　中世に新登場した「百姓」の中心には、家族で農業を営むようになった定住

農耕の人々がいた。だが、当時の「百姓」にはそうした人々だけでなく、職人、芸人、雑業の人々など、非定住の、漂泊の人々も含まれていた。「百姓」の内容は多様で、幅は広かった。そこには社会のしがらみから比較的自由な人々もいて、自由で自治的な「無縁」の世界を開こうとする人々もいた。網野さんはこれらの点に強く注目し、中世の時代には、「百姓の世界は多様で、そこには民衆たちの夢と自由と自立への萌芽があった」と述べるのだ。

　網野さんのこの「百姓」論は斬新で人気を博した。私も網野さんのこの論に半分は賛成だが、半分は明らかに間違いだと考えている。どうも、網野さんは農耕定住の農民があまり好きではなかったらしい。網野さんがいくら非定住の漂泊の人々に注目して「百姓の世界は多様で幅広い」と論じても、百姓の圧倒的中核には農耕定住の農民がいたことは間違いない。

　農耕定住民とそれ以外の百姓たちの間はいつもしっくりといっていたわけではなかったが、かといって常に離反的だったとも言えない。戦国の時代には、両者が手を携えることで山城の国一揆や一向一揆が各地で起きている。ここには「百姓の持ちたる国」としての志と実態が作られていた。

　「百姓」の成熟が、だから「農業」の成熟が、「百姓」の時代としての「中世」、そして「近世」を創っていった。「中世」「近世」は「武士の時代」と理解されることが多いが、それはなんとも軽薄な歴史理解だ。ほんとうはこの時代は「百姓の時代」と認識すべきなのだ。社会を支えた圧倒的な中核は農耕定住民だった。

　網野さんが専門とされた中世の時代には、確かに「百姓」の幅は広く「百姓」＝「農民」とばかりは言えなかった。それが戦国期を経て、江戸時代になると「百姓」は明確に「農民」と同義となっていく。

　「百姓」が下積みの人々の総称ではなく、制度化された身分の言葉となっていくのだ。中世期の職人や芸人、雑業の人々は「百姓」身分から外され、「百姓」より下位の身分に貶められ固定されていった。

　「百姓」＝「農民」は、地域において自治的な「むら」を形成し、家族農業の充実を踏まえて、年貢負担と引き換えに、かなり安定した階層となり、社会全体を支えるようになっていった。だがその陰には、百姓身分から外され、その下位に押し込められた人々の体制的な成立があった。

　だから近世期の「百姓」＝「農民」は、社会を支える圧倒的多数の下積みの人々

のあり方なのだが、しかし、さらにその下には、権力的に強く差別された人々が制度として存在し、「百姓」はその人々を蔑み、差別することで自らの存在を安堵していくという社会構造のシリアスな現実があったことも見逃せない。

　近世の「百姓」は土地を持つ人々である。そして土地こそ豊饒の源なのだ。「百姓」から外され、より下位に押し込められた人々はその土地から切り離された。彼ら彼女らは豊饒の源としての土地を持てず、そこに彼ら彼女らの暮らしの厳しさ、苦しさがあった。だが、それでは働く庶民の暮らしはどうにも成り立たない。だから、彼ら、彼女らは、必死に土地を見つけ、多くの場合その土地は劣悪だったが、そこで懸命な農を営んでいった。本当の農はむしろ、下位の身分に押し込められたこれらの人々の営みにこそ見いだされるとさえ言えるようなのだ。

## 3.「農民」と「労働者」

　前回は、「農民」とほぼ同義の古い言葉として「百姓」があると書いた。

　「百姓」の始まりは、平安時代の終わり頃にまで遡り、初めの頃は広い意味でも使われていたが、江戸時代にはそれは「身分」の言葉となっていった。身分制は、厳しく制度化された階級社会である。しかし、その身分制も明治維新で廃止され、形の上では人々は等しく「平民」となった。明治初めの頃の「平民」の大多数は「百姓」たちだった。

　明治政府の「富国強兵」政策の推進で、都市は生産の場としても拡大し、都市で暮らす「平民」のなかに「職工」と呼ばれる人々が増えていく。農村から都市に移って「職工」になる人たちもいた。「職工」たちの社会的存在を指す「無産者」という言葉も使われるようになる。「職工」＝「無産者」たちは待遇改善と権利確保を求めて声を挙げはじめ、各所の工場で「労働争議」が勃発していく。こうした動きの広がりは「無産者運動」と呼称され、社会を揺るがす新しい動向となる。続いて、「無産者」は、より概念が明確な「労働者」という言葉に置き換えられていく。おおよそ明治の終わりから大正にかけての頃だった。

　私たちの「農民」は、ちょうどその頃に、「労働者」と共に語られる言葉と

して登場していく。明治の頃の文書を読むと「農人」という言葉も出てくる。「農人」は「農民」に先行する言葉だが、両者を対比すると「農民」には社会性が強く感じられる。

「労働者」も「農民」も、近代社会における「階級」を示す言葉なのである。

明治以降の日本は急激に近代社会の枠組みに転換したが、貧富の格差は改めて拡大し、明治の終わり頃には、社会の階級社会化は明確になっていく。社会状況としては19世紀末頃からは足尾鉱毒事件が深刻化し、1901年には田中正造の天皇直訴があり、1918年には米騒動が起きている。

「労働者」も「農民」も社会の多数を占める被抑圧の下積みの人々であり、「労働争議」「小作争議」を担うなかで、それぞれ階級として自己確立していく。数としては「労働者」はまだ少数で、多数は「農民」だった。

「労働者」は「資本家」と対峙し、「労働争議」、そして「労働運動」を担っていった。「農民」は「地主」と対峙し、「小作争議」、そして「農民運動」を担っていった。階級としての「資本家」と「地主」は同盟して、藩閥系譜の明治・大正の官僚らとともに国家の中枢を握っていたから、「労働者」も「農民」もそうした国家とも対峙していくことになる。

ここで明治以降の日本社会における階級としての「農民」の形成史を簡単に振り返っておこう。

明治政府は地租改正を断行し、地租を負担する百姓は、土地所有者となり、制度としては多くの百姓たちは自立農民となった。その自立農民たちの頑張りで、生糸、茶などでの輸出が伸びて、国際貿易における日本の地位が築かれ、国民の食糧となる米づくりも少しずつ向上し安定し、明治の国家社会の形成と発展を支えた。しかし、デフレ、インフレを繰り返す経済社会の激動の中で、自立農民たちの頑張りにもかかわらず、経営環境はきわめて厳しくなっていった。一部に「豪農」と呼ばれる上向経営も現れたが、多数の農民は貧しさの中で土地を手放し小作農に転落していった。

そこでの小作料はかなり高率で江戸時代の年貢水準に近い例も少なくなかった。「豪農」たちの多くは、自らの農業経営を堅実に強めていくのではなく、小作地を拡大させて、富裕な地主経営へと移行していく。また、農村の、そして都市の商工業者も金貸しとして小作地を集め、地主となっていった。数とし

ては在村の中小地主が多かったが、村外の地主も少なくはなく、しかも村外地
主には規模が大きく力も強い例も多かった。そうした地主制のあり方は「寄生
地主制」と言われ、ここに当時の大きな社会悪が象徴されていた。

　こうして成立していった日本の地主制は、不合理で過酷な制度であり、小作
農たちはこの制度に苦しんだ。負担の軽減、制度の改善を求める小作争議が続
発し、各地の争議は互いに結び合うようになり、それは間もなく「労働運動」
に対応して「農民運動」と呼称されるようになる。

　この頃の社会運動に強い影響を及ぼした社会ビジョンとして「社会主義」の
西欧からの伝播があった。その頃はクロポトキンなどの無政府主義的社会主義
の文献も共感をもってよく読まれたようだが、併せて有力な思想としてマルク
ス主義も伝えられてきた。マルクス主義は社会の動向を「階級闘争」として把
握し、労働者の解放と自立を提起し、その未来に社会主義を展望した。マルク
ス自身は農業について多くを論じたわけではなかったが、西欧においても農民
は社会の多数者であり、労働者主導の社会を作るためには、「労働者」と「農民」
の同盟が不可欠だと論じた。大正時代に、西欧マルクス主義のリーダーとして
レーニンが登場し、農業大国のロシアで労働者主導の革命を成功させる。そこ
での主要な戦略は、労働者階級の結束した中核の確立と、労働者と農民の同盟
＝「労農同盟」の追求にあった。

　社会運動のこうした流れは、日本でもおおむね受け入れられていくが、同盟
の具体的内容については様々な深刻な問題があった。

## 4．「農民運動」と「農民自治」

　大正、昭和の時代となると、社会主義の流れも広まり、さまざまな社会運動
も展開し、労働者と農民の同盟、そして労働運動と農民運動の連携が強く意識
されるようになる。

　そうした社会動向を抑止するために、明治の終わりにはフレームアップの大
逆事件が演出され、明治の末年に幸徳秋水ら24名が死刑判決となった。これ
を期に社会運動の取り組みにおいては政府からの強硬な弾圧を強く意識せざる
を得なくなる。大正の末年に成人男子の普通選挙法が施行されるが、同時に強

烈な弾圧立法である治安維持法も施行される。

　世界の動向としては、第一次世界大戦終結の直後の1917年にロシアでレーニンが指導する社会主義革命が成功する。その影響は強く働き、日本でも資本主義か社会主義かという岐路が鋭く語られるようになる。1918年には、富山の女たちを先頭として米騒動が起きて、世直しを求める国民的な大闘争として展開した。こうした形で国と民衆たちとの離反は顕著に露呈していった。

　そんな時代状況のなかで、社会主義を志向する労働運動の側からプロレタリア文学が運動として提唱されるようになる。いまもよく知られる代表的な作家は小林多喜二で、彼の『蟹工船』は最近も新版で再刊され、格差時代に晒されている若い読者を広く得ている。こうした労働者側の動きに触発され、あるいは対抗するように農民の側でも農民文学が運動として提唱されるようになる。

　農民文学運動の始まりのきっかけは1922年（大正11年）に開催された「ルイ・フィリップ13周忌記念講演会」で、それに続いて「農民文芸研究会」が発足している。ここから単なる自然主義的な田園文学とは違った農民文学運動がスタートする。それを中心的に担ったのが農民自治を強く提唱した犬田卯（いぬた　しげる・1893～1957、『橋のない川』の著者住井すゑの夫君）だった。

　プロレタリア文学と犬田らの農民文学は、対立をはらみながらも、しかし、当初は共存の形で歩みは始められた。1924年に日本プロレタリア文芸同盟（ナップ）が結成されたが、そこには社会主義を標榜する労働者作家だけでなく農民自治を主張する農民作家らも参加した。

　しかし、労働者派と農民派の共存、蜜月は間もなく終わってしまった。1930年、ソ連のハリコフで開催された国際革命作家拡大会議の決議は日本の農民文学運動について次のように書いている。

　「日本プロレタリア作家同盟の内部に農民文学研究会が特設されなければならぬ。しかし、いうまでもなく、それが、あくまでもプロレタリアートのヘゲモニーの下に置かれなければならぬ」

　こうしたプロレタリア文学派の攻撃的対応に、農民自治を掲げる犬田らは、当然、激しく反発した。

　犬田らは1925年に「農民自治会」を立ち上げ、雑誌『農民自治』を刊行し、その創刊号に次の標語を掲げた。

　一、農民自治の精神に基づき農民生活の向上を期す

　二、協同扶助の精神を以て友愛の実をあげんことを期す

　三、都会文化を否定し農村文化を高調す

「農民自治」という言葉は、いまはもう使われなくなっているが、「農民は農民らしく、農村は農村らしく、その未来を拓きたい」というほどの、広義の農本主義的主張だった。

　犬田は次のように書いている。

「我々農民は、そうした新しい社会になった暁には、もはや土地の奴隷ではなくなり、物質生産の器械ではなくなり、一個の人間として人間的生活を享受できるのだった。ああ、その生活―― 一個の自由な人間としての我々に賦与せられている本来の生活、何とそれは我々が泥にまみれながら、また、天日にじりじりと灼けながら欲し求めているところのものだろう。（中略）粗衣粗食、泥と汗、茅屋と貧窮――そうしたことは、敢えて苦にするに足りない。ただ、自由でありたい。支配を受けたくない。（中略）他を扶け、他に扶けられ、相共に自然より賦与せられているところのものを残さず発揮したい！」（『土にひそむ』1928 年）

　また、犬田は次のようにも書く。

「『土の文学』は、土から生まれてくる。『土から』というのは、それは（中略）眼ざめた者の立場――土というものを立体的、歴史的に眺め、社会的に理解し、批判した境地――別言すれば『土の意識』『土のモラル』から来る農民生活そのもの、ないしは一般社会生活そのものの批判から生まれる、という意味である。（中略）この『（土）を』と『（土）から』の相違――ここにこそ、在来の農民文芸とわれわれの新しく主張する農民文芸との、根本的な相違がある」

　だがこうした農民自治を標榜する農民文学運動は、戦争へと突き進む時代の奔流のなかで長くは続かなかった。1938 年に有馬農相のお声かがりで「農民文学懇話会」が上から設立される。1942 年には「日本文学報国会」が組織され、「農民文学懇話会」はその有力な一員にされていく。戦争への総力戦体制の下で、農民の地べたからの文学を提唱してきた犬田らの運動は社会的な道を閉ざされ、そこで終止符が打たれてしまう。

## 5.「農地改革」と「農民」

　1945 年 8 月 15 日、日本はポツダム宣言を受け入れて降伏した。この日から戦後という時代が始まった。農業については、戦後時代の最初に「農地改革」が断行された。明治の終わり頃から敗戦まで、日本農業を厳しく支配していた地主制は完全に解体された。このコラムのテーマである「農民」という言葉の意味は、「農地改革」の遂行後には「自作農」ということになった。

　3．で、「農民」という言葉は、大正時代、そして昭和戦前の時代に、階級を示す言葉として社会的に登場したと書いた。明治時代の近代化、富国強兵的な産業化のなかで、日本社会は急激に階級化が進み、資本家と労働者という階級対立が先鋭化し、農業については農民の没落が進み、地主と小作という階級対立が作られていった。そういう時代に「労働者」に対応して、階級としての「農民」という言葉が社会的に登場してきたのだ。そこでの「農民」は象徴的には時代の中で作られてきた「小作農」のことだった。それが「農地改革」で「自作農」に推転したのだ。

　今回は、現代農民論の時代的基礎を作った「農地改革」について少し書いてみたい。

　戦後の「農地改革」のスタートは早かった。

　敗戦直後の 10 月 9 日、東久邇内閣が退陣し、幣原内閣に変わるが、そこで農林大臣となった松村謙三は「農地改革」の断行を宣言した。この大臣所信表明の 4 日後、10 月 13 日には、農林省農地局から「農地制度の改革に関する件」という建議が大臣に届けられている。そこには、その後に遂行された「農地改革」の骨格のほぼすべてが盛り込まれていた。

　実は、「農地改革」は、昭和戦前期に心ある農林官僚によってすでに準備されてきたのである。先に書いたように明治の終わり頃から大正の頃、日本農業は地主制に支配されるようになるが、小作農たちの暮らしの窮状は眼を覆いたくなるほどになっていた。このままでは日本農業は立ち行かなくなってしまう、働く農民に幸せがもたらされなければダメだ、という人道主義的義侠心に燃えた農林官僚群が形成されていく。そのリーダーが石黒忠篤や小平権一だっ

た。彼らが小作制度改革、自作農創設への制度改革を準備してきていたのだ。

　松村農相と農地局官僚の合作による地主制廃止・自作農創設の改革法案（農地調整法改正）がまとめられ、早くも12月5日に帝国議会に上程される。GHQは12月9日に「農地改革についての覚書」（いわゆる農民解放令）を出して、日本政府に農地改革の実施を指示するが、農地改革法案の議会上程はそれより数日前だった。法案上程はGHQ指示とは関係ない形での日本の農林省官僚たちの独自の行動だった。

　政府案の取りまとめ、議会での法案審議は難航した。当時の閣僚も議会も地主派が圧倒的に強く、執拗に地主制温存論が主張されたのである。それでも、12月19日には原案修正の上、可決成立した（第一次農地改革）。

　この改革法は、政府や議会の地主派からの抵抗でかなり後退したものになっていた。それに対してGHQはこれでは地主制は温存されてしまうと判断し、この法律を拒否し、改革案の練り直しを指示した。その直後から連合国対日理事会でも、この件が詳しく論議され、農林省の当初案を強く補強した案が提示され、その線に沿って新しい法案（「自作農創設特別措置法」と「農地調整法改正」）が作成され、1946年10月11日に可決成立した（第二次農地改革）。

　この二つの法律に基づいて直ちに農地改革は着手され、1948年度末にはほぼ完遂された。193万haの小作地を237万人の地主から国が買収し、475万人の耕作者（小作人）に売却された。これによって全農地の46%を占めていた小作地は10%へと激減した。

　この大改革は2年間という短期間に、全国11,000の全市町村で、ほぼ計画通りに、平穏に遂行された。それを担ったのは公選された市町村の農地委員会だった。


　「農地改革」に関して、このコラムのテーマである「農民」について注目すべきは、法案の作成・審議の過程で地主派の閣僚や議員が繰り返し主張した地主制温存論である。

　不在地主の広範な存在は拙いが、在村地主の存在は、日本の良き農村秩序の骨格であり、それを壊すなと地主派議員たちは強く主張した。在村地主は農村の良きリーダーであり、彼らには温情があり、小作人はその温情に助けられて

きた、それが日本農村の良き伝統だという主張だ。

　それに対して農林省の和田博雄農地局長は「在村地主たちも希望すれば自作
農となれる。小作農だった新しい自作農たちと、元地主の新しい自作農たちは、
横並びとなって地域を担っていくことだろう。幅広い自作農の創設こそ、これ
からの明るい農村建設の基礎となる」と切り返した。見事な答弁だった。

　こうして農民＝小作農という時代は、農民＝自作農の時代へと大きく転換し
ていった。

## 6. 農地改革と「ムラ」

　農地改革は、農民にとって何よりも大切な農地の所有権を、耕作実態に則し
て、一気に切り替えるという大胆な変革である。それは、権力が上から強引に
推進しようとして成功するものではない。改革成功の要因は、政府と GHQ に
強い公正な意志があり、構想が的確だったというだけでなく、その実施が「ム
ラ」に委ねられたという点にもあった。

　農地の所有と利用については、小作、地主、自作、それぞれ具体的事情を抱
えており、放逸な裁量などは許されない。実施に当たっては誰もが納得できる
公正さとバランスが不可欠だった。

　「土地は耕作者の手に」という公正な理念の下で、事情を熟知した「ムラ」は、
その難しい変革課題を、おおよそ平穏無事に捌ききった。総ての市町村で、ほ
ぼ例外なくなし遂げられた。ここに示された「ムラ」の能力は驚くべきものだっ
た。

　カタカナ書きで「ムラ」としたが、これはいまの一般用語で言えば「集落」
のことである。行政単位としての「村」もあるし、もっと広い意味での「むら
＝農村」もある。それらと区別するために、ここでは「ムラ」を使いたい。

　農地改革の実施単位となったのは、合併前の市町村＝旧村（その後「大字」
と呼称されてきた当時の行政単位）で、それは集落＝ムラをいくつか束ねて成
立していた。

　改革の推進に当たって、改革の実施主体として市町村には公選制の農地委員
会がおかれた。その構成は、第一次農地改革案では小作5、地主5、自作5で

地主優位とされていたが、第二次農地改革では小作5、地主3、自作2に改められた。農地委員は、それぞれの階層の利益代弁だけでなく、「ムラ」の意思も十分に踏まえて改革を推進した。

　このコラム2. の「百姓」論のところでも触れたが、「百姓」＝「農民」は、長い歴史の中でいつも、「ムラ」＝「地域社会」とセットとして存在し続けてきた。家族農業が自治的地域組織と共にあるというあり方を社会科学では「小農制」と呼んでいる。それは〈百姓とムラの農業体制〉であった。

　ムラはもともと自治的な地域組織で、その仕組みは中世期に模索され、近世期にはほぼ定型化された。組織の構成単位は個人ではなく家＝世帯で、全戸参加、全戸同意が運営の基本原則とされてきた。里山、水などの地域資源の合理的な利用管理（入会利用）や暮らしにおける相互扶助、防災などが日常的な主な役割だった。江戸時代には、このムラが年貢請けの責任単位となり、年貢完済を条件にムラ内での自治権を持っていた。その頃、ムラはある程度の警察権や裁判権も持っていた。耕作は農家単位で進められたが、ムラ境には明確な境界が設けられ、境界内の土地はムラの土地でもあると認識されてきた。

　明治維新後に私的所有権が明確になり、地租改正で農地制度は私的所有の方向で法的に整備された。農業は農家が個として営むというあり方の制度化であった。しかし、農家は個としてだけでは生きられない。併せて地域としての協同性の確立と展開が不可欠だった。だが、この地域の協同性に関しては、明治維新は新しい方向を打ち出せなかった。「ムラ」についてはおおよそ慣行のままとされ、実態に則した近代化・制度化への模索は進まなかった。上からの視点で進めていく行政はこの領域はおおよそ不得意だった。

　1929年の世界恐慌は、農業恐慌として農業、農村を襲った。地主制に苦しむ農村は、この恐慌でさらに疲弊し、呻吟することになった。前回、心ある農林官僚たちが農地改革を準備したと書いたが、同じグループが、疲弊した農村の立て直しにも取り組んだ。

　不正義な小作制度の改善、農村負債の救済などの取り組みに続いて「農山漁村経済更生運動」が提起され、1932年から40年まで取り組まれた。参加した地域は更生計画を立案し、村づくりを進めた。「自力更生」「隣保共助」などが標語とされ、下からの「運動」としての取り組みが強調された。各地に成果も

生まれたが、戦争への時局展開の中で、結局は国家総動員体制に巻き込まれて行ってしまう。

　戦争も終わり、農地改革も実施され、新しく誕生した自作農たちの次の展望において「ムラで、ムラをどうするのか」が改めて大きな課題となっていた。ムラの仕組みから地主制が除去され、横並びの自作農たちの地域組織となった。新しい自作農として、そしてムラとして、何をどのように取り組んでいくのか。そこにどのような模索があり、どのような成功や蹉跌があったのか。その人間模様をリアルに描くところにも戦後の「農民文学」の課題があった。

　ところで、日本の小農制にとって大切な意味をもつムラについて、現代社会では、おかしな誤解と偏見が蔓延している。「原子力ムラ」などの表現がその典型である。ムラへの偏見を解いて、いまの社会にとって積極的なものとしてムラを再定立していくのも私たちの重要な課題だろう。


## 7．戦後初期農村の諸相と「農民」

　世紀の大改革「農地改革」を見事にやり抜いて、戦後の日本農業のスタートは明るかった。社会からは食糧増産が期待され、農民たちは自作農として意欲をもって働いた。村々には農事研究会が簇生し、若者たちは男も女も青年団に集った。食糧供出の警察的な強制はとても厳しかったが。

　戦後の初めの頃、農業、農村、農民の社会的位置は高かった。田畑の力、自然の力は変わることなく農業を支えてくれた。インフレが進んだが、それは農業におおむね有利だった。仕事に励めば少しずつ余裕が残るようになった。

　都市は戦災で大きな被害を受けたが、農村の被害は比較的小さかった。焼け出された人々を受け入れる余裕が農村にはあった。敗戦で戦地から復員してきた元兵士たちや「満州」などからの引き揚げ者らもふるさとのむらに戻った。都市にはこれらの人々を受け入れる余地はなかった。

　振り返ると、長い日本の農村史のなかで、この時期の人口がダントツに多かった。やむなく受け入れた人々の数と比べて、暮らしの糧を生んでくれる田畑の面積は狭かった。人々は可能性のある未墾地を探して開拓にも取り組んだ。その甲斐あって田畑の面積も増えた。この時代には、農業こそが国の基を作るの

だという農本主義が明るく語られた。

　農村県青森の地方都市における若者たちの世相を明るく描いた石坂洋次郎の新聞小説『青い山脈』（1947 年）は圧倒的な人気を博した。

　その頃、家を継ぐ農家の長男は幸せ者だった。しかし、その席から外れた次三男、長男たちの嫁になれなかった娘たちは生き滞んだ。彼ら彼女らはどうしたら良いのか。これは難しい課題だった。深沢七郎の『東北の神武たち』（1957年）はその頃のムラの様子をリアルに描いている。

　しかし、この問題は、間もなく都市と工業の復興によって、農業の内側からではなく、外側から解決されていった。次三男や娘たちは、復興する都市と工業に労働者として出て行くようになった。彼ら彼女らは「金の卵」ともてはやされ、集団就職などが話題を呼んだ。この流れが強まるとムラに特等席が準備されていた農家の長男たちは、逆に、一転して取り残されるという気持ちに落ち込んでいく。

　この移り変わりの頃の様子は、佐藤藤三郎の『二十歳になりました』（1960 年）に素朴に記されている。

　人々の流れは、その後「都市から農村へ」ではなく「農村から都市へ」に大きく変わっていく。農村から都市への人口流出が日本社会の基調となっていく。昭和 30 年代、40 年代、高度経済成長の時代である。

　農業近代化のかけ声を受けながら、農民たちは懸命に農業に励んだが、農産物の相対価格は下落し、都市と工業から供給されるハイカラで便利な電気器具などの生活資材を購入するにはお金が足りなくなってしまった。かつて農村はお金があまりなくても結構暮らせる場だったが、この頃には農村でもお金がないと暮らし難くなってしまった。

　この時期に「出稼ぎ」が広がった。「出稼ぎ」は農村からの労働力流出の普通のあり方ではなく、いわばムラの家に固定された長男たちが、ムラでの暮らしは維持しながら、金を稼ぐことだけのために、主に建設土木事業などの「飯場」に長期間泊まりがけで出かける、この時期特有の稼ぎ方である。東京オリンピック（1964 年）の頃が頂点だった。「出稼ぎ」は農家の暮らしを壊してしまう危険をはらんでいた。草野比佐男の詩「むらの女は眠れない」（1972 年）はそんなあり様を内側から告発した作品だった。

　この頃、農村は曲がり角にあると指摘した並木正吉の『農村は変わる』という岩波新書（1960年）がよく読まれた。この頃には、農村は豊かさの場から貧しさの場へと社会的な認識が転換していったのだが、1970年代頃には、そうした農村の相対的な貧しさも終わっていく。

　田中角栄『日本列島改造論』（1972年）は、農村工業化論のマニフェストだった。農村にはほぼくまなく工業団地が作られ、田舎の小都市もそれなりに華やかさのある消費の拠点となっていく。いまのいわゆるシャッター街になる少し前の時期である。その時代にも農家はよく働いた。

　農家家族は、その頃まだ世帯員数はかなり多かったが、働ける家族員たちは、それぞれよく働いた。ただし、主に働く場は田畑ではなく、近くの工業団地だったり、むら人が起業した村内の縫製工場だったり、小さな電機工場だったり、スーパーのレジだったりに転じていたのだが。総兼業化の時代である。この頃、農村生活研究者の間では「大きな財布と小さな財布」ということが話題になっていた。

　稼ぎ先の給料は働き手の口座に振り込まれるようになって、働く家族員はそれぞれ小さな財布を持つようになる。これがまた励みになって、家族員たちはさらに働いた。

　こうした家族総働きの盛り上がりの結果、1970年代末頃には、世帯単位の収入は、農村農家世帯が都市勤労者世帯を上回るようになる。たしかに金銭的にはかなり豊かになった。だが、農の姿は薄れ、歪んでいってしまった。

## 8．戦後日本の農民像の分岐

　「農地改革」で日本の農民たちは均質な自作農として横並びとなった。自家所有の農地を家族で耕す。農業と暮らしは一体で、風土的で自給的なあり方が基本となっていた。

　しかし、詳しくみれば農地改革の当時から、自作農の具体的な姿は当然に均一ではなかった。

　まず、所有＝耕作規模に大小があった。農地改革では、北海道を除いて、上限は3ha（3町歩）とされ、農家の平均規模は1ha（1町歩）ほどになった。

巨大規模の農家はなくなったが、零細農家も多く、農業だけでは生計が立たない農家も少なくなかった。おおよそ50a（5反歩）くらいが境で、それ以下の農家では農業以外の稼ぎも不可欠だった。零細規模農家の代名詞として「五反百姓」という言葉もあった。江戸時代の「水呑百姓」と似た切なさのある言葉だった。

　そんな頃の農家類型区分の代表的なものとしては「専業農家」「兼業農家」という概念があった。

　農業収入で家計をまかなえる農家を「専業農家」とし、農外の稼ぎ（兼業収入）が不可欠な農家を「兼業農家」とした。さらにその内部は、農業収入が兼業収入よりも多い農家が「第一種兼業農家」、兼業収入の方が多い農家が「第二種兼業農家」と区分された。そこでは家計規模や貧富を問うていたわけではなかったが、豊かな専業農家、貧しい第二種兼業農家というおおよその認識も定着していた。

　統計数値としては、1950年の総農家数は617万戸で、専業農家が50％、第一種兼業農家が28％、第二種兼業農家が22％となっていた。

　しかし、戦後の商工業の復興、経済成長のなかで、こうした農家の内部構成は大きく変わっていった。若い労働力は商工業へ流出し、主に農業に従事する人の数は激減し、兼業農家は急増していった。専業農家の比率は1960年には34％、70年には16％となり、第二種兼業農家は1960年32％、70年51％へと増加していく。かつては豊かな農家の代名詞だった専業農家には、高齢者だけが残った零細経営も多く含まれるようになっていった。

　農地改革後10年ほどは、均質な自作農たちが横並びで営農に取り組むという形が維持されたが、経済成長の激動の中で、農家の減少、弱体化が著しく進んでいく。そうした状況の下で、国の農政は、自作農全体を応援、後押しするという形から、政策的に期待できる農家像を設定し、それを選別的に支援する方向へと切り替えられていった。

　1961年に農業基本法（旧法）が制定され、そうした政策転換が「自立経営農家の育成」という形で明確に示された。それは所得の面で他産業と均衡した生活を営み得るという農家像で、そのためにはおおよそ2～2.5ヘクタールの経営規模が必要だとされた。しかし、兼業化、農家の農業離れ、弱体化などの

激しい進行のなかで、この「自立経営農家育成」政策は国の計画のようには進まなかった。

　農地政策の面でも、農地改革の自作農主義は、現実には行き詰まり、借地による規模拡大の推進が強く望まれるようになる。その頃には望ましい農業経営の育成という理念だけでなく、地域農業の維持、再編という視点も強く加わっていく。1975年には、貸借関係による農地利用の流動化を狙いとする「農用地利用増進事業」がスタートし、80年の農政審答申では、「自立経営農家育成」に代わって「中核農家育成」が提唱される。そこでは中核農家による規模拡大と新しい地域農業の形成が強く期待されていた。

　しかし、この政策修正もまたうまくは進まなかった。85年のG5プラザ合意を経て、グローバル化による日本農業の揺さぶりは著しく強まり、農業保護農政への風当たりが激しくなっていく。1992年の「新政策」ではグローバル化時代にも生き残れる担い手農家の育成が強く語られ、「中核農家育成」に代えて「認定農業者制度」が提起され、農政はその育成に集中するという政策となり、現在に至っている。

　戦後70年余を振り返れば、農地改革を踏まえて、産地形成、地域農業の確立など農家・農業・農村の充実、発展も進んだ。それは頑張った農民たちの盛り上がりの成果だったのだが、それだけではなく、その過程は農業の社会的後退のなかで、農民たちは農民としてどのように生きたら良いのかについての苦悩の経過でもあった。

　しかし、20世紀の終わり頃からそうした農業離れ、農業衰退の流れとは異なった新しい機運も生まれつつある。レイチェル・カーソンの『沈黙の春』（邦訳1964年）、有吉佐和子の『複合汚染』（1975年）などが大きな画期だった。農薬や化学肥料への批判が強まり、有機農業・自然農法の取り組みが広がった。農の価値が再評価されるようになり、まだ数は少ないが、都市出身者の農業への参入が目だって増えてきている。

　農地改革以降の農民像のこうしたさまざまな歩み、その錯綜した経緯や新しい動向を、文学の視点からリアルに描いていくこと。そこに現代の農民文学の基本的な課題があるように思う。私たちのそこへの模索には社会の新しい期待が集まりつつあるようにも感じられる。

## 9. 国連「家族農業の10年」

この連載コラムの初回で、今の日本では「農民」という言葉を耳にすることは少なくなった、かつて「農民」は国民の多数だったが、現在は少数となっていると書いた。

ところが、眼を国際的場面に広げると、21世紀に入る頃から、「農民」の存在を高く評価し、それへの支援の重要性を説く論調に出合うことが増えている。世界的に見れば「農民」は依然として多数派であり、彼ら彼女らは世界の人びとの命を支える食料生産の多くを担っており、環境や平和の視点からも、地域における民衆社会の維持という視点からも、「農民」支援は大切な課題だとの論説がメジャーなものとして展開されているのだ。これらの新しい国際的論義においては「農民」という存在は、現在だけでなく、将来においても普遍的なものだと強く語られている。

国連は2014年を「国際家族農業年」に設定し、各国の様々な参画が広がり、大きく成功した。それを踏まえて2017年の総会で、家族農業の保護と支援の定着を旨とする「家族農業の10年」(2019〜2028年)の行動提唱を全会一致で決めた。さらに2018年の総会では「小農と農村で働く人びとの権利に関する国連宣言」(「小農の権利宣言」)を賛成多数で議決している。日本政府は「家族農業年」や「家族農業の10年」の設定には賛成したが、「小農の権利宣言」の議決には棄権した。

これらの国連諸決議で中心的に語られている言葉は「家族農業」「小規模農業」「小農」などで、それは日本での「農民」とほぼ同義のようである。「農民」という言葉の社会的ありようが、日本と世界では大きく違っているようなのだ。今回はこの問題について少し考えてみたい。

国連決議での「家族農業」(Family Farming)は「家族が経営する農業、林業、漁業・養殖、牧畜であり、男女の家族労働力を主として用いて実施されるもの」と定義される。「小規模農業」「小農」も意味はほぼ同じとされている。

こうした国連用語としての定義にも耳を傾けつつ、同時に留意すべきは、これらの国際議論は、まず言葉とその定義があって開始されたのではなく、世界

各国、各地域における農業の実態認識から開始されたという点である。

　各国、各地域の農業は当然に多様である。それぞれ独自の歴史があり、社会的条件、風土的条件があり、それぞれに個性をもっている。しかし、それらを鳥瞰すれば実によく似ている。その類似の側面に注目して、それらを出来るだけこぼさずに広く括れる世界共通の言葉として「家族農業」や「小規模農業」などがあてられたのである。

　こうした最近の国際的論義においては、世界農業における「家族農業」は、普遍的で意義ある存在なのだが、しかしそれらはいま厳しい危機に晒されているとされ、加えてそれと対抗的に広がっているのが経済論理だけで組織された「企業型農業」、多国籍企業等が主導する「アグリビジネス型農業」だとの認識もそこに示されている。

　まず「家族農業」の存在感についてだが、途上国の多くでは農業・牧畜社会の体制が色濃く残されているから、そこで「家族農業」が社会で多数を占めていることは理解しやすい。それに対して先進諸国では、都市的工業的社会に転じているから、「家族農業」は社会的にはすでに少数となっている。しかし、それらの先進諸国でも農業が重要産業となっている国は多数あって、そうした先進各国の農業を主に担っているのはやはり「家族農業」だと言うのだ。

　要するに世界を見渡してみれば、農業の担い手は圧倒的に「家族農業」なのだ。そしてその「家族農業」は世界の食料の約8割（価格ベース）を生産しているという。地域の「家族農業」は地域の人びとの食を支え、暮らしを作り、地域社会の安定と平和を作っている。

　国連はより包括的な社会ビジョンとして「持続可能性」という大目標を掲げて、その実現のために、2030年を目途に17の複合的ゴールへの取り組みを呼びかけている（SDGs）。昨今の国連での「家族農業」支援の提唱は、SDGsへの取り組みと強く協働するものと理解できる。

　「小農の権利宣言」は、そうした意義のある「家族農業」がいま厳しい危機に晒されていると警鐘を鳴らしている。

　自由貿易主義の強者の論理は、途上国の農業を激しく揺さぶっている。資本が土地を押さえ、工業的技術が伝統的技術を排除し、グローバルスタンダードの押しつけで小農たちの活動の道が制度的に閉ざされようとしているというの

だ。そしてそうしたアグリビジネス的な旋風は、短期的にはバラ色の未来をもたらすかに語られているが、現実には世界の農業の持続的発展を強く阻害しつつあると言う。

　私たちの「農民」論義においても、視野を広げて、こうした国際的論義の潮流との意識的連携も必要なのだろう。


## 10.　豊壌・豊穣・豊饒

　連載コラムの最終回である。私たちは「農民文学」を現代においても意味深い取り組みだと確信し、同志手を携えてその営為に励んでいる。だが、そうはいうものの「農民文学」の時代環境が大きく変転していることも自明である。「農民」の社会的存在は小さなものになっており、「農民」という言葉を耳にすることも少なくなっている。都市と工業が席巻するいまの時代に「農民文学」にはどんな可能性があるのか。なかなか結論を出し難い問いとなっている。

　日本農民文学会のホームページでは「農民文学は農民にとどまらず、土や自然と関わりながら生きる人間探求の文学です」という幅広い呼びかけが記されている。また、毎号の会誌にはさまざまな作品が新しい「農民文学」の一つとして発表されてきている。ここには従来の「農民文学」概念にだけ拘泥するのではなく、時代のいろいろな息吹の中に、「農民文学」の可能性を拓きたいという会の現在の姿勢が示されている。

　この連載コラムは、会のこうした姿勢を前提としつつも、「農民とは何か」という問いを棚に上げたままにせず、その言葉の周辺から少し考えてみようという意図で書き始めた。結果として、日本における「農民論」についての歴史的振り返りが中心となった。

　国際化の時代にこれだけでは狭すぎると反省して、前回は国連が提唱してきた「家族農業の十年」を取り上げた。番外ではあるが「農民の英訳は？」という小文も掲載させてもらった（317 号、本章第 11. に収録）。

　日本列島には農ではない生業で生きてきた人びともいる。海に生きる漁民も、山に生きる山の民もいるし、アイヌなどの先住の人々もいる。それらの人びとと農や農民との関連についても触れたかったが果たせなかった。

　さて、9回までの連載についての釈明は以上として、最終の今回は「農民論」の現在と未来について前向きに考えてみたい。

　私はこれまで農業の研究と教育に仕事として携わってきたので、時々の若者たちの意識の動向も身近に感じてきた。振り返れば20世紀の終わり頃から大きな転換が現れ始めた。若者たちの間では、農業への「3K」といったネガティブな印象は薄らぎ、農業を未来志向的に捉えることが普通になってきている。

　職業として農業を選択する若者も、少しずつだが、明確に増加しつつある。その選択理由は、農業の社会的価値やこれからの可能性に置かれるようになっている。彼ら彼女らにとって、「農業」よりも、より幅広い「農」という言葉の方が馴染み易くなっている。前に書いた「農民の英訳は？」の小文で（本章11.）、最近 USA では peasant（百姓）でもなく、farmers（農業経営者）でもなく、agrarian（農的生活者）という言葉に人気が集まっているようだと紹介した。日本も USA も新しい状況は似てきているのだろう。

　こうした動きを、世相の表面的な流行と見るのか、深層・底流の変化と観るか。意見はさまざまだろうが、私は後者だと確信している。若い彼ら彼女らにとって、現代社会の行き詰まりこそが日々の実感なのだ。その現代社会の閉塞感は、何よりも自然性や風土性の喪失であり、歴史や社会が実感できにくくなってきている点にある。

　このコラムの初回の末尾で、前会長嶋津治夫さんの農民文学賞の受賞作品について触れた。表題は「哀惜の大地」で、約百年の農民文学の歩みを農業の歩みの中に跡づけた力作である。私は、嶋津さんの歴史的考察を踏まえて、さらに未来に向けて「豊饒の大地」が語られていかなくてはならないと述べた。大地への「哀惜を」を踏まえて、大地の「豊饒」を謳う文学への期待という思いだった。

　最後に農における「豊かさ」について少し述べてみたい。

　「豊饒」はたんなる「豊かさ」ではなく自然的風土の中から生まれてくる、湧き上がるような命の豊かさのことである。それは安定した確かな構造を持っている。

　社会の「豊饒」の基礎には作物の「豊穣」がある。そして農民たちは作物の「豊穣」の基礎には大地の「豊壌」があることを知っている。「豊壌」から「豊

穰」へ、そして「豊穰」から「豊饒」への道筋もよく知っている。その道筋が
長年の経験のなかで工夫され確かめられてきた「農法」というものなのだ。そ
れは特殊な道ではなく、誰もが参加できる、若者は若者として、お年寄りはお
年寄りとして、子どもたちは子どもたちとして、もちろん働き盛りの世代はそ
の世代として、それぞれの場を受け持ちながら、それぞれに手にすることので
きる普遍的な豊かさへの道なのだ。

　そうした農の「豊饒」は、自然との対話を続けていく繰り返しと積み上げの
過程としてある。そこには次へと向かうリズミカルな節度があり、少しずつの
深まりがあり、常に新しい挑戦と意外性がある。

　「豊壌・豊穰・豊饒」というこうした連鎖のあり方は農においては普通のこ
となのだが、現代社会においては限りなく希有なこととなっている。私たちの
農民文学の探求課題の一つはこのあたりにあるように思われる。

## 11.「農民」の英訳は？

　先日の農民文学編集委員会で、「農民文学」は英語では何と訳すのかとの問
い合わせがあったことが話題になった。

　ごく普通には farmers ではないかと思ったが、英語に詳しい人がいて、いや
農民文学の農民は peasant だろうと言っていた。少し調べてみたら、現在の英
語としては peasant にはやや差別的なニュアンスが含まれているようにも感じ
られた。かつて差別用語とされた頃の「百姓」に近いイメージなのだろう。し
かし、続いて調べてみると、peasant は歴史的には封建制が緩み農奴制から解
き放された農民たちを指すとのことで、言葉自体が差別的だという訳ではない
ようだ。マルクスの分割地農民のニュアンスに近く、よりポジティブに言えば、
独立自営農民、イギリス流にはヨーマンに辿り着くのだろう。

　さらにもう少し調べてみたら agrarian という言葉もあって、いまアメリカ
ではこの言葉は農的生活者というイメージで使われているらしい。agrarian に
ついてさらに調べると、この言葉は、もとはアメリカ南部の農本主義者を指し
ていて、その後、その流れのなかに農的生活者的な主張が芽生え、それが展開
して現在のような用法となってきたようなのだ。

では、アメリカの agrarian 農本主義者とはどんな人たちなのか。起源は南北戦争の南軍周辺からだったらしい。南北戦争といえばリンカーンが推進した奴隷解放戦争だろう、くらいにしか考えていなかったが、どうもそれだけではなかったらしい。国内需要に対応してようやく本格化し始めた北の工業化と国際市場の展開に対応する南の奴隷制プランテーション農業の推進という社会経済路線の対立もあったらしい。また、北側の農業政策としては、ヨーロッパからの移民受け入れを前提とした自営農民による西部開発という方向へと進みつつあり、この点も南側と厳しく対立していたようだ。北の政策のポイントは西部の広大な公有地を一定の条件下で自営農民に無償で払い下げるホームステッド法の制定におかれていた。こうした多岐にわたる南北対立は社会や文化のあり方をめぐる対立にもなっていたらしい。

南の農業と言った場合にも、それは必ずしも奴隷制の大農場というだけでなく、新大陸への移住以降のアメリカ農業全般を継承するという意味もあり、近代アメリカの奴隷制度についても、南部だけではなく、北部の農場にも多くはないが広がっており、また、南部にも奴隷を入れない小農的な農場もあったらしい。考えてみれば当然のことだ。

南北戦争の頃、アメリカ南部の agrarian たちは主に大プランテーション農場主たちの主張を代弁していたが、しかし、それだけでなく、より広い意味での重農主義の人々や思想もその流れのなかにはあったらしいのだ。その後者の流れの一部は、戦後の冷戦時代に、リベラル派に転じて（そこからカーター大統領のような人も出てくる）、そこからさらに今の時代での展開として農的生活者といった思想もこの言葉に込められるようになったらしい。

アメリカの独立自営農民像＝誇り高き小農像は、ジェファーソンの小農論に代表され、それは当初は当然のこととして北部で展開した。しかし、その後、北部は農業よりもむしろ工業にシフトし、アメリカ農業の本場は、中南部、あるいは西部へと移動していく。なおジェファーソン自身は奴隷を多く所有した農場主であり、実態としては「独立自営農民」とは少し異なっていたようだ。

南北戦争で奴隷制度が廃止された後、南部の農業地帯は、元奴隷の黒人らを雇用した大農場として展開するが、そこではメキシコ人、アジア人、そして白いアメリカ人も雇用されていく。そして同時にそこには peasant 的な小農の

農場も改めて広がっていく。それら peasant 的な小農たちも南部では大農場の farmer たちと同じように主に小麦、玉蜀黍、大豆、綿花などの商品作物を栽培していた。彼ら、彼女らの実相は、自給性の強い独立自営農民ともかなり違っていたのだろう。

スタインベックの『怒りの葡萄』（1939 年）は、時代は 1930 年代、南部のオクラホマの貧しい小農農場がトラクタの農業企業に蹴散らかされ、西部カリフォルニアの果樹農業地帯に夢を求めて逃げ込んでいく姿を描いたもので、peasant 的な agrarian 志向の流れの中での作品だとも考えられる。

そうした変遷のなかで南北戦争の時代に生きたソローの『森の生活』（1854 年）はどんな位置にいたのだろうか。彼の主張は反奴隷制度、反大農場制であり、市民主義的なリベラリストである。そんな彼には南の agrarian、すなわち農業賛美論への親和感はなかったように読み取れる。ソローの時代には北の peasant も豊かさへと経営発展し、すでに farmer 化していた。famer へと進みつつあった北の農民たちの関心は、ネイティブアメリカンを駆逐し、抹殺したあとの西部への進出、展開に向けられていたようだ。

ソローはそうした周辺の農業動向にも強く反発していた。そういう意味でソローは反 farmer 的で、それだけにむしろネイティブアメリカンへの親和的思いが強かった。若い頃に読んだ豊浦志朗の『叛アメリカ史』には、ネイティブアメリカンたちと黒人たちは手を結びにくいと書かれていた。そんなことも、これらのことにどこかで関連しているのだろう。

この話を、英語が堪能でアジア農業にも詳しい友人に聞いてみたら、東南アジアの農民たちには peasant という自己意識はないかもしれないと言っていた。東南アジアの農村には封建制の過去が希薄で、だから歴史的には農民はいつも、独立性の強い小農で、しかも流動的な自由な兼業農民だったと考えるべきだとも言っていた。彼のこうした意見は、私のわずかなアジア農村認識とも一致している。

そして、日本の「農民」、すなわち日本の小農制は、歴史的にも、制度的にも、東南アジアとも欧米ともかなり異なっている。

さてそこで最初の設問の「農民」の英訳である。

われわれの農民文学の「農民」は恐らく peasant に近いのだろう。しか

し、いま農民文学に関心を持ってくれるだろう若い世代の人たちにとっては peasant には実感がほとんどなくて、むしろ当然に farmers であり、しかし、それも少し違っていて agrarian がいちばんぴったりとくるのかもしれない。半農半 X などの主張への共鳴は、あるいはそのどれにもあてはまらない、東南アジア的な自由農のあり方に近いという事なのかもしれない。だから「農民」を peasant と訳すだけでは、なかなかこれからの先は見えてはこない。

　要するに結論は、適切な訳語は見当たらないということのようなのだ。むしろこの議論の面白さは、英語訳ということを通じて、「農民」という言葉に込められている多義性が、歴史的、地理的、文化的にいろいろな農民たちが様々に生きてきたという多義性、多様性が、プリズムの分光スペクトルのように鮮やかに示されるということにある。

　こうして私たちは改めて、「農民」とは何かというスタート地点の基本的な問に立ち戻る。

雑誌『農民文学』連載（316 ～ 325 号、2017 ～ 2020 年）

# 第9章　農本主義ふたたび
## ——家族農業＝小農制農業の思想論

## 1.「農業は農業である」——新しい農本主義の提唱

　第Ⅱ部では、有機農業・自然農法の展開を支える農業体制論として家族農業
＝小農制農業（百姓とムラの農業体制）の意義と可能性について考えてきた。
第Ⅱ部の最後にこの章では、そこに込められた思想論について少し述べてみた
い。結論を言えば、「農業は農業である」（守田志郎）という農本主義は、社会
にとってとても大切な考え方、思想であり、家族農業＝小農制農業を守り充実
させていくためには、農本主義の復権と未来に向けての豊かな再生が必要だと
いう主張である。

　農本主義とは「社会にとって農は欠かすことの出来ない価値のある営みだ」
という考え方で、「貴農論」とも言い換えられるしごくまっとうな社会思想で
ある。

　農本主義という言葉についての普通の解説は「農業は国の基だ」というもの
だろう。しかし、農本主義を国のあり方論、端的に言えば国家論の一変種とし
てとらえるこの解説はあまりいただけない。いまの時代状況の下で考えれば、
農本主義とは人びとの農業・農村との向き合い方、結びつき方を重視するとい
う考え方だという理解の方が大切で、そうした考え方を踏まえてこそ農の新し
い時代が開かれていく可能性があるのではないか。本章ではそんなスタンスか
ら農本主義について考えてみたい。

　農家が担う農業が社会の基盤となって以来、より明確に言えば、百姓とムラ
の農業体制の形成、すなわち家族農業＝小農制農業が農業の主要なあり方とし
て登場して以来、この考え方はいろいろな形で繰り返し語られてきた。

　上に紹介した「農業は農業である」という言葉は昭和・戦後を生きた農業思

想家の守田志郎さん（1924 〜 1977）の著書の題名である。この本が出版されたのは 1971 年（農文協）で、高度経済成長の絶頂期だった。商工業と大都市の大展開のなかで、すべての価値がそれを基軸に測られるようになり、農業のあり方も産業主義的方向への転換を厳しく迫られていた時期だった。1961 年には旧農業基本法が制定され、農業の近代化が謳われ、農業も自給的なあり方から産業的なあり方に転換させていくことが政策としても強く誘導されていた。守田さんはそうした時代風潮に抗して、いやちょっと待て、農業には農業の価値と論理と倫理があり、だから「農業は農業である」という考え方こそが正しいのだと解りやすい語り口で、自説を縦横に展開されたのである。私たちは守田さんのこの明快な論と出会い、驚き、そして納得した。

　少し遅れて経済学者の宇沢弘文さん（1928 〜 2014）は『「豊かな社会」の貧しさ』（1989 年、岩波書店）を書き、農業経済学者の大内力さん（1918 〜 2009）は『農業の基本的価値』（1990 年、家の光協会）を出版され、守田さんと同じような主旨の提言をされている。雑誌論文では、近代農政史研究者の楠本雅弘さん（1941 〜）が、1988 年に「新・農本主義」を提唱されている。それは「自力更生」「下からの運動」「仲間づくりと連帯」の３つを基本原理とする新しい農業・農村運動の呼びかけだった（『農業富民』1988 年４月号）。

　戦後生まれの農の思想家・宇根豊さんは、守田さんらの考え方を引き継いで農には農の価値と論理と倫理があると主張し、「新しい農本主義」を提唱され、それを題した手頃な本を３冊も続けて出版された。『農本主義へのいざない』（2014 年、現代書館）、『農本主義が未来を耕す』（2014 年、創森社）、『農本主義のすすめ』（2016 年、筑摩書房）。

　1999 年に、旧農業基本法は廃止され、新しく食料・農業・農村基本法が制定された。この新基本法では、旧基本法の「農業の産業化」主義は少し修正されて、「農業の自然循環機能」の維持増進が位置づけられ、農業が持つ「多面的機能の発揮」「食料自給率の向上」などが重要な政策目標として設定された。こうした新基本法の制定は、農政において「農本主義」の考え方が一部ではあるが公式に取り入れられたものとも理解できる。もっとも、国の農政はその少し後には（2010 年頃からは）、かつての旧基本法以上に農業産業化論が強調される「新自由主義」が基本となってしまっているが。

　以下では、農本主義という考え方の歴史における歩みを辿ってみたい。現代についてのこの節では、取り上げた論者の方々について、同じ時代を生きる方として「さん」付けで述べたが、次節からは歴史の事実の記述という意味で、昭和戦前期までの方々については敬称等を省くことにした。

## 2．農本主義思想の源流——安藤昌益の直耕の思想

　こうした農本主義思想は基本的には農に勤しむ農民たちの心の中にあった思想だから、文献等によってその源流を辿ることは難しいようだ。しかし、大方の理解では、江戸時代の中頃に秋田、青森で生きた安藤昌益（1703 ～ 1762）が提唱した直耕の思想がその嚆矢の位置にあるらしい。

　安藤昌益は現在の秋田県大館市二井田の豪農の家に生まれ、各地で学び修行し、青森県八戸市で医者として生き、晩年は生地の二井田に戻りそこでの農の再建、振興に尽くしつつ亡くなったと伝えられている。没後、地元の門人によって墓地に「守農太神」という石碑が建てられた。だが、その2年後に昌益の言動を嫌悪した人びとによって石碑は粉砕されてしまったと伝えられている。

　安藤昌益は歴史に埋もれてしまっていた人だったが、その後現代になって、彼の業績の発掘と再評価が進み、著作全集も 1980 年代に刊行されている（全21巻、農文協）。

　昌益のことが広く世に知られるようになったのはカナダの外交官だったハーバード・ノーマンさんが岩波新書で『忘れられた思想家——安藤昌益のこと』（上下、1950）を刊行してからだった。現在では昌益を紹介した本はいろいろに刊行されているが、それらを読んでみて、いちばん解りやすく優れた紹介はノーマンさんの著書のように感じられる。ノーマンさんは日本の民衆たちの営みをこよなく愛していたのだ。以下の紹介も主にノーマンさんの著書からのものである。

　　　「農者農而農也」（農ハ農ニシテ農也）

　これが昌益の言葉である。守田さんの「農業は農業である」となんとよく似

ていることか。農耕者として生きることが農民の道だとする言葉で、昌益は農業の第一義性を、そして人の道はここにこそあると説いている。

また昌益は次のようにも書いているという。

　　「農は直耕、直織、安食、安衣、無欲、無乱、自然の転子なり。故に貴からず賤しからず、上ならず下ならず、賢ならず愚ならず、転定に応じて私無き者なり」

　　「転定は自然の進退退進にして無始無終、無上無下、無尊無賤、無二にして進退一体なり、故に転定に先後有るに非らざるなり。惟自然なり」

「転定」という言葉は昌益の造語のようだが、前後の文脈からすれば「天地の大運行」といった意味のようである。ここでは農の大切さ、耕すことの重要性だけでなく、そこにこそ暮らしの永遠性があること、そして人びとの平等について強く主張し、それが自然の道なのだと述べている。

続いて、少し長くなるが昌益の漢文の言葉を、ノーマンさんの読み下した抜き書きから一部を転写しておきたい。

　　「自然の世は転定とともに人業行ふて転定とともにしてすこしも異わること無し。転定に春、万物生して花咲けば是れとともに田畑を耕し、五穀十種を蒔き、転定に夏、万物の育ち盛んになれば是れとともに芸ぎり十種の穀長大ならしむ。転定に秋、万物堅剛すれば是れとともに十穀を実らしめ之を収め取り、転定に冬、万物枯蔵すれば是れとともに穀（カラ）を枯らし実を蔵め、来歳の来穀の種を為し来穀の実成るまでの食用と為す。転定に又春来たり生じて花し夏盛んに秋堅剛に冬枯蔵すれば是れとともに種を蒔き芸ぎりして実り収め取り蔵しむることを為し、何時これが始まるとも無く何時にこれが終わるとも無く、真に転定の万物生ずる耕道と人倫直耕の十穀生ずるとともに行われて無始無終に転定人倫一和なり。転定も自然（ヒトリス）るなり、人倫も自り然るなり。故に自然の世と云うふなり。生死は十穀の実て枯れ枯れて実るに同理にして生じて人死して転定生まれて転定死して、男女は一真、自然の進退する常行なり」

　「中平土の人倫は十穀盛んに耕し出し、山里の人倫は薪材を取りて之を
　平土に出し、海浜の人倫は諸魚を取りて之を平土に出し、薪材十穀諸魚之
　を易（カエカエ）して山里にも薪材十穀諸魚之を食し之を家作し、海浜の
　人倫も家を作り穀食し、平土の人も相同ふして平土に過余も無く、山里に
　少く不足も無く、海浜に過不足も無く、彼（カシコ）に富も無く此に貧も
　無く此に上もなく彼に下も無く」

　上に転写した文章で、昌益が貴いこととして述べているのは、孜々（しし＝
誠実に）として四季の農事にいそしみ、大自然に依存し、じかに自然の気に触
れ、万象を実地に観察し、他人を担ってまで名利を求めず、相応に真面目に暮
らしを立て、そこに満ち足りた幸福を感じるような、つつましい人びとのあり
方である。

　昌益はこうした農民たちの暮らしのあり方にこそ社会の基本があるとして、
それ以外のすべての社会構成員の利益は農民のそれの次に置かれなければなら
ないと主張する。ここで、昌益は独立自営小農民の社会をはっきりと描き出し
ている。重農社会論である。

　昌益の重農社会論の特徴は、武士をまったく無用な怠け者、社会的に何ら有
用な機能を行わない単なる穀潰しだと言い捨て、したがって彼の社会改革案で
は何らの役割をもたない者として排斥しているところにある。ここにこそ昌益
の思想の真骨頂があり、そこでは独立自営小農民を基軸とし、かつ穀潰しの武
士階級が存在しない農本民主主義が構想されている。

　封建領主は社会的には何ら有用な機能を果たしていないから、領地も極小さ
くし、これを自分と家族で耕すがよいと言う。封建領主も小地主と大差ない地
位に下げた上で、なお能力があるなら地方の行政に参画するのも良いだろうと
する。失業者には小区画の土地を与えなくてはならないとも言う。そして、何
人も適度な衣食住を得れば足り、それ以上の土地を所有してはならない、とも
述べている。

　昌益のこうした農本民主主義の社会構想は、時代を250年ほど遡って「百姓
の持ちたる国」の志や実態がたしかに実現していたとされる山城国一揆や一向
一揆ともつながっていたと考えたい。

　昌益とほぼ同じ時代に生きたフランスの重農主義者ケネー（1694 ～ 1774）がいる。彼は「一国の富はその土地の肥沃度に比例する」「あらゆる消費のまたあらゆる富の根源、原理は土地の肥沃度であり、人は土地の生産物によってのみ生産物を増加することができる」と書いている。ノーマンさんは昌益の主張は重農論者ケネーの主張ととても似ていると述べている。

　昌益のこのような考え方は、小農制は制度として上から作られたのではなく、農の現場から下から徐々に作られてきたという歴史的経過をよく反映しているように思われる。

　このような重農主義の考え方は、ともすると農業独善主義にも陥りやすい。しかし、昌益はそうではなかった。昌益が生きた秋田、青森の地は蝦夷地とも近く、そこへの関心も強かったのだろう。蝦夷地事情、アイヌの人びとの暮らしぶりについて次のように述べているという。

　蝦夷地は山岳の多い土地で気候が至って寒く、五穀は生じない。しかし、魚の沢山棲む無数の河川が貫流しており、森林は深く果樹が多い。きわめて豊かで様々な天然の産物に恵まれた国である。日本人交易者は米や穀物をもって行って住民の魚や木の実などと交換する。島の奥地の住民は木の実や魚を食べて暮らしている。また蝦夷には熊などの野獣が沢山棲んでいる。そこで木の実や魚類のほか毛皮、乾魚、木彫、不思議な玉のような産物もあり本州から来る品々と物々交換される。

　蝦夷地の人びとの暮らし方への評価として次のように述べる。

　　　「今の世に夷地に於いて河に魚昇り其の近山に木の実あり。（中略）魚果
　　　を取り囲ひすなわち之を食し木の皮を以て衣を織り寒からず飢えず、是れ
　　　夷地自然に具る耕農業なり」
　　　「是れ神農の教も無く、聖人賢者も無く、上君無く、政事法度も無く、
　　　人人直耕直織して金銀の通用も無く、慾心も無く、乱世争戦の軍学書学問
　　　も無く」

　当時の日本人の一般が、軽蔑し劣等種族として扱っていたアイヌの人びとにこれほど率直な好意を表したということは注目すべきである。彼の思想には武

士への侮蔑はあるが、働く人びとへの尊敬と共感が基本としてあり、そこには農だけの独善性は感じられない。

## 3．江戸時代末期、そして明治期の農本主義

　日本民衆思想史の安丸良夫さんの『近代天皇像の形成』（1992、岩波書店）には幕末の前橋藩の農民闘争にかかわって永牢処分を受けた林八右衛門（1767～1830）という人の次のような言葉が紹介されている（「勧農教訓録」1821）。

　　　　農家の事は貧乏さへ防ぎたらば、一存にて何事も自由成るべし
　　　　唯我が家に居りて云い度儘の事を云いて済むは百姓斗（ばか）り也

　これは昌益の「農者農而農也」（農ハ農ニシテ農也）とはトーンがかなり異なるが、なんとも痛快な百姓宣言である。弾圧され、永牢となっていた百姓が、なおしぶとく放つこの豪快なことば。これもまた誠に誇り高き農本主義、その精神と言うべきだろう。

　安丸さんのこの本には、私たちの主題である百姓とムラの小農制というあり方の成熟に関して、もう一点、とても重要なことが述べられている。

　16世紀を境として日本人の宗教意識には大きな転換があったというのだ。この頃から庶民の家々が墓地や仏壇・位牌などを作り、祖先崇拝が重んじられるようになった。百姓の家々で先祖を祀る「祖霊観念」は16世紀の頃に一般化したという。人びとの宗教意識は、中世と近世では大きく違ってきていたらしい。

　ここにも歴史における百姓というあり方の、そしてその家のあり方の確立、成熟をみることができるように思う。

　そして時代は明治維新を迎える。明治維新は一つの大きな革命であった。制度として幕藩体制は廃止され、支配階級としての武士もなくなった。時代が転換し、社会体制も変わったのである。この点ではかつての安藤昌益の主張の一部はここで実現したとも考えられる。

　こうした明治維新の革命としての性格を巡ってはさまざまな見解があり、相

互に論争されてきた。いまその論争に立ち入ることはしないが、私の視点からすれば、明治維新は大革命であるにもかかわらず、尊皇攘夷などが厳しく語られるばかりで、当時の社会の一番の基盤だった農業についての尊重とより良い方向への改革という要素がほぼまったく現れていなかったことは強く指摘しておきたい。志士たちに農業改革の意志はなかったし、農民とともに維新をなし遂げようという気持ちもなかった。また、農業を大切にせよと主張する農民たちの主体的な参加もなかった。

　フランス革命と農業の関係について、本書第3章3．でマルク・ブロックの著書に依りながら少し紹介したが、その様子と明治維新は著しく違っていた。

　明治維新は成功し、徳川幕府を廃し、維新派は権力を握ったが、さてどのような社会を作っていくのかについては、予めの定見はほとんどなかったようだ。それが、文明開化、条約改正、殖産興業、富国強兵という方向に定まるのは岩倉具視、木戸孝允、大久保利通、伊藤博文らを代表とするアメリカ、ヨーロッパへの大使節団の帰国以降だった（1年10ケ月の長い視察を終えて1872年9月に帰国）。

　使節団は農業に関しては、欧米の畜力や機械力を使った大規模農業の様子を見て驚嘆し、帰国後、直ちに新しい勧農政策として大農方式の導入に取り組んだ。しかし、これは日本農業の特質や現状、その到達点などをまったく考慮しない、ただの思いつきにすぎず、北海道を除いて間もなく例外なくほぼすべての取り組みは失敗した。

　代わって採用されたのが、老農主導の伝統農法の改良であった。幕末の頃には各地の農業はかなりの水準にあり、先進技術、先進農法もさまざまに工夫されていた。それらの地域では、農業経営のそれなりの充実もあり、意欲ある担い手たちも生まれてきていた。そうした地域の農業展開を推進する優れた農家リーダーもいた。地域では敬意を表して彼らを老農と呼んでいた。国は、大農論から政策を大きく転換させ、各地の老農たちを農政の前面に引き出した。全国の老農たちを集めて「農談会」を開催するなど、彼らの活躍を促し、各地の経験を交流させ、小農主義の伝統農法の改良を進めていった。そこには地域の条件を活かした特産型農業への展開もあった。農業のあり方論に関してみれば小農制（百姓とムラの農業体制）の維持と充実が政策的にも確認されたという

ことだろう。

　農業についての国立の高等教育機関も農学校という名で創設された。北海道の札幌農学校と東京の駒場農学校の２校である。札幌農学校は北海道開拓を指導する学校としてアメリカ、カナダをモデルとした大農方式を教育方針としたが、駒場農学校は、イギリス、ドイツなどからの招聘教授による近代農学の導入を図りつつも、農場での実地教育の指導者には群馬の老農船津伝次平を採用し、伝統農法の改良を教えた。駒場農学校の卒業生たちは、卒業後は日本の農業、農政の指導者となっていった。明治・大正期の小農主義的農政論の中心的指導者となった横井時敬（1860 ～ 1927、東大教授、東京農大学長などを歴任）をはじめとしてその多くは、師である老農たちから引き継いだ小農重視の考え方を大切にした。

　明治期の農業は、国税確保を狙いとして、土地制度を私的所有に切り替えた地租改正を経て、伝統農法の高度化による明治農法を構築させるなど堅実に展開し、生糸、茶などの輸出で外貨を稼ぎ、殖産興業の土台をなしていった。しかし、そうした明治の農業は、国際経済の変動や松方デフレなどの過激な国内政策にも翻弄される。上向する農家もあったが、借金で苦しみ、没落する農家も続出し、明治の終わり頃には地主制農業が支配的な農業体制となってしまった。明治の小農たちは、真面目な努力にもかかわらず、日本の小農制は地主と小作という格差構造のなかに追い込まれ、農業、農村は、社会的貧困が集積する社会問題の場となっていってしまった。

　さて、そうした中で明治期の小農制の思想論、農本主義はどのように展開していったのだろうか。

　大きな著作としては、明治の終わり頃に新渡戸稲造の『農業本論』（1898）、河上肇の『日本尊農論』（1905）が出版された（新渡戸稲造 1862 ～ 1933、河上肇 1879 ～ 1946）。河上の本には横井時敬が序文を寄せている。

　内容としては両書ともに「貴農論」とも言うべき主張が展開されている。国家社会の発展にはバランスが不可欠で、商工業とともに農業の発展が是非とも重要だということが多面的に論じられている。両書ともに農業は産業として不可欠だというだけでなく、人と社会の基盤としてもっとも大切な営みで、その健全な担い手たち、すなわち多数の小農民たちこそが社会を支えていると力説

する。

　農業だけが重要だと言っている訳ではないが、日清・日露の戦勝に沸き、商工業と軍事優先にのめり込んでいく社会の風潮に強くブレーキをかけるものだった。この両書をもって明治期の小農制重視の思想論＝農本主義の到達点と位置づけることができるだろう。

　新渡戸は岩手県の出身で、札幌農学校の第2期生、内村鑑三と同期である。一高校長などを経て国際連盟設立時の事務次長を務めた。この稿との関係では、農山村について調査研究し、その意味などについて語り合う「郷土会」を1910年に組織し、自ら世話人となり、柳田國男が幹事を務めている（この会の設立は柳田の民俗学への道を助ける意味もあったようであり、新渡戸が国際連盟事務次長に就任するまで続き1920年に休止）。新渡戸はキリスト者（クエーカー）でエスペランティストでもあった。

　河上は山口県出身で、東大法科大学の学生時代に、内村鑑三や足尾鉱毒事件に強い影響を受けた。農政学から始めて経済学全般についての研究を進めた。貧困と格差の現実を見つめ社会の歪みを告発した『貧乏物語』（1917年）、『第二貧乏物語』（1930年）はベストセラーとなった。1920年に京都大学経済学部長を辞し、マルクスの『資本論』の翻訳に没頭し、また反体制の社会運動にも参加し1933年に治安維持法違反で検挙された。

　明治末から大正にかけての農本主義には重要なもう一つの流れがあった。幸徳秋水、片山潜らに始まり、石川啄木に至る社会主義、ナロードニキへの流れとしての農本主義である。

　明治維新後の社会運動としては自由民権運動があったが、それは憲法制定、国会開設という国政における大きな変化を作り出しつつ収束していく。この流れは、その後は新しい政党政治のステージへと移行していく。日清・日露の戦勝は世論の沸騰を広げたが、明治の中頃から深刻化した足尾鉱毒事件、無産階級の形成と労働争議などの新しい社会問題も作り出していった。

　そうしたなかで海外からの影響も受けながら社会主義への関心も芽生えていく。それは明治維新を経て、近代の明治という時代を生きた民衆たちの社会認識の模索と確立だったと捉えることができる。19世紀末頃には足尾鉱毒事件解決への世論は高揚し、国会議員だった田中正造は抗議の意思表示として議

員を辞職し、1901 年に天皇に直訴している。1898 年には、幸徳秋水、堺利彦、片山潜、木下尚江らによって社会主義研究会が設立される。日露戦争へと沸く時局のなかで、内村鑑三、そしてそれら新しく生まれた社会主義派の人々からの非戦の主張も表明されるようになっていく。

この辺りからマルクス、プルードン、バクーニン、クロポトキンなどの新思想が伝えられ、読まれ、日本の現実の社会問題と関連させながら熱く語られ始めたようだ。マルクスからは資本主義の仕組み論が、プルードンやバクーニンからは幅広い社会運動のあり方論、クロポトキンからはロシアにおけるナロードニキなどの農村での新しい取り組みなどが伝えられたのだろう。

政府はこうした動きを危険な動向としていち早く察知し、天皇制擁護、国体護持という大義名分を設定し、厳しい監視と弾圧体制への準備を開始する。1910 年に、天皇暗殺計画があったとして多くの社会主義関係者が検挙され、うち 26 名に死刑の判決が下り、翌 11 年には幸徳秋水、管野スガら 12 名が処刑された。大逆事件である。

全くの無実ということではなかったようだが、嫌疑内容の多くはでっち上げだった。フレームアップの大逆事件は、社会に強い衝撃と恐怖を広げた。幸徳秋水らの処刑の後に、治安維持、思想弾圧のための特別高等警察が設置され、1925 年には、男子普通選挙制度の施行とセットの形で治安維持法が制定される。大逆事件以降の民衆たちの社会運動、思想活動は、1945 年の第二次大戦敗戦までは、厳しい監視と弾圧・規制の体制下におかれることになった。

幸徳秋水（1871 〜 1911）は自由民権家の中江兆民の弟子で、日本の社会主義運動の期待される先駆けの一人だった。田中正造の天皇への直訴状は正造からの依頼を受けて秋水が書いたものだった。秋水はアメリカに渡り、そこでの経験のなかから無政府主権的社会主義へと傾斜していった。

秋水の助命のために、『不如帰』『自然と人生』などで知られた作家徳冨蘆花（1868 〜 1927）が、勇をふるって嘆願の声をあげた。処刑は強行されてしまったが、秋水を助けようとする蘆花の文章は多くの人びとの心に届いたものと思われる。

蘆花は、当時の著名なジャーナリスト徳富蘇峰の弟で、早い時期からトルストイに傾倒し、1907 年には都下千歳村に転居し（現在の芦花公園）晴耕雨読

の半農生活を始め、農の暮らしをスケッチした『みみずのたわごと』などを書いた。産業社会の一定の成熟を経た都市知識人の帰農の始まりであり、その動きは、その後の白樺派、武者小路実篤らの「新しき村」にもつながっていく。蘆花のこうした歩みも、その後の農本主義興隆の一つの源流となっていった。

　秋水は獄中で、自分の思想とその根拠を詳しく記した陳述書を弁護士あてに書いた。公判では読み上げられたらしいが、公表はされなかった。石川啄木(1886～1912)は、ある伝手から直後にその陳述書を借り出し、筆写し、大逆事件の真相と秋水の思想の真髄を知った。

　秋水が処刑された同じ年に啄木は長編詩「はてしなき議論の後」を書き、評論「時代閉塞の現状」を書いた。「はてしなき議論の後」は「されど、なほ、誰一人、握りしめたる拳に卓をたたきて、'V NAROD！'と叫びいずるものなし」という言葉で終わっている。

　啄木は1908年に第一歌集『一握の砂』をまとめた。そこにはいまもよく知られている次の歌も収録されている。ふるさと岩手県渋民村での暮らしへの深い思いが記されている。


　　はたらけど／はたらけど猶わが生活楽にならざり／ぢつと手をみる
　　ふるさとの訛なつかし／停車場の人ごみの中に／そを聴きにゆく
　　ふるさとの山に向かいて／言うことなし／ふるさとの山はありがたきかな


　啄木の社会主義への関心はその頃からだったようだ。幸徳秋水の思想に強く共鳴していたようで、その流れからロシアのナロードニキの思想家クロポトキンの著作も読むようになっていたらしい。ナロードニキは和訳すれば「人民のなかへ」、あるいは「人民とともに」となり、封建体制、君主や貴族の支配が崩れていく時代にロシアの青年知識人たちの心を捉えた思想運動のことであり、トルストイもその流れの一人とされている。

　啄木にとって決定的な出来事は大逆事件であり、秋水の最後の陳述書の筆写だったのだろう。

　啄木は秋水の最後の陳述書とそれに関連したクロポトキンの論文、それへの啄木の注釈を「A LETTER FROM PRISON」として公表した (1911年5月)。

結核による 26 歳での逝去の前の年である。

　現在では、社会主義と言えばレーニンが主導した 1917 年のロシア革命によっ
て作られた社会主義のことと理解するのが普通になっているが、1917 年のロ
シア革命以前は、したがって幸徳秋水や石川啄木の時代には、日本ではレーニ
ンの名はあまり知られてはおらず、その後、無政府主義という言葉で括られる
ようになる、プルードン、バクーニン、クロポトキンなどもマルクスとの横並
びの社会主義者、革命家として理解されていた。そして、秋水に強い影響を与
えていたロシアのナロードニキの思想家、クロポトキン（1842 ～ 1921）に啄
木も強く惹かれていたようだ。

　後に述べるがロシアのナロードニキの思想と運動は、昭和戦前期の日本の農
本主義の一つの源流となっている。それは幸徳秋水、石川啄木、そして大杉栄
などによる紹介と論説に端を発していたものと考えられる。1918 年には米騒
動が富山から全国に広がった。これが大正、昭和前期における日本の民衆運動
の大きな起点となるが、これも辿れば、秋水や啄木らの思いともどこかで呼応
するものだったと考えられる。

## 4．昭和戦前期の農本主義（1）「もつれ」と「呪縛」を解くために

　さて、いよいよこれから大正時代から昭和戦前期にかけての農本主義につい
て述べることになる。

　社会において農業こそ大切なのだ、農業と農民は守られなければならないと
いう考え方が農本主義という名称で積極的に論じられ、人びとの行動にも影響
を与えたのはこの時代であり、農本主義と言えばまずこの時代の農本主義を取
り上げるのがいちばん普通のあり方である。

　しかし、本章ではそうした議論の形をとらなかった。それは、この時代の農
本主義論を巡ってはかなり深刻な「もつれ」や「呪縛」があり、「もつれ」を解き、
「呪縛」から離れていくにはかなりややこしい論義が必要で、戦後 70 年余を経
たいまの時点で農本主義を前向きに論じていく方法としては、この時代から始
めるのは適切ではないと考えたからである。

　「もつれ」「呪縛」と書いたが、端的に言えば「農本主義は戦前の日本ファシ

ズムの温床だった」「日本ファシズムの思想的基盤には農本主義がある」「農本
主義には無政府主義の色が濃く、無政府主義は暴力的直接行動へと突き進む体
質がある」といった考え方である。こうしたとらえ方、より端的に言えば「農
本主義は悪であり、危険であり、そのことは歴史的に証明されている」という
認識は、日本の戦後の言論界では、すでに論じる必要もない当たり前のことと
して扱われてきた。

　たとえば、本章の最初に新しい時代の農本主義の代表的例として守田志郎さ
んの「農業は農業である」という言葉を紹介したが、守田さんはご自身を農本
主義者と位置づけられることを嫌っていた。また、先に明治期の農本主義の到
達点として新渡戸稲造と河上肇の著書を取り上げたが、その二著はともに「明
治大正農政経済名著集」（農文協刊）に収録され、その解題をお二人の著名な
農政学者が書いておられる。その両方の解題で、この著作を農本主義の書と読
むのは間違いだと注意書きがつけられている。小さなことであるが、私自身
にかかわっても、2000年に書いた論文で「社会の農本的構成」という表現を
したことがあったが、すぐに親しい先輩から、「農本」という言葉は使わない
方がいいと忠告をいただいた。いずれもその理由についての具体的な説明はな
かった。こうした状況のなかで、改めてポジティブな文脈からこの時代の農本
主義を語るのはなかなかしんどいことだという思いがある。

　そこで本章での論義の運びとして、農本主義についての本章の始めに書いた
ような理解を前提として、まず、現代を取り上げ、続いて江戸時代の源流を扱い、
明治期を辿り、最後に大正・昭和戦前期の農本主義について考えるという形を
とった。しかし、最後のこの節でも、この時代の農本主義の「もつれ」や「呪
縛」は大きく重く、いまの私の力ではそれについて十分に論じきることはでき
そうにない。問題が複雑なのでどうしてもややこしくなるとは思うが、この節
では私なりの理解を率直に述べてみたい。

　この「農本主義は戦前の日本ファシズムの温床だった」「日本ファシズムの
思想的基盤には農本主義がある」「農本主義には無政府主義の色が濃く、無政
府主義は暴力的直接行動へと突き進む体質がある」といった強い社会的固定観
念が作り出されるきっかけとなったのは丸山真男さんの「日本ファシズムの思
想と運動」（1947年、『現代政治の思想と行動』1957年所収）という論文だった。

丸山さんはそこで「日本ファシズム運動のイデオロギーとしての特質として農本主義的思想が非常に優位を占めていた」と断じた。戦後 2 年目、まだ日本ファシズムの体験が生々しい時に、この論説が発表され、論壇にきわめて大きな衝撃を与えた。

　いまこの論文を読み返してみると丸山さんは、日本ファシズム運動の構造と特質について、それなりに丁寧に論じており、それほど単純なことを書いている訳ではない。上に紹介した農本主義は危険思想だといった社会の固定認識は、この論文に衝撃を受けた論壇、読者が一人歩きした形で作っていった極論だったと理解すべきなのだろう。だが、この時代の農本主義論をめぐる「もつれ」と「呪縛」はこの丸山論文から始まっている。

　そこで「もつれ」と「呪縛」を解きながら、この時代の農本主義の動向や意味を素直に理解していくために、若い読者には煩雑と感じられるだろうが、丸山さんの論文の要点を紹介しながら考えることにしたい。

　丸山さんはこの論文で、「日本ファシズム論」ではなく、「日本ファシズム運動」について思想論の視点から論じるのだと限定して論を立てている。日本ファシズムは最終的には軍部ファシズムとして国家体制として展開してゆく。だがこの論文では国家体制としての日本ファシズムではなく、それを作り出していった主に民間側からのファシズム運動に議論の対象を限定すると明記されている。

　丸山さんは日本のファシズム運動は 3 期に分けられるとしている。第 1 期は第一次世界大戦後の 1918 年頃から 1931 年の満州事変まで、第 2 期は 1931 年から 1936 年の 2.26 事件まで、第 3 期は 1936 年から敗戦の 1945 年までとする。第 1 期はファシズム運動の準備期間で、社会主義思想の広がりに対抗する形での右翼運動の台頭期、第 2 期はファシズム運動の成熟期、第 3 期は日本のファシズムの完成期。第 3 期には日本ファシズムは、軍部主導の上からの国家ファシズムとして激しく展開し社会を覆っていく。この段階では民間の下からのファシズム運動ももう終止符が打たれていた。という次第で、丸山さんの日本ファシズム運動についてのこの論文では、結局のところ第 2 期が主な対象とされている。

　第 2 期は、満州事変から血盟団事件、5.15 事件、2.26 事件と、民間の過激派と一部の軍人（いわゆる青年将校たち）が結びついたテロルとクーデターの企

てが続いた大きな転換期であり、右翼のイデオローグたちとそれに追随する活動家たちが、さまざまに活躍し、それを支えるものとして多様な論義が交わされた。

　第1期ではバラバラに並立していた右翼のイデオローグたちは、第2期になると組織的統合を志向するようになり、その過程で、権藤成卿、橘孝三郎、加藤完治などの農本主義者の何人かが右翼のイデオロギー的組織において中心的人物となっていった。

　先に書いたように丸山さんはこの論文で、日本のファシズム運動は、思想面からみると農本主義との繋がりが深いと述べるが、かといってこの時代の農本主義そのものについて体系的に論じている訳ではない。だからこの論文からこの時代の農本主義論の全体像を知ろうとしてもそれはないものねだりだということになる。

　何故この時代に農本主義が盛んに、そして熱く、多方面から論じられたのだろうか。

　それはこの時代は、農業、農村が深刻な危機に陥っていたからだった。すでに書いたように、日本農業は明治期の終わり頃には地主制体制下におかれるようになっていた。多くの農民たちは高率の小作料の負担に苦しむようになっていた。いわば封建的収奪の再来である。加えて、そこに世界恐慌が襲いかかり、昭和農業恐慌と言われる事態に見舞われるようになる。多くの農家、農村は、膨大の借金を抱えて没落の淵に追い込まれていた。各地で小作争議なども頻発していた。

　「危機の農民、農村を救え」は当時の社会正義の人びとの共通した課題となってきていた。農本主義はそうした社会状況と向きあう思潮としてさまざまな場でさまざまな形で登場していった。当時の農家、農村の実情については猪俣津南雄の踏査報告『窮乏の農村』（1934年）に詳しくレポートされている。猪俣はこの頃よく知られた左翼の論客だった。

　こうした社会的危機の中で、危機打開は朝鮮、中国への進出しか道はないのだと、国を挙げての、軍部も先頭に立ったキャンペーンが繰り広げられた。

　民間では、農本主義者として著名となっていた加藤完治は、危機の中にある青年たちを満州開拓へと駆り立てていた。農本主義によって農民たちの意識を

盛り上げ、危機脱出の出口として満州開拓があると煽り立てるというやり方
だった。

　そうした状況を示す一例として、当時石川県の農村にいた石堂清倫さんの回
顧（1930年頃）の文章と出合ったので次に参考として掲げておく（『わが異端
の昭和史』勁草書房、1986）。


　　「事変前の1年は軍部の満州侵略カンパニアの1年であった。これに対
抗する動きが何もなかったことが特徴的だった。

　　7月ころでなかったかと思うが、公会堂で、在郷軍人会の時局講演会が
あった。講師は東京から派遣された少佐であった。少佐は日本農村の不況
を慨嘆し、思いきった土地改革なしには農村の救いがないと断言した。

　　しかし、日本は山国であって耕地はいくらもない。これを平等に分配
しても、1戸あたりの農地はしれたものである。仮にそれが5反歩になる
としよう。5反歩で食ってゆけるか。もっと着眼を変えなければならない。
はやい話がとなりの満州だ。あの沃土を日本農民に分配しようではないか。
諸君はかならず10町歩の地主になれるのだ。しかし、そのためには、天
皇を中心に国民が団結しなければならない。上に天皇を戴く土地革命のほ
か日本に救いはない。講師は聴衆を十分に沸かすことが出来た。

　　それはまったくのデマゴギーである。しかも地主制とたたかっている耕
作農民を対外侵略支持、それと同時に君主制擁護に引きつけるという意味
でかなり有効なデマゴギーであった。左翼の敏感な対応はほとんどないよ
うである。デマゴギーだとして無視するのは敗北主義にすぎない。

　　郷土の師団が満州に送られると、このデマゴギーがふかく農村をとらえ
たように見える。石川県のように、ほとんど農民闘争の経験ないところで
は、社会主義の宣伝などは、動員でけしとんでしまった。農民組合運動の
水平線ははるか彼方に没してしまい、川合たちもすっかり農民からとり残
されたように見えた。満州占領で地主になれるわけがないことを農民が体
験するまでに、これからどれだけの時間がかかるか、見当のつかないこと
であった。」

　丸山真男さんは、当時のこうした社会状況のなかでの日本ファシズム運動について次のように指摘している。

　　「日本のファシズム運動が前に申しましたように、昭和５・６年ころから急速に激化した最も重要な社会的要因は、1929 年に始まった世界恐慌が、日本にあっては就中農業恐慌として最大の猛威をふるつたことにあります。（中略）ファシズム運動の激化、昭和６年以後相ついで起つた右翼テロリズムが就中こうした農村の窮乏を直接的な背景にしているのはいうまでもありません」

　丸山さんは、それに続けて、1932 年の 5.15 事件における陸軍側被告後藤映範の公判記録から次の陳述を抜き出している。

　　「農村疲弊は心ある者の心痛の種であり、漁村然り小中商工業者然りです……軍隊の中でも農兵は素質がよく、東北農兵は皇軍の模範である、その出兵士が生死の際に立ちながら、その家族が飢に泣き後顧の憂ひあるは全く危険である……財閥は巨富を擁して東北窮民を尻目にかけて私欲を逞うしている、一方東北窮民のいたいけな小学子弟は朝食も食べずに学校へ行き家庭は腐った馬鈴薯を擦って食べているという窮状である、之を一日捨てて置けば一日軍を危険に置くと考えたのである」

　昭和農業恐慌の深刻な社会的危機があり、そのなかで日本のファシズム運動は熱狂的とも言える社会的支持のある社会運動として広がっていった。社会的危機とそれらの運動展開をつなぐ思想論として農本主義が取り込まれていったという構図である。農本主義者が主導した危機打開をめざす農村自救運動も各地で多彩に展開していた。
　丸山さんはこうした時局認識を踏まえて、日本ファシズムのイデオロギー的特質として、「家族主義的傾向」「農本主義的思想の非常な優位」「大東亜主義に基づくアジア諸民族の解放」という３点を挙げ、とくに２番目の「農本主義的思想の非常な優位」についてこの論文でかなり詳しく論じた。

　しかし、この時代の農本主義の実態はたいへん多様で、右派だけでなく左派
からの論義もあった。また、農本主義は民間の自生的な思想だから統一的見解
があったわけでもない。ファシズム運動の指導者も多彩だったが、農本主義者
のありようも多彩で、両者は重なるところもあったが、互いに離反することも
少なくなかった。丸山さんはこうしたことについてはきちんとは注記せず、右
派に位置付く農本主義の論者から主に権藤成卿（1863 ～ 1937）と橘孝三郎（1893
～ 1974）の二人を取り上げ、思想論としては権藤の「社稷」を軸とした論を
中心にその農本主義について検討している。

　この時期には、さまざまに並立した農本主義者たちの間には、議論の整理や
組織的結集も必要だとする機運も生まれ、そこでは権藤のイニシアティブが重
要な役割を果たし、「日本村治派同盟」がつくられた。だが、この組織も堅く
強い組織ではなく、すぐに内部分裂し、相互に離反していったようなのだが。

　丸山さんは権藤の論の中から次のような一節を抜き出している。

　　　「社稷とは各人共存の必要に応じ、まず郷邑の集団となり、郡なり都市
　　となり、一国の構成となり ‥‥‥ 各国悉くその国境を撤去するも、人類に
　　して存する限りは、社稷の観念は損滅を容るすべきものではない」

　ここで「社稷」とは、この時期に権藤とその支持者たちが好んで使った言葉で、
「社」は土地、「稷」は五穀のことで、村々での自給的自立的な暮らし方、その
社会体制を意味していた。

　権藤の「社稷」社会論は、中央集権的な国家論に強く反発した反国家論であり、
現代的な言い方をすれば、地域の共同体を基軸とした地方重視の社会論である。
権藤のこうした論をいま読めば、地方を重視した地方自立的、地方分権的な社
会論であり、それなりにまともな、そしてこの時代としては先駆性のある社会
認識であり、極端な歪んだものではない。なお、権藤は社会論、歴史論につい
て多く論じているが、農業自体については特段の議論は提示していなかったよ
うだ。

　その一方で、日本ファシズムは、激した青年将校たちと民間右翼の過激分子
の合作による血盟団事件、5.15 事件、2.26 事件などのテロルとクーデターを経

て、軍部主導のファシズムへと展開していく。それは天皇制を軸とした軍部独裁の中央集権を過激に志向した統制的社会体制を作っていった。そうした第3期の日本ファシズムの方向は、権藤の反国家主義的な「社稷」社会論とは大きく食い違っていた。

　現実の政治過程において、日本ファシズムと直接的に強く繋がった農本主義者は橘孝三郎だった。橘は、井上日召（日蓮宗僧侶）らの過激ファシズムのオルガナイザーからの熱心な働きかけもあり、また、彼が主宰する愛郷塾の農民同志たちからの衝き上げもあり、一部の青年将校による5.15事件の決起に民間人として参加し（変電所爆破、ただし橘本人は、当日は現場におらず、すでに渡満していて決行には参加していない）、その後の裁判においては自分こそこの事件の主犯であり、その目的は窮乏する農村を守ることだったと主張し、無期懲役の刑となった（1940年に特赦で釈放）。

　ここで丸山さんは、橘に象徴されるこの時期の人びとについて次のように書いている。

　　　「いわゆる急進ファシズム運動——血盟団より二・二六に至る——の運動形態に見られる顕著な特質‥‥‥それはこうした運動の実践的担当者が最後まで大衆的組織をもたず、また大衆を組織化することにたいした熱意も示さずむしろ少数の「志士」の運動に終始した」

また、橘の「日本愛国革新本義」にある次の言葉も紹介している。

　　　「斯様な国民社会革新はただ救国済民の大道を天意に従って歩み得る志士の一団によってのみ開拓されるという一大事（中略）かような大事をただ一死以て開拓するなどといふ志士の一団」

さらに橘のこうした考えと呼応するものとして古賀海軍中尉の次のような陳述も紹介している。

　　　「我々はまず破壊を考えた。我々は建設の役をしようとは思わなかった。

ただ破壊すれば何人かが建設の役をやつてくれるといふ見通しはあった。
（中略）われわれが戒厳令の布かれる如き状況にもつて行けば、荒木陸相
を首脳とする軍政府が樹立され、改造の段階に入ると信じた」

　5.15や2.26などのテロルやクーデターの決起とはおそらくそういうことだっ
たのだろう。だがこういう志士的な過激派の心情と一般的な農本主義の思想論
とは馴染まない。それは農民の思想ではなく、むしろサムライ主義や武士道に
おいて普遍的にみられる心情ではないのか。確かに橘は当時の著名な農本主義
者だが、彼の5.15事件への参加が、農本主義の故だと考えるのは短絡的である。
前に書いたように橘は、どういう訳か5.15の少し前に満州に渡っており、当
日の事件に変電所爆破を実行したのは彼の同志の愛郷塾の数人だった。橘の思
想には、農本主義だけでなく、志士気取り的な、あるいはサムライ主義、さら
には策士的な体質も色濃く内在していたと見るべきではないか。後に彼は、公
判の場で5.15の首謀者は自分だと陳述していたようだが、命がけのテロル、クー
デターの首謀者が、当日は、現場におらず、一人満州に行っていたというのも
不可解である。直情的な思い詰めた当事者という心理とも少し違っていたよう
だ。
　こうしたサムライ主義的な考え方は、その後、上からのファシズムとして「戦
陣訓」などの形で恐怖の思想として社会を支配していく。
　丸山さんは、農本主義には全く共鳴感を示さず、その思想的問題点を鋭く衝
くが、農本主義にも紛れ込んでいた志士気分の武士道などについてはほとんど
批判を向けていかない。日本ファシズムの思想的清算のためには、農本主義よ
りむしろ武士道、サムライ主義への批判が先行されるべきだと思うのだが。こ
れは蛇足だが、丸山さんのその後の『忠誠と反逆』（1992年）などを読むと、
彼は武士道にはかなり深い親近感を持っていたようだ。農本主義への冷ややか
な対応となんとも対比的である。
　こうした橘らの志士的ヒロイズムによる決起に対して、権藤は、そんな決起
は止めるべきだと強く働きかけをしていたようだ。その理由は、いまそんな決
起的行動に立てば、彼らの農村自救の運動は潰されてしまう、時間をかけて幅
広い運動を志向すべきだということのようだった。

　権藤らが提唱した農村自救運動に関しては、飯米闘争という形で、議会への請願も含めて大きな社会運動となっていた。1932年には農村救済を課題として臨時議会が数次にわたって開催され、そこに10万筆を超える請願署名が提出された。請願運動の声明書には次のように記されていた。おそらく権藤が書いたものだろう。

　　「吾人の希望するところは、農業を業として確認せしめ、社稷体統の本則にのっとり、農民生活の安泰を確保せしむるにある。農は国民の生活を託するところ、農業亡びて国民の生存あるなし、また国は国土と人によってなり、その基礎体をなすものは農村である。従っていう、農亡びて国なしと、内外の危機を打開する道は一に農村の振興にある。

　　わが国体は建国のはじめから社稷体統の公同自治を奉じてきた。（中略）わが古制は地によって戸を配し、地と農戸を連結不動のものとした（中略）社稷体統のわが国としては、農民生活の安泰は、いかなることがあっても、これを冒すことなく、冒したものは古来ことごとく誅伐された。（中略）

　　まずその第一歩として、農業を保持し、農業を維持して行くに必要な限度の毎年の食糧米、1人当たり1石、生糸、雑穀はこれに相当する額、および家屋、衣類、役畜に対しては、一切の差押えを禁止する法律案の発布を乞うものであって、同時に生活の維持に必要な耕地の差押え、小作人の土地立入り禁止などをも廃止せんとするものである。これにより農業は辛じて破壊を免れ、農民は漸くにして露命をつなぐことができる。これは農民としてはその生命線であり、これをしも拒まるるならば、農業も農民も滅亡の外なく、国脈もまた絶えるであろう」

　こうした権藤らの農本主義的主張と、5.15事件参加の橘の志士的行動は明らかに食い違っており、それを同一線上の同類の思想として論じるのが間違いなのは明らかだろう。

　日本ファシズム運動を主導した思想論として、丸山さんはむしろ、農本主義ではなく国家専制主義的志士的行動を強く志向した北一輝などへの批判的検討へと導くべきではなかったのか。このあたりに農本主義と日本ファシズム運動

の関係についての丸山さんの論説には世論に対する明らかなミスリードがあったように思われるのだ。

　加えて「呪縛」について一言補足したい。農本主義は無政府主義とつながることが多いとされる。そこでの「無政府主義」という言葉のイメージにかかわる「呪縛」である。現実に使われている「無政府主義」という言葉には、「過激」「無法」「暴力」などがつきまとうことが多い。しかし、これらはほとんど根拠のない作られたレッテル張りだと言わざるを得ない。

　日本の無政府主義を代表する人として大杉栄やその妻の伊藤野枝をあげることに多くの人は同意されると思う。大杉は、多才で、豪放さと繊細さを併せ持つ魅力的な人だったらしい。

　その大杉と妻の伊藤野枝、甥のまだ幼い橘宗一は、1923 年関東大震災の直後に、憲兵大尉の甘粕正彦らに東京の自宅近くで待ち伏せされ、憲兵隊司令部に連行された。そこで甘粕らにさんざんに暴行され、あげくに、甘粕の手で扼殺された。遺体は裸にされ、菰に包んで裏の古井戸に投げ込まれた。古井戸には馬糞や煉瓦を投げ込まれ、埋め隠された。間もなくこの事件は発覚するが、発覚後も甘粕は、大人は殺したが、子どもは殺していないと、平然と嘘を言い張っていた。

　無法な暴力主義は、大杉と甘粕のどちらだと言うのだろうか。

　血盟団事件、5.15 事件、2.26 事件、こうした連続したテロル、クーデターの首謀者はいずれも軍人や志士気取りのサムライ主義の人たちだった。社会的暴力は、国家、あるいは国家主義の側にあったというのが歴史の事実ではないのか。

　対するに大杉らは、紳士的な文化人と言うべき人たちだった。その頃は、議会制度は始まっていたが、初期の帝国議会であり、社会主義や無政府主義は、政府によって厳しく監視され、出版や結社は事実上禁止されていたのだ。

　その大杉らに「無政府主義者」との名が付される。するととたんに彼ら彼女らに「過激」「無法」「暴力」のイメージが張り付いていく。何とも理不尽な「呪縛」ではないのか。

　先に紹介した権藤の「社稷社会論」は、丸山さんが適切に規定したように「農本的無政府主義」であり、それは言葉の正しい意味での無政府主義であり、国家よりも地方での暮らし方＝「社稷」が大切だとする落ち着いた考え方である。

それはラディカルではあるが、サムライ的な浮遊した過激思想ではない。同じ頃に伊藤野枝も自治と相互扶助のむらはとても温かな人間的な社会だと、権藤と似た論を表明していた。

　昭和戦前期の農本主義を考える際には、私たちはこのような言葉のイメージの「呪縛」からも離れなくてはならないと思う。

## 5．昭和戦前期の農本主義（2）　そのさまざまな広がり

　あまりにも長くなるので、昭和戦前期の農本主義論にかかわる「もつれ」と「呪縛」についての私なりの整理はここまでにしたい。この時期の農本主義の、幅広いあり方、その多様な展開についての紹介に移ろう。

　3．の終わりに、明治の終わりから大正にかけての頃、ロシアのナロードニキ運動の影響が日本の言論界にも及んでいたと述べた。石川啄木の「‘V NAROD！’と叫びいずるものなし」という詩もロシアの無政府主義革命家クロポトキンに連なるものだったし、大逆事件で死刑を宣告された幸徳秋水の助命嘆願をした徳冨蘆花は、トルストイに傾倒し、帰農し半農生活に入った著名な文学者だった。

　帝政ロシアにおけるナロードニキ（人民の中に）は、農奴解放令（1861年）後の農村の混乱と苦しみを救おうとした都市の知識青年たちの運動だった。運動それ自体としては成功はしなかったが、その後のロシアの革命運動の一つの起点となった。当時のロシアの都市知識青年とはおおよそは貴族階級の出身者だった。彼ら彼女らが自らを振り返りつつ農村の貧困と隷属に向きあおうとしていた。私たちにとってこの点が重要だと感じる。時代は、日本の明治維新やフランスのパリコミューンなどと重なっていた。

　日本の明治維新は、武士を担い手とする革命だったが、前に書いたように、彼らは農業、農村にはほとんど関心を向けなかった。安藤昌益が激しく批判したように、武士階級は農民から年貢を取り立てて、それで暮らす「穀潰し」だったが、明治維新を作り出した志士たちには、そのことに痛みを覚えるような社会的感性、原罪意識は育ってはいなかった。

　日本の都市知識青年たちにナロードニキの心が伝播したのは明治の終わり頃

からで、大正時代にはかなり幅広くその意識は定着していった。石川啄木らがその最初の一群だった。

1918年には東大に新人会が組織されるが、そこでの旗印は「ヴ・ナロード」（人民の中へ）だったという。東大新人会の活動は10年間続き、1929年に解散に追い込まれる。その10年。大正期から昭和のはじめ頃の時代に、新人会は日本の人道主義運動、社会主義運動のとても重要な揺籃の組織となった。

先に関東大震災の直後に、そのどさくさのなかで、東京で大杉らが甘粕憲兵大尉らに扼殺されたことを書いた。多くの朝鮮人の虐殺もあった。軍部などからの煽動の下で政府権力の側ではその時にそのように動いたのだが、その一方で、大震災の被災地支援は、ナロードニキの都市の学生たちの大きな取り組みとして広がった。

震災の翌日にはキリスト教系の社会運動家賀川豊彦が被災現地に駆けつけている。東大構内は、被災者たちの避難所となっていて、賀川とともに、そして法学部の末広厳太郎、穂積重遠教授らとともに新人会の学生多数が救援に取り組み、それがその後セツルメント活動に発展した。セツルメント活動の対象地は主に東京の下町地域だったが、その流れは農村にも向かっていった。

当時の東大生のかなりの部分は地方名望家や地主階級の子弟で、学生たちの間ではトルストイがよく読まれていたらしい。トルストイ、クロポトキンらを通してのナロードニキの影響は、大正期のヒューマニズムの人道主義、理想主義の思潮を作り、それは農本主義ともつながっていった。地主階級の一員であることへの知識青年たちの原罪意識が、日本ではこの頃に広がっていったという点に注目しておきたい。

トルストイの影響はとても大きかった。徳冨蘆花はトルストイに惹かれて帰農したと書いたが、都市知識人たちの間で帰農の動きが始まり、広がったのもこの時代の特徴だった。

実は先の橘孝三郎もその一人だった。橘は、資産家生まれの秀才で、一高に進学したが人生に悩んで中退し、1915年に茨城の常盤村の実家に戻り、帰農し、荒れ地を懸命に開墾した。3haから始めた農場は7haへと広げられ、そこに橘の兄弟姉妹、友人たちも参加し、「兄弟村農場」（6家族約30名）が拓かれていく。その経営内容は、雑草活用も重視した有畜複合農業であり、畜産、畑作、

水田作、花卉などがバランス良く組み合わされていた。そこで作られていった
農業の水準はかなりのものだったようだ。

　橘は、トルストイ、ミレーなどに惹かれ、キリスト教からも強い影響を受け、
カーペンターやクロポトキンの理論にも教えられたという。丸山さんの論文に
はそうした農を愛する橘の次の言葉も紹介されている（『日本愛国革新本義』）。
前半は自然の下での勤労、農への讃歌であり、後半は、その思いを国家のあり
方論へと広げている。橘らしい農本主義の言葉である。

　　　「頭にうららかな太陽を戴き、足大地を離れざる限り人の世は永遠であ
　　ります。人間同志同胞として相抱き合ってる限り人の世は平和です。
　　　然らば土の勤労生活こそ人生最初の拠り所でなくて何でしょうか。
　　　事実上「土ヲ亡ボス一切ハマタ亡ブ」
　　　実に農本にして国を始めて永遠たり得るので、日本に取ってこの一大事
　　は特に然らざるを得ないのであります。日本は過去たると現在たると将た
　　また将来たるとを唱はず、土を離れて日本たり得るものではないのであり
　　ます」

　この時期の都市知識人たちの帰農に関しては、武者小路実篤（1885 〜 1976）
らの「新しき村」がよく知られている。

　1918 年、「新しき村」は、階級支配のない理想の村（同人たちによる集団農場）
として宮崎県木城村に拓かれた。その後、同村の多くがダム建設で水没するこ
とになったので、1939 年に埼玉県毛呂山町に移転し、そこにも新しい農場が
拓かれた。武者小路は村の創設から 6 年間村民として農耕にも参加し、その後
は支援者としてその取り組みを支えた。

　武者小路は、自然主義を提唱した文学者で、1910 年に、志賀直哉、有島武
郎らと雑誌『白樺』を創刊した。彼らは白樺派と呼ばれ、大正デモクラシーの
文芸として、社会に大きな影響を与えた。民芸運動の柳宗悦などもその仲間だっ
た。そこでの象徴的な原点がトルストイであり、彫刻家のロダンであり、思想
的にはそこからナロードニキへとつながっていた。

　武者小路が会員としてかかわっていた頃の初期の「新しき村」は、農場＝農

業集団としての充実はなかったようだが、その後は、宮崎でも埼玉でも、自然
と暮らしを大切にした堅実な農業が続けられ、現在にまで共同農場として継続
されている。

　武者小路らの『白樺』は文学運動として著名だが、農本主義に関係しては、
もう一つの動きとして犬田卯（しげる・1891〜1957、茨城・牛久）らの「農
民文学」への取り組みがあった。犬田らの「農民自治主義」や「農民文学」の
ことは本書第 7 章「農民という言葉を振り返って」の 4．で述べたので参照し
ていただきたい。そこでも紹介したが、犬田は次のような言葉を遺している。

　　「粗衣粗食、泥と汗、茅屋と貧窮——そうしたことは、敢えて苦にする
　　に足りない。ただ、自由でありたい。支配を受けたくない。（中略）他を
　　扶け、他に扶けられ、相共に自然より賦与せられているところのものを残
　　さず発揮したい」（『土にひそむ』1928 年）

　犬田はこうした思想を「農民自治」という概念の下での社会的な取り組みも
進めようとしていた。これは先に紹介した権藤の「社稷社会論」、組織的には「日
本村治派同盟」につながるものだった。犬田の同志には埼玉・南畑村の渋谷定
輔（1905〜1989）その妻渋谷黎子（1909〜1934）もいた。渋谷には『農民哀
史　野の魂と行動の記録』（勁草書房　1970）という大部の記録文学や、『農民
哀史から六十年』（岩波新書　1986）がある。犬田も渋谷もアナキスト系の農
民運動家で、左派の人だった。

　この時代の農本主義の大きな一群には農林省の官僚たちがいた。
　農林省は、1925 年に、農商務省が商工省と農林省に二分されスタートし、
1978 年に農林水産省と改称された。そうした農林省の発足時から求められて
いた社会的役割は、貧しさの中にあった農業、農村問題の解決だった。時代は
昭和農業恐慌に突入し地主・小作関係の解決、農村負債問題の解決、協同組合
の組織化、信用・共済・保険事業の創設などが差し迫った課題となっていた。
　農業・農村を貧しさから救いたい、明るく豊かな農村を築きたいと社会正義
に燃える若い官僚たちがその難しい課題に取り組んだ。それは明治の終わり頃
に農商務省の官僚として、農業・農村問題の解決にこそ農政の課題があるとし

た柳田国男らの流れを汲むもので、こうした課題意識とそれへの姿勢がその頃の農林省の省風となっていった。

　中心になって推進したのは石黒忠篤（1884〜1960）、小平権一（1884〜1976）、そして若い東畑四郎（1908〜1980）らだった。

　石黒は七高、東大というコースから農商務省の官僚になった。七高時代に二宮尊徳のことを知り、できれば自分も百姓として生きたいと考えた。しかし、華族の出であることからそれは無理と諦め、ならば「百姓の世話をする仕事をしたい」と思いを定め農商務省を選んだとのことである。石黒は、家督の相続に際して、子爵の爵位は、軍医だった父がその仕事を評価されて与えられたもので、自分の仕事に対してではないという考えからそれを返上している。

　小平は、長野の山村の兼業農家の出身で、まず一高工科に進んだが、中退し東京帝大農科大学に入り直し、さらに同大法科大学に進み、農商務省の官僚になった。1917年のロシア革命にも強い関心があったようだ。一高生の時の校長は新渡戸稲造で大きな影響を受けた。また新渡戸と札幌農学校の同期だった内村鑑三にも強く惹かれ、小平は無教会派キリスト者となり、リベラルな見地を堅持して、私欲を捨てて、民衆のために生きることに生涯をかけた。

　昭和初期の農林省では、石黒農政課長、小平農政課小作室長というコンビで、小作問題、負債整理問題に取り組み、さらには自救自律の村づくりを理想として、農山漁村経済更生運動を主導した。敗戦直後、松村謙三農相が誕生し、農地改革の断行が宣言されると、その4日後には「農地制度の改革に関する件」という建議が大臣に届けられる。その時それを届けた農政課長が東畑四郎だった。

　小平らは、農村の実情把握に努め、自らも地方を歩いたが、それだけでなく部下には「草鞋組」という愛称で現地調査を強く奨励した。また、現地農民からの直接の通信も歓迎した。観念的な行政官ではなく、現地の状況を詳しく調べ、下からの視点を重視した。石黒、小平は、若い官僚たちについて、農山村の現実を肌で知ることが大切だと考え、まずは地方営林局に赴任させた。東畑四郎も、入省後、熊本営林局、秋田営林局の配属となり、官僚としての歩みを始めている。

　東畑はその頃の自分たちの考え方について次のように回顧している。

　「私たちの農本主義は、英語でいう"ペザンティズム"であって、貧乏
　な零細農耕制をどうしてゆくのかということであった。（中略）経営規模
　を変えないで、反収を上げてゆく、そして貧乏なお百姓さんたちの生活を
　向上してゆく、こういう零細農耕を基盤とした日本農業の発展をはかると
　いうことであった。これが当時の"農本主義"であった」

　ペザンティズムは直訳すれば小農主義ということなのだ。こうした言葉の英
訳については第8章第11．に少し書いたので参照いただきたい。

## 6．むすびに

　本章のバランスとしては、4．昭和戦前期の農本主義（1）の解説があまり
にも長くなりすぎてしまった。読みにくかったと思うがご勘弁いただきたい。
　本章では、日本農業の主な担い手は、これまでも、現在も、そして将来も、
家族農業＝小農であり続けるだろう、という認識を前提に、そうした長い歴史
的視野からの小農制論についての思想的背景として農本主義を幅広く捉えて、
その歴史的経過を振り返ってきた。
　そこに貫かれてきた思想は、農業は社会においてとても大切な営みであり、
そこには豊かな社会に向けての大きな可能性がある、農業を中心的に担ってき
たのは農民と村であり、それは大切にされなければならない、そこには農とし
ての独自の価値と論理と倫理があるという農的人道主義の考え方である。
　こうした考え方は、ごく常識的なものであり、あえて農本主義という括り方
をしなくてもいいのかもしれない。私自身は、農本主義という言葉にはそれほ
どの執着はない。しかし、遡れば300年も前の東北農村で生きた安藤昌益の「直
耕」の直言から、今日まで、いろいろな場面で、様々な言葉で繰り返し、語り
続けられてきた農についての草の根の思想を、「農本主義」として、一貫した
ものとして振り返えることが出来るのは、なんとも痛快なことだと感じている。
　私もこのことを、そしてこうした思想のありかを若い世代に語り継ぎたいと
いう思いから、まことにたどたどしくはあったがこの章を書いた。

〈参考文献〉

安藤昌益研究会（1986）『安藤昌益全集（全21巻）』農文協

石川啄木（1978）『時代閉塞の現状、食うべき詩　他』岩波文庫、岩波書店

石堂清倫（1986）『わが異端の昭和史』勁草書房

伊藤野枝（1921）「無政府の事実」『大杉栄・伊藤野枝選集第１巻クロポトキン研究』
　　黒色戦線社1986に収録

犬田卯（1928）『土にひそむ』不二屋書房（筑波書林ふるさと文庫に１〜４として
　　収録1982）

犬田卯（1958）『日本農民文学史』農文協

猪俣津南雄（1934）『踏査報告　窮乏の農村』改造社（岩波文庫に収録1982）

宇沢弘文（1989）『「豊かな社会」の貧しさ』岩波書店

宇根豊（2014a）『農本主義へのいざない』現代書館

宇根豊（2014b）『農本主義が未来を耕す』創森社

宇根豊（2016）『農本主義のすすめ』筑摩書房

大内力（1990）『農業の基本的価値』家の光協会

大杉栄（1986）『ザ・大杉栄──大杉栄全一冊』第三書館

大竹啓介（1984）『石黒忠篤の農政思想』農文協

大和田啓氣（1981）『秘史　日本の農地改革──一農政担当者の回想』日本経済新
　　聞社

小畑精武（2020）「東京下町の労働運動と東大セツルメント」『現代の理論　デジタル』
　　2020年春号第22号

大森美紀彦（2010）『日本政治──権藤成卿と大川周明』世織書房

河上肇（1905）『日本尊農論』（明治大正農政経済名著集第６巻1977、農文協）

楠本雅弘（1983）『農山漁村経済更生運動と小平権一』不二出版

楠本雅弘（1988）「『よろこびの農業』のネットワークをつくろう」『農業富民』
　　1988年9月号

幸徳秋水（1903）「社会主義真髄」（『社会主義　現代日本思想体系15巻1963、筑摩
　　書房）

幸徳秋水（1906）「一波万波　ほか」（『アナーキズム　現代日本思想体系16巻1963、
　　筑摩書房）

斎藤之男（1976）『日本農本主義研究──橘孝三郎の思想』農文協

渋谷定輔（1970）『農民哀史──野の魂と行動の記録』勁草書房

渋谷定輔（1986）『農民哀史から六十年』岩波新書、岩波書店

渋谷黎子（1978）『この風の音を聞かないか──愛と闘いの記録』家の光協会

住井すゑ（1995）『わが生涯』岩波書店

滝沢誠（1971）『権藤成卿』紀伊國屋新書、紀伊國屋書店

東畑四郎（1980）『昭和農政談』家の光協会

東畑四郎（1981）『東畑四郎「人と業績」』東畑四郎記念事業実行委員会

徳富健次郎（1913）『みみずのたわごと』（岩波文庫上下1938）岩波書店

新渡戸稲造（1898）『農業本論』（明治大正農政経済名著集第7巻1976、農文協）

ハーバート・ノーマン（1950）『忘れられた思想家　　安藤昌益のこと（上下）』岩波新書、岩波書店

保阪正康（1974）『五・一五事件――橘孝三郎と愛郷塾の軌跡』草思社（筑摩文庫に収録2019）

前田速夫（1913）『「新しき村」の百年』新潮新書、新潮社

丸山眞男（1947）「日本ファシズムの思想と運動」（『現代日本の思想と行動』1957、未来社所収）

武者小路実篤（1977）『新しき村の創造』（大津山国夫編）冨山房百科文庫

守田志郎（1971）『農業は農業である――近代化論の策略』農文協

安丸良夫（1992）『近代天皇像の形成』岩波書店

山下一仁（2017）「日本農政の底流に流れる"小農主義"の系譜」RIETI Discussion Paper Series 17-J-040　（独）経済産業研究所

# 第 Ⅲ 部　旧稿再録

## はしがき

　本書は私の有機農業や自然農法についての最近の技術論・農業論をまとめた
ものだが、そこに至るには私なりの歩みがあった。本書に示した最近の私の考
えを理解していただくには、その曲折した歩みの経過についてもある程度は
知っていただくことが必要かと考えて、私の論の節目となった旧稿のいくつか
を第Ⅲ部として再録することにした。

　私の有機農業論のこれまでの取りまとめとしては『有機農業の技術とは何か』
（農文協、2013 年）、『有機農業政策と農の再生』（コモンズ、2011 年）、『有機
農業がひらく可能性』（中島外共著、ミネルヴァ書房、2015 年）などある。ま
た、有機農業関係ではない私の研究の足取りについては『野の道の農学論』（筑
波書房、2015 年）にまとめておいた。

　しかし、これらの旧著には収録できなかったが、私の歩みとしては思い出深
い論考もある。本書にはそれらのなかから 4 編を収録することにした。

　第 10 章の除草技術論は、私が有機農業関連で初めて書いた論文である。筑
波大の助手をしていた頃で、もう 35 年も前のものだが、いま読み返してみると、
私の農業技術論の基本はこの段階でもかなりしっかりと示されており、自分と
しては感慨深く、また少しほっとしている。掲載雑誌が、農業系の雑誌ではな
く『消費者問題調査季報』であったことも当時のこととして思い出である。こ
こで書いた除草技術論のその後の展開については本書第 4 章 2. に「除草から
抑草へ、そして雑草を活かす農業の模索へ」として書いた。述べている論理は
ほぼ一貫していると思う。この章の元論文の執筆と雑誌掲載については、学生
時代からの友人で生協人として生きてこられた笹野武則さんにお世話いただい
た。

　第11章、第12章は、20年前、鯉淵学園から茨城大に移る頃のもので、11章は農村社会論、12章は農法構造論で、かなり大きな視点から私の考え方をまとめたものである。この2つの論文とそこに至る約10年の私の歩みについては、故宇佐美繁先生にお誘いいただきその共同研究に参加できたことがとても大きな幸いだった。茨城大に転じてからの私の研究は主に有機農業論、自然農法論となっていったが、それはこの2つの論文に結実した総論的所見を前提とした、現実対応の、いわば各論としての展開だった。さまざまな紆余曲折のあったそれらの各論的研究の取りまとめが本書の第Ⅰ部、第Ⅱ部なのだが、それと出発点にあったこの2章で示したかつての総論がどのように整合しているのかどうか。本書の刊行は、この点に関する自問自答の現時点での中間的整理という意味もあった。なかでも第11章の農村市民社会論と第Ⅱ部の家族農業＝小農制農業論との整合性は大課題で、これについては、まだ自分として十分に納得できるものとして煮詰まりきれていないことは自覚している。

　第13章は、本書の中心課題である「自然共生型農業」の政策的提起にいたる著者としての模索の過程を示す記録の一つとして再録した。本書での中心的課題として掲げた「自然共生型農業」という提起は、大きく見れば環境農政のあり方、展開方向として述べたものである。それは、私自身の歩みとして振り返れば「環境保全型農業」、そして「環境創造型農業」などについての提案の線上の展開であった。そこでは、農業を環境視点からみると、本城昇さんと故足立恭一郎さんの所論に学びつつフローとしての意味とストックの積み増しという意味の2つの重なりがあり、フロー的効果の享受が同時にストック的積み増しにつながるような政策論の展開が必要だという考えに基づいている。ここではそうしたストックを「地富」と呼んで「国富」の基礎に位置づけたらどうかとも提案している。

　関連して2011年に刊行した『有機農業政策と農の再生』（コモンズ）の第6章には有機農業推進法の制定という状況の大きな変化を踏まえて、次のように記してみた。

　「環境保全型農業が有機農業を包摂するというのがこれまでの農水省の対応だったが、今日の時代状況のもとでは、有機農業が環境保全型農業を包摂するという整理もあってよいのではないか。そして後者こそ、国民一般の見方に近

いのではないか。国民世論は環境保全の個々の側面への支持というよりも、安全で健康な食べものを求め、化学肥料や農薬の使用に支えられた近代農業とは違った自然共生型農業への切り替えを望んでいると考えることもできる」

　本書では「農業と自然」の関係性という視点から「自然共生型農業」そして「自然と共にある農業」という方向を提起したが、それは当然に「環境農業政策」という狭い枠組みに止まるのではなく、農業全体についての総合的あり方論としての提案である。そこでは狭義の「環境農業政策」を超えていくことも意図している。そうした全体性をもった方向への選択こそが多くの国民の期待するところだというのが私の考えである。

　これは本文の始めに記したように本城さんと故足立さんによる「有機農業と緑の消費者運動政策フォーラム」の提言に触発されたものである。記して感謝申し上げたい。

# 第**10**章　除草技術論
## ——最近のパラコート剤問題と除草技術の構造

## 1．はじめに

　「毒入りドリンク剤」事件の多発は 1985 年犯罪史の特徴点の 1 つだった。事件は 38 件、13 名死亡（11 月現在）という規模に達しており、社会的犯罪論の面からの緊急かつ本格的な検討と対策実施が待たれている。だが同時に、「毒」の中味のほとんどすべてが「パラコート剤」という農林水産省認可の市販農薬（除草剤）であってみれば、事件多発についての農薬論、農業技術論の側からの検討も欠かすわけにはゆかない。

　この事件に関して、農業界の一部からは事件の理由に「農薬（パラコート剤）悪玉論」が言われるのははなはだ迷惑だ、との声もあがっている（日本農業新聞 1985、松中 1985）。しかしむしろ、今回の事件多発の技術的、社会的背景にはパラコート剤それ自体がもつ農薬としての問題性もあったと考えるべきで、上記の見解はパラコート剤の農薬としての問題点を隠蔽するだけでなく、このことを通して「ドリンク剤」事件への対策を混乱させるものと言わざるを得ない。農薬業界としては今回の事件を苦い教訓として、パラコート剤とそこに典型的にあらわれている農薬問題にメスを入れることが求められているのである。

　本章では以上のような立場から、まず農薬問題としてのパラコート剤の問題点について検討し、つぎにパラコート剤使用の実態とその背景にある除草技術の構造について、減農薬（減除草剤）農業への展望とも関連させつつ概観することにしたい。

　なお本章は石原八重子氏と著者が世話人をしている「減農薬農業を考える会」での討論を参考としてとりまとめたものである。討論会に参加された方々からの資料提供も含むご協力に感謝したい。

## 2．農薬としてのパラコート剤の位置

まずパラコート剤のアウトラインを確認することから始めよう。

パラコート剤は 1961 年にイギリスの ICI 社で開発され、日本では 1965 年に農薬登録された非選択性、接触型の除草剤である [1]。散布されたパラコート剤は植物の茎葉から体内に浸透し光合成系を破壊することによって植物を枯死させるが、効き方は速効的（散布後 1 ～ 2 日で枯死）で、とくに植物の地上部に対する効果は劇的である。また、土壌に接触するとすぐに不活性化する、魚毒性が低いなどの性質も持っている。畑 10a の除草のためには 200 ～ 300cc の原液を要する。日本では現在、日本農薬、武田薬品、大塚化学薬品の 3 社から「グラモキソン」「パラゼット」などの商品名で販売されており、価格は 500cc ビンで 1,300 ～ 1,400 円と比較的安い。

1984 年 9 月末現在で、農水省に登録されている農薬の商品銘柄は、総数で 5,398 件、内除草剤は 561 件にのぼっている。パラコート剤としては前記 3 社の銘柄が登録されている。しかし、パラコート剤の位置は 5,398 件中 3 銘柄、あるいは 561 件中の 3 銘柄といったものではなく、今日の農薬、ことに除草剤全体を代表するような中心的位置にある点に注目しなければならない。

**図 1** は 1965 年農薬登録以来のパラコート剤の出荷動向等を示したものだが、84 農薬年度についてみると、出荷量 6,016kl、出荷額 146 億 7,904 万円で、除草剤総出荷額の 13.8％を占めており、群を抜いて第 1 位である。図にみられるとおり登録後 4 年目の 69 年には出荷額で除草剤総額の 10％を超え、70 年代以降は一貫して 15％前後の水準を維持している。除草剤は農薬としては後発の部類で、60 年代までは農薬総出荷額の 20％程度という状況であったが、70 年代に入ると 30％水準へと急増する。この急増の主要な中味がパラコート剤の伸びであった。

このようなパラコート剤の圧倒的な位置は、まず第 1 にパラコート剤の除草剤としての有用性を物語るが、同時にこの除草剤が農薬業界にとってきわめて大きな位置を占める商品であることも示している。前者については本章の後段で検討するが、後者について述べれば、問題は現状における出荷額の大きさだ

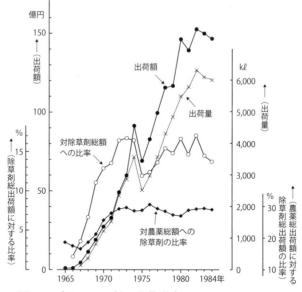

**図1 パラコート剤の出荷動向** (資料：各年次『農薬要覧』)

けでなく、商品としての息の長さも重要だと考えられる。すなわち新しい農薬を開発するためには平均的にみて約10年の開発期間と約30億円ほどの開発経費（製造プラントの建設経費などを除く）を要すると言われており（佐々木1984）、開発商品の販売期間は農薬企業の経営にとって大問題となる。この点でパラコート剤が除草剤総出荷額の1割以上という水準で15年間にわたって販売され続けてきたということの経営的意味はきわめて大きいと思われる。

　だが、パラコート剤の農薬全体に占める位置の大きさは、こうした出荷量等にかかわる点だけではない。パラコート剤は今日における農薬の危険性を突出した形で代表しており、この点にパラコート剤のもう一つの独自の位置を見なければならないのである。

　農薬中毒の現状については、農水省が実態把握にきわめて消極的なため十分に論じるだけの資料を欠いているが[2]、たとえば全国農協中央会が1978年に全国24道府県2万7,262人の農民を対象にアンケート調査を実施したところ、過去1年間に農薬中毒にかかった経験のある人はなんと22.8％におよんでいたとのデータもある。

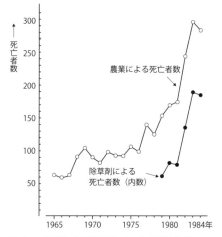

**図2　農薬（除草剤）による死亡者**（自殺者を除く）

資料：各年次厚生省人口動態統計
　　　1965〜1967年は、国際基本分類番号E888.6の「農薬用有機リン製剤」の死
　　　1968〜1978年は、国際基本分類番号E865.2の「農薬」の死
　　　1979〜1984年は、国際基本分類番号E883の「肥料以外の農業用及び園芸用
　　　　　化学物質及び製薬製品」の死

　60年代までの水銀剤、パラチオン剤、BHC、DDT等による農薬中毒死、農薬公害の深刻化という苦い経験を経て、70年代以降農薬全体をみれば次第に毒性の低いものへと転換されつつあり、それ故現在は低毒性農薬の時代だとも言われている。しかし、いわゆる低毒性農薬の普及のなかで農薬使用量はかえって増加の傾向にあり、農薬使用者の中毒事故は全中によるこの調査結果に示されるように蔓延しているとさえ言うべき状況となっているのである。

　なかでも重大なことは死亡事故の増加である。これについては一応、厚生省の人口動態統計があるので、自他殺を除く農薬の死亡事故の推移を**図2**に示した。この統計は医師による死亡診断書の死因の記述を集計したものなので、複合的な慢性中毒の事例などは数値に含まれにくいだろうし、農薬散布作業とのかかわりなどの事故の背景もわからないが、事故発生の傾向は知ることが出来る。

　**図2**によれば76年度までの死亡事故数はほぼ年100人以下であったが77年以降急激に増加し、最近公表された84年の統計では285人（男185人、女100人）となっている。問題はこうした急増の原因や背景である。この統計では79年

から死因の分類区分が詳細化され、農薬の類型別死亡者数を知ることができるようになったが、それによれば除草剤による死亡者の比率はきわめて高く、全体の1/2から2/3までを占めているのである。たとえば84年の場合は、186人で65%であった。この統計からは、事故原因となった除草剤の種類別の数字まではわからないが、**図1**と**図2**とがよく重なることや、各種の状況証拠からみて、除草剤による死亡事故の決定的部分をパラコート剤が占めていることは確言できる。

　こうした状況はパラコート剤の特別な毒性に起因するものと考えられるので、つぎにこの点を中心にパラコート剤の農薬としての問題性について検討しよう。

## 3．農薬としてのパラコート剤の問題性

　パラコート剤による中毒については、経皮性（皮膚からの吸収）の急性中毒、慢性中毒、催寄性などについての症例も報告されるようになっているが、とりあえずの中心問題は経口性（飲み込んだ場合）の急性毒性である。パラコート剤が農薬登録された当時、マウスに対する急性経口毒性 LD50（マウスが50％致死する薬量）は 195mg/kg 程度とされ、毒物劇物取締法上は劇物に指定されていた。ところがその後中毒事例が多発したためか78年に毒物に指定変更され現在に至っている。ちなみに83年1月現在の毒性区分別の農薬成分種類をみると、特定毒物2種（0.5％）、毒物11種（3％）、劇物78種（22％）、普通物251種（73％）、計342種となっている [3]。

　パラコート剤の急性経口毒性 LD50 については、最近では 100mg/kg 程度だとする資料もみられるが、いずれにしろこの程度の毒性をもつ化学物質は農薬としてはそれほど珍しくはない。たとえば「劇物」は一応 LD50 で 30 〜 300mg/kg とされているから、上述のような現行の農薬でいえば78種がほぼパラコート剤なみの毒性をもっているということになる。しかし、中毒患者の治療にあたっている医師たちは共通してパラコード剤の恐ろしさはとてもその程度ではないと主張する。

　一般にパラコート剤の人間に対する致死量は 10 〜 15cc 程度とされており、マウスに対する LD50 からの推定と概ね合致している。しかし、人間の場合に

は事故が発見されれば中毒に対する治療がなされるから、毒性の程度だけではなく、治療法、解毒法の有無が大問題となる。ところが、パラコート剤の場合には有効な治療法、解毒法がないのである。そのため、助命の可能性は応急治療の早さや的確さとはあまり関係がなく、とにかく飲み込んだ量が決定的な問題だとされている。しかも、その量についても、医師たちの実際の臨床経験からすれば5cc程度であっても助命はきわめて難しいという。この点について臨床医師の黒田義則氏は次のように述べている（黒田 1985）。

　　「私が経験した症例は40歳の男性で、本年8月、自殺の目的でパラコートをさかづき1杯服用した。4時間後、家人に付き添われて来院した時には嘔吐（おうと）することもなく、むしろ空腹を訴える程度で、診断上まるで異常は認められず、健康人そのものに見えた。私は昭和46年にも誤飲によるパラコート中毒患者の悲惨な末路を目のあたりにしたことがあったので、ことの重大さに驚き、直ちに大学病院に転送して、血液透析、開腹して腸管内洗浄、ステロイド（副じん皮質ホルモン）、利尿剤、点滴等考えられるかぎりの強力な治療を施したが、5日後に呼吸困難、肝臓・じん臓の障害を来し死亡した。初診時との変わりようは、信じられないくらいだった。（中略）
　　最初健康そうに見えるだけに、症状が徐々に悪化し、喉（のど）をかきむしりながら死に至る様は、患者にとっても家族にとっても地獄絵図である。有効な中和剤はなく、治療は血液透析が行われている。欧米では肺移植さえも行われた例があるが、あまり効果は認められていない。悪化の一途を医師であっても切歯扼腕（やくわん）しながら見守るほかはない。効き目のあまり期待できない保存薬を施し、いささかな効果を上げようとするも、結果は傍観しているのと同じになる。」

　農薬会社の資料等には「応急処置を誤ると生命にかかわる」と書かれているが、以上の点からすれば虚偽の記述と言わざるを得ない。「この農薬は有効な解毒法がなく、ごく少量飲んでも命はまず助からない」と書くべきである。こうした特異な毒性をもつパラコート剤が、どこの農家にも置かれているという

状態があるわけで、その意味でこの事件は農民における農薬中毒死の急増という事態と同根のものということができる。

こうした状況にかんがみ、85年10月に開催された日本農村医学会総会ではパラコート剤を特定毒物に指定すべきだとの勧告が採択された。また、筑波大学臨床医学系の内藤裕史氏らは、24%あるいは38%の現行原液濃度を5%の顆粒剤に改めて販売すべきだと提案されている。いずれも理にかなった提案であり、関係当局の敏速な対応が強く求められているのだが、同時に、このような問題をもつ農薬が危険性に関して有効な対策がとられないままに、20年にわたって登録・認可され続けたことの妥当性についてもその責任が厳しく問われなければならない[(4)]。

現在、日本で販売されている農薬は農薬取締法の管理下に置かれている。そこで、安全性において上述のような問題点をもつパラコート剤の登録農薬としての存在と農薬取締法との整合性を点検してみると、少なくとも次の2点に法的疑義を指摘できる。すなわち法第1条と第2条2項5号についてである。

第1条では農薬取締法の目的の1つとして、「農業生産の安定と国民の健康の保護に資すること」が挙げられている。したがって、個別的事項については合法的な農薬であっても、その販売と使用によって「国民の健康の保護」に大きな障害が生じた場合には、その農薬は農薬取締法に抵触することになる。ここで「国民」とは当然ながら農薬使用者たる農民も含むから、先に紹介した自他殺以外の農薬死の実態はこの点に該当すると考えられる。

第2条では農薬を登録する際の申請項目等が規定されているが、第2項5号は「人畜に有毒な農薬については、その旨及び解毒法」となっている。この項は1948年の法律制定時には「人畜に有毒な農薬については、その旨および解毒剤の名称（解毒剤のない場合にあっては、その旨）」となっていたものが、63年の改正の際に上記のように改められ、括弧内の但し書きが削除されたという経緯をもっている。したがって、有効な解毒方法のないものは登録できないはずであり、現状のパラコート剤はこの点でも登録農薬として重大な法的欠陥をもつと言わなければならない。

このようなパラコート剤の農薬登録は現行法においても法的疑義が指摘できるものだが、同時に現行の農薬取締法は、農薬使用者にかかわる安全性の確保

については著しく配慮を欠くという、法律それ自体の欠陥についても指摘して
おかなければならない。この法律は戦後の混乱期に、単なる小麦粉を DDT と
偽って販売するといった事態を取り締まるための法律として制定された。そこ
で導入された取り締まり手法は販売農薬と製造、輸入、販売事業者の登録・認
可制であったから、それは必然的に「農薬業法」とでも言うべき性格も合わせ
持つことになった。その後いわゆる農薬公害の深刻化のなかで、農産物への農
薬残留と環境（土壌・水系）汚染防止についての諸規定が、63 年と 71 年の改
正で接木的に付け加えられた。先に一部引用した第 1 条（法の目的）も 71 年
改正で新設されたものである。

　だが、これらの改正では農薬使用者にかかわる安全性の確保については、な
んら前進的な規定は加えられなかった。たとえば、登録条項の審査基準にして
も、農薬会社側が規定（自主申告）した使用方法に従って、危険防止方法を講
じてもなお人畜に危険を及ぼすおそれのある場合には、登録を保留し、改善を
指示できる（第 3 条 1 項 3 号）、というのが現行法の規定なのである。

　しかし、そこには農薬の使用実態を踏まえて安全策を講じるという姿勢はみ
られず、これでは農薬事故における農薬会社の責任を免罪することはできても、
農薬使用者にかかわる安全性を社会的に確保することはできない。たとえば、
極言すれば原子力などについてさえ一応の危険防止方法はあるとされているの
だから、危険防止方法についての内容規定を欠くこの条項はそれ自体としては
ほとんど有効性をもっていない。問題とされるべきは、無前提な危険防止方法
ではなく、農民が通常実施している危険防止方法（農薬の保管および使用にお
ける）を講じた場合における危険の有無なのである。

　このような主張に対しては、農薬は元来有毒物なのだからそれにふさわしい
扱いをするのが当然で、不適正な使用方法によって事故が生じたとしても、そ
れには制度上の責任はないという反論もあるだろう。たとえばパラコート剤は
500 〜 1000 倍に希釈して、人体に触れないように散布するものであって、原
液のまま飲んで死亡したからといってもそれは農薬取締法とは関係のないこと
だ、といった反論である。

　しかし、この種の反論は皮相なものと言わざるを得ない。農薬事故の実態を
みれば、農薬会社が指示した使用方法を厳守してもなお慢性中毒等が発生して

いるという報告も少なくないのであり、こうした事例はとりあえずおくとして
も、散布中に転倒して農薬を浴びるといった事故は、農業においては残念なが
ら通常起こり得る事態と考えなければならないのである。さらに原液取り扱い
中の事故などを想定することも難しくはない。

　このように農薬は、化学薬品について十分な知識や資格をもった人間が一定
の条件の備わった特定の事業所内で使用する有毒物ではなく、一般の農民が条
件の整っていない一般の農業現場で使用する、いわば一般大衆消費財的な性格
も持つ有毒物なのである。したがって、それについての安全性の確保には一般
大衆消費財的な社会的措置が必要となる。農薬の安全対策は、農業、農家の現
場における実際の使われ方、保存のされ方とその幅を前提として、それでもな
お安全なものとして措置されなければならないのであって、現行法にみられる
農薬会社が指定した使用方法ではすまないのだ。

　パラコート剤に象徴される農薬事故の多発という今日の事態は、使用者にか
かわる安全性の確保に関して上述のような視点を欠いた農薬取締法とそのもと
での農薬行政から必然的に結果する構造的なものと考えることができる。した
がってこうした点については早急に法改正を要求したいが、その場合「農薬業
法」的性格をもつ現行法の改正には限界があろうことも指摘しておかなければ
ならない。

　日本の戦後の産業政策の基本的パターンは業界法→行政指導→業界団体とい
う体系であり、農薬業もその一例なのだが、この体系は業界団体が自主規制と
いう形で行政指導を受け入れる見返りとして一定の行政的保護、優遇を受ける
という、行政、業界相互のいわば持ちつ持たれつの構造的関係によって支えら
れている。そのため、この体系下では業界側が一方的に「不利益」を被るよう
な施策は体系全体に対する不協力を業界側に惹起しやすいので実施されにくい
という傾向をもつ。たとえば、先に紹介したパラコート剤を「特定毒物」に指
定せよという農村医学会の提言は、この措置が実際には使用禁止と同じような
結果を生むものなので農薬業界側の抵抗はきわめて大きく、それ故に農水省も
消極的となる。

　農薬の安全性の問題は業界の利益等とはまったく別個に、時にはそれと衝突
してでも追求されなければならない問題なのだから、上述のような体質をもつ

現行の法体系とはなじみにくい。したがって安全性の確保に関する法改正は、現行の農薬取締法とは別に体系的な新法の制定という形が望ましいと考えられる<sup>(5)</sup>。

　以上、安全性の社会的確保という面から、農薬としてのパラコード剤の問題性について検討してきたが、最後にパラコート剤の有用性と普及の実態について、現代日本農業における除草技術の構造との関係から考えてみたい。

## 4．パラコート剤と除草技術の構造

　農業において除草労働は最も厳しいものの1つであり、それ故戦後の除草剤の開発は農民解放の指標とさえされてきた。**表1**は各種作物の除草労働時間の年代別推移を示したものである。除草労働時間の絶対的な減少だけでなく、作物ごとの総労働時間に占める比率においても著しい減少を確認できる。戦後、農業技術は各分野で長足の進歩をとげたが、除草作業に関してみれば、技術開発はほぼ除草剤だけに限定されてきたので、この省力効果のほとんどは除草剤が担ってきたと考えてよい。

　この点にとりあえず除草剤の有用性と社会的意義を確認することが出来るのだが、しかし、それは除草技術としての除草剤の唯一絶対性を証明するものではない。洋の東西を問わず農業の長い歴史の中で常に技術の基本的な柱となってきたのは、農地の地力維持と雑草防除の2つであり、それ故、各国、各地の農業はそれぞれ伝統的除草技術の蓄積をもってきた。日本も決して例外ではなく、**表1**に示した1960年段階（除草剤がまだ普及していない時期）における除草労働時間は、雑草に対して無策のままに草取りに追われる様を示している訳ではない。

　当時、雑草対策は、栽培技術全体のなかに多面的に組み込まれており、それによって雑草の発生は予め抑制され、その上でさらに独自の雑草対策として表示のような「除草労働」が投下されていた。さらにその場合の「除草労働」は、いわゆる草取り（手取り除草）だけを意味していない。通常の「除草労働」はむしろ「中耕・除草」、すなわち土寄せなどの栽培期間中のうね間の耕耘という形で現れることの方が多かった。いわゆる草取り（手取り除草）は、このよ

## 表1　各種作物の10a当たり除草労働時間の推移

（　）内は総労働時間に占める比率

| 年次 | 水稲 | | 小麦 | | サツマイモ | | 大豆* | | 落花生 | | 夏秋ナス | |
|---|---|---|---|---|---|---|---|---|---|---|---|---|
| 年 | 時間 | % | 時間 | % | 時間 | % | 時間 | % | 時間 | % | 時間 | % |
| | | | ** | | | | | | | | | |
| 1960 | 26.6 | (15) | 25.1 | (23) | 26.6 | (19) | 54.1 | (52) | 21.5 | (30) | 30.4 | (3) |
| 1970 | 13.0 | (11) | 8.4 | (14) | 17.0 | (20) | 33.7 | (37) | 14.5 | (29) | 55.2 | (6) |
| 1980 | 6.0 | ( 9) | 2.4 | (15) | 10.8 | (14) | 25.3 | (40) | 9.3 | (19) | 29.7 | (4) |

資料：各年次作物別生産費調査（農水省）
注：*大豆は岩手県分、**小麦は、1959年分

うな前提的諸作業を踏まえてなお雑草を抑えきれなかった場合に実施されるのが通例であったが、これはきわめて能率の悪い多労な作業であり、したがって手取り作業を長期間普遍的に実施しなければならないような事例は経済栽培としては失敗と評価されている。

　本章では、このような伝統的除草技術の体系について詳しく述べる余裕はないが、そこではたとえば、畑に雑草の種を落とさない、雑草が発芽したところをみはからって耕耘する、よく繁茂して雑草を抑えるような作物を栽培する、敷ワラをする、雑草抑制型の輪作体系を組む、畑を裸地に放置しない、宿根性の雑草に対しては猛暑の時期に深耕して根を殺す、水田の場合は湛水、落水を組み合わせる、雑草よりも作物の生育ステージを早くさせるため育苗移植方式を導入する、農道・畦畔等の雑草は家畜の飼料として利用する、等々の対策が他の栽培諸技術と巧みに組み合わされつつ実施されていた。

　**表2**は1960年における主な夏作物の除草労働時間を示したものだが、総労働時間の多少にかかわらず、除草労働は10a当たり20〜30時間程度にまとまっている。これは統計に表れた狭義の除草労働も、作付作物にかかわる労働というよりも、むしろ耕地管理の労働という性格が強いことを示している。

　近世の代表的農業技術書である『農業全書』（宮崎安貞著）には除草について次のように記されている。

## 表2　各種夏作物の10a当たりの除草労働時間（1960年）

| 作物 | 総労働時間 | 除草労働時間 |
|---|---|---|
| | 時間 | 時間 |
| 陸稲 | 122.0 | 48.9 |
| サツマイモ | 139.8 | 26.6 |
| 大豆 | 45.1 | 21.1 |
| 落花生 | 71.2 | 21.5 |
| スイカ | 241.6 | 22.6 |
| ナス | 851.9 | 30.4 |
| ゴボウ | 189.8 | 30.2 |
| キャベツ | 167.6 | 32.0 |
| タバコ（黄色種） | 863.7 | 86.4 |

資料：1960年度農林省作物別生産費調査

　上の農人は、草のいまだ目に見えざる内に中うちし芸り（くさぎり）、中の農人は見えて後芸るなり。みえて後も芸らざるを下の農人とす。是土地の咎人なり。（『農業全書』巻之一、鋤芸）

　『農業全書』のこの記述は、これまで観念的な勤労主義として理解されることが多かったが、むしろきわめて優れた除草論と考えられるべきだろう。同様のことを筆者が住んでいる茨城県土浦市周辺の農民は「草取りババより、さくきり（中耕）ジジ」という言葉で語っている。いずれにしても伝統的除草技術の蓄積は相当なレベルにあったことは、ここに確認しておきたい。

　さて、このような伝統的な除草技術に対して、除草剤の開発と普及はどのような影響を及ぼしたのか。まず、指摘できることは最も多労な作業であった手取り除草の除草剤による置き換えであり、これは劇的な効果を示した。だが、除草剤の役割はそれに止まるものではなかった。端的に言ってそれは伝統的な除草技術全体を崩壊、解体させつつ自らの活動領域を広げていったのである。手取り除草場面における除草剤の劇的効果は、農民・農業関係者に「除草は除草剤で」という意識を植え付け、栽培技術全般から雑草抑制機能を抜き取っていった。そのため農地には雑草が一斉に繁茂しはじめ、それに対して万能選手たる除草剤が大量施用されるという図式が生まれていった。

　この点を農家をめぐる社会動向との関係で見ると次のように言うことができる。

　まず、除草剤の普及過程は高度経済成長下における農家の兼業化（農業労働力の農外就業）の急激な進展と重なっていた。そこでは除草剤による労働軽減は兼業化の内部的条件の1つとなり、兼業化による農業労働力不足はまた除草剤の使用を促進させた。

　さらにこの時期は選択的拡大農政期とも重なり、他方でいわゆる近代的農業専業経営群も生み出された。それらの経営においては短期的な収益性を厳しく追求する方向が支配的な経営原理となったので、市場動向に機敏に反応して栽培様式等を組み替えることが求められ、それを妨げるような伝統的除草体系等は手っ取り早い除草剤体系へと積極的に置換されていった。

　要するに農家をめぐるいずれの動向も、長期的にバランスのとれた農法体系からいわば場当たり的な農法への転換を生み出し、農家の経営耕地全体の土地利用体系という面でも、個々の栽培農地の利用体系という面でも、雑草抑制機能が失われてゆくなかで、除草剤の大量使用の構造が形成されていったのである。

　だが、伝統的な除草体系がもっていた雑草抑制機能を除草剤で十分に置き換えることは原理的にみても難しい。すなわち、雑草の発生は耕地生態系における普遍的な現象なので、雑草の生態コントロールの視点を欠いてやみくもに除草剤を散布するだけでは雑草の発生を十分に抑えることはできない。そこでは、除草剤の散布がかえって雑草の発生を増加させたり新しい雑草を作り出すなど、病害虫と農薬との関係に似た悪循環を必然的に生じさせてしまう。

　この点は伝統的な除草体系を保持したまま部分的に除草剤を利用している地域（経営）と全面的に除草剤依存になっている地域（経営）を比較してみれば一層明瞭である。

　筆者が住んでいる関東地方でみれば、前者の事例としては露地野菜地帯の千葉県富里村や神奈川県三浦市などを挙げることができる。これらの地域では、見事に雑草が抑えられている畑が多いが、それは雑草防除の基本を栽培技術全般に組み込まれた雑草抑制機能に置いているからであって、除草剤使用量はかなり少ない。そこでは除草剤使用は応急対策的なものと位置づけられており、除草剤への依存はプロの農民として名誉なことではないとの認識さえ成立しているという。

　後者の事例はどこにでもあるが、たとえば施設園芸地帯などでは、農業労働のほとんどが小面積の温室などに集中的に投下され、それ以外の農地は放置に近い状態におかれるといったケースによく出合う。要するに経営農地を全体として利用、管理する体制が崩れているのだが、そこでは最も粗放な農地管理方策として除草剤の大量使用が位置づけられている。だか、こうした事例の場合には除草剤大量使用にもかかわらず、雑草抑制に失敗していることが少なくない。

　ここで、先に注記した「選択性」「非選択性」という除草剤の種類が問題になってくる。非選択性の除草剤は栽培作物も枯らしてしまうので、通常の利用対策

は休閑農地や農道、農地内の作業道などとなる。それに対して選択性の除草剤は特定の作物には薬効をしめさないので、通常は栽培中の農地で使用される。

　この区分を上述の議論と関連させれば、非選択性の除草剤は従来の伝統的な雑草抑制技術と対応し、選択性の除草剤はおもに栽培期間中の初期除草や手取り除草と対応すると言うことができる。さらに、上述の地域差で言えば、選択性の除草剤についてはいずれの地域でもほぼ普遍的に使用されているようだが（これについても量的にはかなりの差がみとめられる）、非選択性の除草剤については地域差がきわめて大きい。

　非選択性除草剤の代表格であるパラコート剤の大量使用という現状は、おおむね以上のような除草技術の構造、すなわち伝統的な除草技術・雑草抑制機能が組み込まれた土地利用体系の崩壊といううえに成立しているのである。**表3**は、神奈川県大和市の専業農家16戸について、パラコート剤の使用状況をみたものだが、経営耕地10a当たり年間使用量が1000ccを超える事例から全く使用していない事例まであり、パラコート剤の使用量は農家によって大きな違いがあることを示している。

　今日のパラコート剤の圧倒的な普及状況は、それ自体除草剤としての有用性を証明しているとも言えるのだが、より突っ込んで検討してみれば、その使用状況や農薬としての存在必要性は決して絶対的なものではないことが明らかになる。除草剤万能主義を排して伝統的な雑草抑制技術の再建、発展といった展望を策定すれば（そのためには各地の伝統的除草技術の掘り起こしはもとより、雑草生態についての基礎的研究、土地利用・輪作・機械利用技術の開発なども不可欠だが）、パラコート剤の位置と存在は実際農業現場においても可変的なものとなってくるということであり、そこに「減除草剤農業」の可能性が拓かれてゆく。


## 5．むすび

　以上、本章では最近の「毒入りドリンク剤」事件の社会的背景の1つを解明するという視点から、危険な農薬としてのパラコート剤の問題点と使用者サイドの安全性確保のための社会的あり方、および農業生産内部におけるパラコー

表3　パラコート剤の使用状況（神奈川県大和市の事例）

| 農家番号 | パラコート剤の経営耕地10a当たり年間使用量 cc | 経営耕地面積 a | 経営類型 | パラコート剤の用途 | パラコート剤使用上の注意点 |
|---|---|---|---|---|---|
| 1 | 1,166 | 30 | 植木 | 夏2/3、冬1/3の割で株間施用 | 長グツ、手袋 |
| 2 | 1,025 | 78 | 果樹（梨、ブドウ） | 下草除草のため3〜4回使用 | マスク　カッパのズボン |
| 3 | 1,000 | 200 | 植木 | 株間除草のため3回使用 | 原液希釈の際にマスク |
| 4 | 1,000 | 250（内山林100） | 植木 | 山林の下草除草 | とくになし |
| 5 | 1,000 | 100 | 露地野菜 | 収穫後の耕地除草、庭の除草 | マスク |
| 6 | 714 | 70 | 果樹（ブドウ、クリ） | クリ園に使用、ブドウは早生栽培なので使用せず | 手袋、マスク |
| 7 | 375 | 120 | 植木 | 株間除草のため2〜3回使用 | 長グツ、マスク |
| 8 | 357 | 140 | 露地野菜 | 作業道、豚舎や畑の周辺の除草 | 長グツ |
| 9 | 260 | 96 | 施設園芸（ハウス300坪） | 収穫後の耕地除草、作業道除草 | マスク |
| 10 | 208 | 120 | 露地野菜 | 雑種地の除草 | 肌を出さない |
| 11 | 178 | 140 | 植木、水田 | | 長グツ、マスク、アワ状散布 |
| 12 | 156 | 160 | 施設園芸（温室500坪） | 作業道、畑周辺の除草 | 体に付着しないように |
| 13 | 138 | 180 | 露地野菜 | 土手、作業道、庭の除草、ジャガイモの株間除草 | マスク |
| 14 | 125 | 400 | 露地野菜 | 作業道、庭、雑種地の除草、サツマイモの株間除草 | アワ状散布 |
| 15 | 115 | 130 | 露地野菜 | 作業道の除草、ジャガイモの株間除草 | マスク、カッパ |
| 16 | 0 | 300 | 水田 | 使用せず | 使用せず |

注：1985年11月　高橋康雄氏調査

ト剤の存在構造等について概括的に検討した。しかし、とりあえずの問題としては、パラコート剤による事故の個別的な防止も重要である。これについての農業界の一般的対応は、法定毒物にふさわしく販売、保管、使用上の管理を強めるといった方向のようである。たしかに現状はかなりルーズな管理実態もみられる。たとえば、前掲表3の「使用上の注意点」にも見られる通り農家段階での使用時の安全対策はまだ相当に甘いし、鍵のかかる農薬保管庫などを持っている農家はまだ少ない。

　だが、個別的なレベルでの安全対策も単なる管理強化だけでは達成することは難しい。パラコート剤は一般農家がごく普通に使用している農薬であるだけ

に、個別的レベルでの安全対策の決め手はパラコート剤の危険性を詳細かつ具体的な形で周知徹底することであろう。

　ところが、危険性に関するデータはなかなか入手しにくいという現状がある。これはパラコート剤にかぎらず農薬全般に共通する問題であり、情報の公開、提供、表示に関する農水省等関係機関の姿勢の是正を求めたい。また、パラコート剤などの特に危険な農薬については「このようにして注意して使用すれば安全」といった形ではなく、「このように注意して使用してもなお危険」という方向での情報提供・表示が不可欠であろう。


注
（1）除草剤は大別して、ほとんどすべての種類の植物に薬効を示す「非選択性除草剤」と特定の植物種だけに薬効を示す「選択性除草剤」とがある。また、対象植物に作用する経路によって「（茎葉）接触型」「（土壌）浸透移行型」などに区分される。
　　　また、パラコート剤の土壌による不活性化の現象を、土壌残留性がないという形にすり替えるむきもあるようだが、これは間違いである。ここでの不活性化とは薬剤が土壌に強く吸着されることによって、一時的に除草効果を失うことであって、化学物質としての土壌残留性はむしろ強いと考えるべきだろう。さらに、土壌の吸着能力には当然限界があるから、その限界を超えた時にどうなるかという問題もある。これらの点についてはほとんど研究は進んでいない。
（2）農水省植物防疫課も一応事故統計をまとめているが、それはたとえば1980年の場合には死亡事故16人、中毒129人といった数字であり、とてもまともな統計とは言えない。ちなみに厚生省人口動態統計の場合には80年の死者は171人となっている。
（3）除草剤では毒物3種（3％）、劇物8種（8％）、普通物88種（89％）、計99種である。農水省は毒物に指定されるような農薬は原則として登録申請しないように行政指導しているとされており（吉田 1979）、「低毒性農薬の時代」の標語の通り毒物、劇物に指定される農薬はたしかに減少している。しかし、それは農薬の成分種類数についてのことで、生産額で見ると状況は違ってくる。まず、農薬全体では、特定毒物0.1％、毒物5.0％、劇物28.2％、普通物66.7％となり、さらに農薬種類別の特定毒物および毒物の比率をみると、殺虫剤は2.2％、殺菌剤は0.5％だが、除草剤は14.0％と桁違いとなっている。これは言うまでもなくパラコート剤の存在によるものだが、そのために上述の「行政指導」は除草剤に関してはほとんど実効性を失っているのである。パラコート剤は単なる毒物ではなく、毒物指定後も死亡事故が続発している問題毒物であるのに、何故こ

れについては「指導」の原則からはずされ続けたのか、農水省当局の見解を伺いたいところだ。

（4）これまで危険防止対策が全くとられなかったというわけではなく、78年の「毒物」指定も対策の1つであったし、農水省の行政指導で81年からは催吐剤、83年からは着色剤、85年からは着臭剤が添加されるようになっている。しかし、催吐剤に関して言えば、パラコート剤の体内吸収はきわめて早く、飲み込んですぐに胃洗浄しても効果は小さいとされており、催吐剤程度では危険防止の決め手にはならない。

（5）現行の農薬取締法の対象は農林業にかかわる農薬であり、農林業以外にかかわる農薬は範囲外となっている。そのため、非農耕地用と表示された無登録農薬が市販されるという状況も生じている。パラコート剤についてもこうした無登録農薬にかかわる事故も少なくないようだ。これも農薬取締法の不備の1つである。

〈参照・引用文献〉
黒田義則（1985）「恩恵よりも代償の高い農薬」朝日新聞「論壇」1985年10月14日
佐々木亨（1984）「農薬の生産・開発の現状」『学習資料　農薬』東京都消費者団体連絡会、1984年11月
日本農業新聞（1985）「除草剤中毒死を考える」日本農業新聞「論説」1985年10月16日
松中昭一（1985）「農薬は『悪者』ではない」朝日新聞「論壇」1985年11月20日
吉田孝二（1979）「農薬の登録制度の現状」『植物防疫』33-7

（『消費者問題調査季報』第44号、1986年1月）

# 第11章　農村市民社会論
## ——農村市民社会形成へのヴィジョンと条件

## 1.　問題認識

　中山間地域の存亡をめぐる危機認識とそれを保全する方策確立はいま国民的な関心事となろうとしている。新基本法でも、農村地域社会の保全と活性化は三つの基本領域の一つに位置付けられ、中山間地域対策の一つとして直接支払い方式が導入される運びとなった。新基本法では、効率的で活力ある農業・農村というヴィジョンとともに、農業・農村の多面的機能の重要性を謳っているが、多面的機能はこれまで中山間地域農村において特に優れた水準が維持・実現されてきた点についても大方の合意は得られている。

　中山間地域問題自体は、高度経済成長下での裏面の社会問題として、主として過疎問題という形で、1960年代後半期頃から社会的論議の対象となってきた。小田切報告で詳細に論証されているように、基本的問題は当時から今日まで一貫して継続している訳だが、新基本法につながる今日的論議という意味では、起点は1980年代の中頃にあったように思われる。1985年のG5プラザ合意とそれにつづく構造調整政策、臨調行革・規制緩和、そしてGATT・UR合意、WTO体制への移行、冷戦体制の崩壊とアメリカ一国主導のグローバリゼーションの席巻という、国際環境と日本の政治経済全体の激しい状況変化がその背景にはあった。直接的には農業政策分野においても市場原理導入の強調と農業保護政策の後退によって、いわば弱者切り捨て的に条件不利地域としての中山間地域に過酷な困難が降りかかるという図式である。また、中山間地域の多くは人口減少地域＝過疎地域でもある訳だが、人口減少は当初は社会減として現れたが、若年・壮年層の流出はすでに底をつき、高齢化と自然減という段階に移行し、家と集落の消滅という危機が中山間地域全体の問題となったのもこ

の時期であった。1970 年代初頭、中国山地山村において安達生恒氏が『"むら"と人間の崩壊』として端緒的に摘出された事態が、80 年代後半期以降は中山間地域における一般的状況となってしまったのである。

　本分科会では、このような中山間地域の現状を踏まえて、いまどのような政策構築が求められているのか、草の根ではどのような取り組みが広がろうとしているのか、それらの点を踏まえて、農村地域社会のこれからにどのようなヴィジョンを描くべきか、という点にテーマが設定されている。

　だがこのような分科会の全体テーマにアプローチするためには、上述のような「WTO 体制下で中山間地域に『絶対的貧困』的状況が集積しつつある」といった状況認識だけでは不十分だと思われる。いま求められていることは、中山間地域に対する、単純な貧困救済的、更には終末期医療的センスからの施策構築ではないだろう。中山間地域は日本社会の全体構成にとって欠かすことのできない重要地域であり、そこには大きな社会的価値と次の時代に向けての活力、あるいは可能性が潜在しており、それを正当に評価し、社会的に実現させていくためのヴィジョンと方策を確立することこそが求められているのではなかろうか。

　本章では、中山間地域にはさまざまな社会的経済的困難が集積しつつあり、それへの十分で適切な社会的経済的支援対策は切実に必要であるが、この地域には新しい時代に資するさまざまな社会的経済的可能性が潜在しており、そこに暮らす人々は、高齢者の方々も含めて、現代日本のごく普通な市民であり、当然のこととして彼ら、彼女らは、普通の市民として今を生きており、これからの時代を、主体者としてより良く生きていこうとする力や条件をもっているというあたりまえの認識を前提に議論を進めてみたい。

## ２．1990年代の新しい時代条件

　議論の枠組みを以上のように設定してみると、90 年代における中山間地域の基本的条件として、「WTO 体制下での困難」だけでなく、次への展望につながるいくつかの成熟も指摘できるように思われる。とりあえず次の３点に注目しておきたい。

　まず第 1 点は、交通条件、情報アクセス条件、現代的生活様式の享受条件等の生活条件整備に関しては、70 年代 80 年代を通して、中山間地域においても相当な改善がなされたという点である。

　一概に中山間地域といっても個別的差異が大きく、インフラ整備等に関して深刻な立ち後れが続いている地域があることも事実である。しかし、かといって中山間地域全体がインフラ整備等に関して隔絶した不利条件下に置かれたままだと考えるのもレアリティに欠けているように思われる。中山間地域においても生活様式・生活条件の標準化はかなり進んだという認識も必要ではないか。

　第 2 点は、中山間地域農村住民のビヘイビアに関してである。

　中山間地域で生活していくには、家族としての共同・相互扶助、集落などの地域コミュニティとしての協同・相互扶助を必要としていることは言を待たない。しかし、そこで暮らす住民個々の基本的ビヘイビアは、かつてのいえ＝むら原理から個人原理にかなり大きく転換してきているという認識も重要だと思われる。「兼業標準化」の時代を経て、中山間地域においても、住民の生活は、住民個々が、労働力として個別に雇用されるという状況を基本的ベースとして組み立てられるようになってきている。彼ら彼女らは社会的労働という場面でも、まずはおおむね個として生きることを通常とするようになっているのである。そしてこうした状況は社会生活全般の基調をなすに至っているように思われる。

　このことは、中山間地域のこれからのヴィジョンは、それが個としての住民にとってどのような意味を持つのかということも起点としなければ、マスとしての住民全体のヴィジョンとはなり得ないことを意味している。しかも、その場合の個としての住民は、当然のこととして単に所得向上や生活安定だけを求める、いわば 20 世紀型のいびつな個人というではなく、21 世紀をより良く生きたいと願う現代的個人だという点もはっきりと認識しておくべきだろう。

　第 3 点は、文明史的とでもいうべき時代思潮の転換についてである。

　「農村から都市へ」という時代の基本ベクトルが、価値的には絶対的ではなくなり、「都市から農村へ」というベクトルも一般的かつ現実的なものとして広がり始めている。こうした変化の起点は 80 年代に顕著となった「都市の限界」「都市の行き詰まり」にあったから、その動きはまずは都市セクター内部から「反

都市」的ベクトルとして始まるのだが、その後次第に、伝統的な地域コミュニティの蓄積なども含めた「農村価値」へのポジティブな認識の獲得へと進みつつあるようにみえる。

　本報告のテーマとの関係で重要なことは、このような時代思潮の転換の主な担い手となってきた現代日本の都市住民のかなり多くは「ふるさとを持つ都市市民」だと言う点と、情報や生活様式の全国的標準化のなかで、このような新しい時代思潮は農村住民のものともなりつつあるという２点である。たとえば、農村直売店のめざましい広がりと活気などは上述２点の証左とも言えるだろう。

## 3．農村地域社会と農村地域生活者の現在

　次に、「農村地域ヴィジョン」の場としての農村地域社会、あるいはその担い手としての農村住民の現代的原像について要点を整理しておきたい。

　本章では、現代における中山間地域を含む農村地域住民は、農村市民＝農村地域生活者として、実体的にも理念的にも定立させられるべきだと考えている。農村市民概念については次節で検討するとして、農村地域生活者概念について一言しておきたい。ここではとりあえず次の２点を含意しようとしている。

　第１点は、中山間地域住民を「農民」「農業者」として一義的に語ることは事実に即していないということである。彼ら彼女らの共通性は地域で暮らしを立てる地域生活者だという点にあるという認識がここにはある。農林業は彼ら彼女らが幅広く関係する重要なたつきの途として存在している。

　第２点は中山間地域住民は、自らの暮らしを地域という場でトータルにデザインし、運営していく可能性や能力をもっているという理解である。現代的市民は農村地域でこそ生活者たり得るだろうという認識がそこにはある。

　さて、本題の、農村地域社会と農村住民の現代的原像であるが、その状況的特徴としてとりあえず次の４点を指摘したい。

　第１点は、中山間地域住民の生活状況は、おおむね現代的意味でのそれなりの豊かさのなかにあるようだという点である。当然のこととして、その豊かさには現代的歪みと空疎さが内包されている。また、彼ら彼女らにとっての貧困・不満意識は、主としてそのような豊かさが現実にはさまざまな地域条件から享

受しにくい状況へと向けられているように思われる。

　第 2 点は、第 1 点の帰結であるが、彼ら彼女らは生活行動に関して相当な多面的なポテンシャルを有しているという点である。中山間地域は、外見的たたずまいは秘やかであるが、住民の生活行動は当然のこととしてそれなりに活発である。暮らしにおいて相当高い行動的ポテンシャルがあるということは、これからのヴィジョン構築にあたって重要な意味を持つ。

　第 3 点は、そうした生活行動ポテンシャルのなかに、地域自然との関係性や風土的伝統的な暮らし方など農村地域の特色をポジティブに認識し、それを日々の生活に活かそうとする取り組みが広がりつつある点である。自然、手づくり、自給、地域文化などは、農村住民にとって積極的価値のあることとして認識されるようになっている。先に指摘した農村直売店等では「自然」「手づくり」「自給」「食文化」などは都市消費者向けのコンセプトとしてだけではなく、農村住民自身の率直な自己表現となりつつあり、地元住民は重要な顧客層となってきている。

　第 4 点は、都市との関係も、単なる「農村から都市へ」という関係だけでなく、「都市から農村へ」という関係も生まれ始めており、双方向的な関係性の成立への萌芽が各地にみられるようになっている点である。「閉ざされた農村」でもなく、「都市の従属物としての農村」でもなく、都市との双方的関係を自立的に形成していく可能性は、今後への重要な意味を持つと思われる。

　こうした現代における状況的特徴を踏まえて、農村地域社会と農村地域生活者の原像はおおよそ次のように要約できるように思われる。

① 　現代の農村地域にはさまざまな産業業種が立地しているが、何よりもそこに農業があり、あるいは林業、水産業などの第一次産業が立地している。そして、活力は著しく低下しているとは言えそれらの第一次産業を起点とする地場産業の産業連関構造を持っている。
② 　それらの農村的な産業群はいずれも地域の自然的風土的環境に強く規定された構造、特質を形成している。
③ 　人々はそうした自然性の高い地域社会への定住（ほとんどの場合は数世代にわたる定住）を当たり前の生活規範としている。

④　それ故に伝統性、安定性、持続性等の要素が社会規範として保持され、重視される。

⑤　多くの場合、個々の暮らしのなかに農業や自然を持っており、自給的生活者、すなわち単なる消費者ではなく、自然性豊かな自立的生活者となることへの回路が開かれている。

⑥　生産と生活が同じ地域内で営まれ、農業については多くの場合は生業として営まれ、生産と生活を生活者の視点から統一的に運営していく可能性が開かれている。

⑦　個人は多くの場合は家族・世帯として生活しており、地域の社会関係は個人と個人の関係だけでなく、家族と家族の関係が重要な意味をもっている。

⑧　地域の社会関係の基本は、顔見知り・相互理解関係であり、かなりの長期スパンでの相互信頼と互恵がベーシックな関係規範となっている。

⑨　地域内に多世代の人々が定住的に生活しており、世代ごとそれぞれに社会的に、あるいは生活的に役割を果たす場があり、またその可能性が開かれている。

⑩　都市とのさまざまな関係回路、ネットワークを持っており、閉じられた社会ではなくなっている。

## 4．これからの農村地域ヴィジョンと課題

　おおよそ以上のような視点から中山間地域の現在を認識した場合、これからの農村地域ヴィジョンは、一義的には言葉通りの意味での条件不利地域対策としてではなく、さまざまに潜在する地域社会のポテンシャルをポジティブなものとして顕在させ、時代展開への能動的ベクトルとして機能させていくという点にその内容的焦点がありそうだということになろう。裏返して言えば、中山間地域をめぐる戦略議論のスタートラインは、中山間地域住民の多くは、自分たちの地域に愛着をもち、できればこれからもその地域で暮らし続けて行きたいという気持ちを持っているが、現代的条件下でその地域の条件をポジティブに活かす暮らし方が見つけられ、創り出しきれていないという現状認識にある

ということである。そのようなヴィジョンの形成と実現の過程において、中山間地域特有のさまざまな不利条件への支援策が重要な意味をもつことは言うまでもないが。

　こうしたヴィジョン構想全体について詳しく論じる準備も余裕もないので、ここでは、中山間地域においてどのような農業あるいは地域産業が構想されるべきかという点とこれからの農村地域社会の基本的あり方の2点について私見を述べたい。

### ①　中山間地域の農業・産業構想への視点

　まず、中山間地域における農業・産業構想への視点であるが、中山間地域農業は比較優位の視点を基礎に構想すべきだとする生源寺真一氏の提起を手がかりに考えてみたい。

　1993年農政審が高付加価値型・高収益型農業への多面的展開を中山間地域農業のヴィジョンとして打ち出したのに対して、生源寺氏は、それはいわば絶対優位探索の戦略であり、一般的現実性がないだけでなく、中山間地域支援策の根拠を失わせかねない主張だと批判し、これからの中山間地域農業は、絶対優位探索ではなく、条件有利地域との棲み分け的な比較優位の確立を目指し、併せて条件不利部分への社会的支援策を構築すべきだと主張される。生源寺氏の提起は条件不利地域への直接支払い政策の理論的根拠を示すものとして説得性に富むが、中山間地域政策全般に係わる戦略的有効性という視点からすればいくつかの難点も指摘できるように思われる。

　まず第1点は、比較優位概念の出自に係わる問題である。比較優位説は、多様で自給的な旧植民地国農業が単一化された国際貿易農業へと解体・再編される過程で形成されたもので、きびしい市場競争のなかで、植民地諸国においてある種の特化した商業的農業が棲み分け的に生き残り得ることを裏付けた理論である。しかし、いまわれわれに問われていることは、中山間地域の多様な立地的特質を活かした多様かつ複合的な農業のあり方とその可能性なのであって、それを上述のような地代論的に有利な作目への特化を基軸とする比較優位説から論じるのは元来相当な無理があるのではなかろうか。WTO体制のもとで、中山間地域だけでなく、日本農業全体について、比較優位的部門がほとん

ど失われている現実のなかで、中山間地域においては絶対優位ではなく比較優位が大切だというだけではさして積極的意味はないように思われる。

　第2点は、比較優位説の市場認識の問題である。比較優位説では主な視点を国際市場、全国市場におき、その競争的場に登場する商品像としては規格化された一般商品が想定されている。しかし、このような発想からでは現代日本における中山間地域農業の可能性は見つけ出し難いように思われる。戦略的には、規格化され統合されていく市場という方向ではなく、分割区分され、特殊化していく市場という方向、すなわちそれぞれの地域に個性的求心力がありそれとリンクした小さく棲み分けられた市場の累積と一般化といった方向こそが本格的に模索されるべきではなかろうか。独特な消費需要の形成と個性的な立地特性を踏まえた独特の商品供給が、独特な市場ルールのなかで安定した出会いを確保すること。こうした方向を中山間地域の現場から一般的なものとして作りだし、グローバルマーケットの論理だけに単一化されつつあるかにみえる国際的議論のなかに、それを強引にでも位置付けさせていく理論構築こそがいま求められているように思われる。

　第3点は、上記の点とも関係するが、生源寺氏の所説には、地域自給、地産地消の視点をビルドインしにくいという点である。中山間地域の人々の暮らしからの農業への期待は、採算性の一応の確保は前提として、より多くの稼得の達成というだけでなく、現金支出を多く必要としないが内容的には豊かな暮らし方を地域として創り出すために農業が積極的な役割を果たす点にも注がれている。地域個性豊かなシャドーエコノミー的なライフネットの充実に地域農業はどのような役割と可能性を持ちうるかという課題である。このような地産地消的農業の成立根拠を、あえて比較優位に求める必要はないだろう。

　このように考えてみると、現代日本中山間地域の農業・産業構想が主として参照、依拠すべき理論は、比較優位説ではなく、むしろ、昭和恐慌期の信州で、満州移民、ブラジル移民などに夢をかけるのではなく自らの足下を掘れ、必ず途は拓けると青年たちに説いた在野の地理学者三澤勝衛氏の「風土産業論」、あるいは1970年代、主として北九州地方の地域事例を踏まえて地域社会の生活的連関（ライフネット）のなかに活力ある農業のあり方を求めようとした吉田喜一郎氏の「地域社会農業論」あたりにあるのであって、三澤氏の一所懸命

的な視角や吉田氏の地域生活論的視点を現代的な条件の下で発展的に再構成する方向がいま要請されているのではないかと思えてくる。

## ②　農村市民社会形成への展望と条件

　中山間地域を含む農村地域を、まずは地域住民にとっての暮らしの場と捉えるならば、その地域ヴィジョンは、その地域の特質を活かした豊かな暮らし方を提示するものでなければならないが、同時にそのヴィジョンは地域住民の主体者としての能動的参画を促すものとしても提示されなければならないだろう。

　地域住民の原像を、地域自然に囲まれて、伝統的な暮らし方についての蓄積のある農村地域にあって、時代の中でよりよく生きようとする個人として措定し、彼ら彼女らの「生活／生き方の選択」と「日常における自己裁量」を重視した生活行動ポテンシャルを、農村らしさをポジティブに活かす方向でネットワーク的に組織し、地域に共生的な暮らし方を紡ぎだしていこうとする社会のあり方を、農村市民社会構想として提案したい。これはまことに未熟で機械的なポストモダン構想だが、モダンの意義と達成を踏まえ、かつモダンを批判的に乗り越えるためには、プレモダンの長い時間のなかで人々が創り出し蓄積してきた知恵を継承しなければならないとの発想に立っている。

　ここで現代日本における市民社会の形成経過について振り返っておこう。

　現代日本社会における市民概念は、都市を主な場としながら 1960 年代頃に構築されてきたものである。それは戦後民主主義と高度経済成長を前提として形成された大量消費＝大衆社会が、再び国家社会に強く包摂されていこうとする過程で、現代的大衆たちの、国家社会からの、そして新たな社会統合組織として登場した会社社会からの、さらには会社社会を補完するものとして再編されようとしていたマイホーム的な家庭からの自立へのイメージのなかから構想されてきた。そこでは、自分の生き方は自分が望ましいと考える方向へと自分自身で選択していく、その生き方の結果には自分で責任をもっていく、という自己選択、自己創造、自己責任の行動規範があるべきものとして想定されていた。そのようにして産声をあげた現代的市民主義はまず政治的場面で自己主張を開始し、いわゆる市民運動を作り出し、制度面では主として生活に密着した自治体行政の具体的あり方に関して多くの問題提起がされていった。このころ

以降市民主義のサイドから提起された問題のいくつかは、現在ではたとえば情報公開制度等にみられるように、新しいが当たり前の社会的仕組みとして定着し始めている。

　60年代の市民主義は、消費生活場面ではいわゆる消費者運動を作り出した。消費者が消費者として社会的に発言しようとする取り組みは、インフレ・高物価に抗議する主婦連等の運動として戦後間もなくの頃から存在していた。しかし、60年代以降の消費者運動は、それらの伝統を継承しつつも、市民主義的基盤を持つものとしてそれ以前の消費者運動とは異なる質を育てていった。70年代になるとその違いはより鮮明に意識されるようになり、受け身の存在としての消費者という地点から、能動的な「賢い消費者」という経過点を経て、自立した生活者という概念構築へと発展していく。

　だが、このようにして形成から成熟へと向かった都市市民社会は、80年代後半期ころになると深刻な行き詰まりに遭遇する。環境問題、廃棄物問題、食の問題、教育や福祉の問題等々新たな社会問題がさまざまな分野に噴出し、都市市民は都市に暮らす限りでは、本質的には自立し得ない限界を持っていることが、ほぼ共通して痛感されるようになる。90年代初頭のバブル経済とその崩壊についての国民的体験が、このような「都市市民社会の限界」についての幅広い、かなり決定的な認識を作り出した。ここで意識された「都市の限界」は、おおまかにみれば、自然と人間の共生的関係性の形成における限界、人と人との安定した関係性の形成（コミュニティの形成）における限界、長期スパンの時間的安定性の獲得（歴史性の獲得）に関する限界の3点に集約されるように思われる。

　噴出するさまざまな現代的社会問題の多くは、市民社会の成立基礎である「市民的所有」や「市民的自由」からの一つの必然的帰結とも言うべき側面を強くもっており、本質的に考えれば生活の場を都市から農村へと移行させれば解決されるといった事柄ではない。それは現代市民社会の自己崩壊への表象とさえ理解すべき問題群でもある。現代市民社会は果たして危機の淵から逃れ得るのか。事態は複雑かつ深刻で、問題は広範にわたっており、危機脱出のための方策や展望の全体はとても簡単に提示できるようなものではない。しかし、一つの有力なあり方として、これまでは視野から外されつづけてきた農村という存

在を、市民社会の新しい可能性として視野に取り込みつつ「都市」あるいは「都市的市民」を相対化しようとする取り組みがあり、またそこへの機運は実践的にも熟しつつあるように思える。

　農村市民社会は、いまだ実体的なものとはなっておらず、条件の成熟とこれからの可能性あるいは必然性として構想されたにすぎない。簡単には動かない、あるいは動きようのない農村地域社会の現実との間には大きな落差もあろう。変化のための長い時間軸も必要だろう。だが、同時にこうした構想内容は外在的に与えられるというだけでなく、農村住民の地域生活者としての成熟にみるように、すでに内在的、内発的構想ともなりつつあるという点にも留意すべきだろう。短期的戦略としてだけでなく、21 世紀全体を射程とした展望を描こうとするなら、農村市民社会の形成という課題を、中山間地域を含む農村地域社会の基本ヴィジョンとして率直に検討してみる価値はあるのではないかと考える。

〈参考文献〉

安達生恒（1973）『“むら”と人間の崩壊』三一書房

荒樋豊・吉野馨子 (1999)「多世代農家の家族関係と女性の自立」『生活研究レポート』48、農村生活総合研究センター生源寺真一 (1998)『現代農業政策の経済分析』東大出版会

宇佐美繁・津田渉・中島紀一ほか (1999)『農村地域社会の今後の動向と必要な行政ニーズに関する調査研究報告書』農村開発企画委員会

三澤勝衛 (1986)『風土産業』古今書院（単行本としての最初の刊行は1952年）

生源寺真一 (1998)『現代農業政策の経済分析』東大出版会

吉田喜一郎 (1980)「地域社会農業の可能性」『日本の農業』130・131、農政調査委員会

　（地域農林経済学会『農林業問題研究』第 137 号、第 35 巻第 4 号、2000 年、本書収録に際して一部補筆した）

# 第**12**章　農法論の時代的構図
## ──世紀的転形期における農法の解体・独占・再生

## 1．本章の意図と概要

　本章の意図は農法視点から日本農業の歩みと現在を概括し、新世紀への基本
的課題像を素描することにある。近現代は科学技術の時代であり、科学技術の
あり方が社会的状況の規定をうけるだけでなく、科学技術が社会のあり方を強
く規定するという様相が濃い。農業においても同様であり、したがって技術的
視点からの日本農業についての認識は、日本農業論の全体構成においても一つ
の根幹をなすべきだと考えられる。本章はそれらの大きな課題に関して主とし
て農法視点からのラフスケッチを示そうとするものだが、著者の意識としては
単にそれだけでなく、日本農業全体に関する近代とポスト近代の認識枠組みに
ついても言及しようとしている。

　いうまでもなく本章の視点は〈現在〉にあり、著者は〈現在〉を〈世紀的転
形期〉と認識している。そのおおよその含意は次のようである。

　〈現在〉は、〈近代〉から〈ポスト近代〉へのおそらく数百年単位の時代的ス
テージ移行期の入り口に位置している。〈ポスト近代〉に求められる課題群は
次第に明らかになりつつあるがその安定的な全体像や存在構造はまだ見えてい
ない。おそらく今後もなかなかはっきりとは見えてはこないだろう。そのよう
な、新しい時代形成への、さまざまな時代要素の、その組み合わせ方の、そし
て主体の、かなり長期にわたる転形・交替の時代の始まりが〈現在〉なのでは
ないか。そこではさまざまな時代課題とイニシアティブの錯綜が繰り返される
だろうが、アプリオリな確定的プログラムなどはないと考えておくべきではな
いか。〈ポスト近代〉の具体像は、さまざまなイニシアティブが錯綜する「長
い転形期」＝〈世紀的転形期〉を通じて、社会の場で、さまざまなヘゲモニー

の累積のなかから自ずから形成されるものと想定すべきではないか。「転形期」ということばは未成熟ではあるが、長い時間を経るであろう時代的移行期における変動・転換・流動・混迷・編成・再編・形成などを包含しようとしている。

　本章は歴史・現状・展望の 3 領域からなり、それぞれの領域で提起しようとした主な論点は次の通りである。

## ①　近代農法史への枠組み認識

　農業における近代は新しい農法形成によって支えられると認識され、近代農業革命は近代農法革命と一体のものとして展開する筈だと理解されてきた。そして近代農学には当然のこととしてそのような農法革命を導く学としての期待が寄せられてきた。しかし、歴史の現実はそのようには展開せず、とくに農学が著しい発展を示した現代においては、農学の進展にともなって農法は解体・霧散していくという経過をたどり、現在では農法という概念を日本農業の現実から語ることに困難を覚えるほどの状況にまでなっている。農学の発展が農法を空無化してしまうとでも言うべき状況が出現しているのである。そこには農学論としてどのようなロジックが働いていたのか。この点の解明がここでの課題である。

　マルクスが合理的農業の祖と評価したリービヒの農学が、識者の間で一般に理解されているような物質循環視点からの農学ではなく、物質循環の破綻を外部補給によって取り繕うことを意図した農学であったことに今日の状況をもたらした基本的問題性が潜んでいたという認識が著者の結論である。リービヒをパラダイム上の祖とする近代農学は、近代という新たな社会条件に適合した物質的・生命的循環系を農耕の場で構築するというベクトル上にではなく、物質的・生命的循環系という束縛から農耕を解き放そうとするベクトル上に自己形成を図ってきた。そのような近代農学が、農業生産に著しいフレキシビリティを求める社会条件と、工業生産力とそれを基礎とした科学技術からの強力な支援を得られる社会条件が共に整った現代という時代に、現実の農業に対して支配的な影響力を持つようになり、農法は急速に空無化の方向へと突き進んでしまった。

## ②　現状認識

　上述のような歴史的過程を経て農法空無化の流れのなかで、日本農業は大量生産＝大量消費という現代社会のフォーディズム的構成の一要素として組み込まれ、資源収奪、大量廃棄、環境問題といった文明史的破綻に巻き込まれることになる。現代社会全体は遅まきながらも、破綻回避のために循環型社会への移行という模索を開始しつつあるが、フォーディズムに遅れて参入した農業はバイオ技術に依存しながら一人従来路線を突き進もうとしているかに見える。

　今日の農業技術問題の最大の焦点は、多国籍バイオ企業の遺伝子組換え技術による世界農業の把握を許すか否かという点にある。バイオ技術の席巻は、1970年代後半期以降の農法空無化状況を前提として、農業技術における科学優位の構造の形成（バイテク育種学の展開）と80年代後半期以降のアメリカの知的所有権（生物特許・UPOV条約改正）戦略という２つを条件として成立している。

　多国籍バイオ企業の遺伝子組換え技術による世界農業把握は、現代においてもなお分散的で民衆生業的の営みの要素を強く残してきた農業を、巨大企業による私的独占を軸とした統合論理によって根こそぎ産業化していこうとするものである。それは地球的規模での自然＝生態系利用の広範囲な私的独占を踏まえて、生物的自然情報系に深刻な攪乱と歪みを作り出すことが危惧される看過し得ないイニシアティブである。この問題はすでに地球サミット（1992年）において生物多様性保全問題として国際的論争・紛争課題となっていた。遺伝子組換え技術は農業技術領域におけるグローバリズムの中核をなしており、今後長期にわたって農業風土性論（ローカリティ）あるいは生物多様性論（バラエティ）との激しい衝突、相克を繰り返していくものと推察される。

## ③　展望課題

　〈世紀的転形期〉という視点からすれば、循環型農業の確立＝新しい農法形成という課題を、単に農業内部の技術問題として論じるだけでは決定的に不十分だと思われる。〈世紀的転形期〉における全体的課題が20世紀的フォーディズム＝使い捨てワンウエイ型社会から豊かさと節度のある循環型社会への転換、

移行にあることはほぼ一致した認識となりつつある。こうしたなかで農業・農村に期待され問われることは、農業・農村それ自体が循環重視の方向に再編されるだけでなく、全体社会における循環型への再編、移行の取り組みにおいて、農業・農村がどのような役割を果たし得るのかという視点からの考察も不可欠であろう。本章ではこうした視点から次の3点を指摘したい。

　第1は、農業・農村は自然と社会の接点にあって、循環の促進を生産力・生活力として活用するという点で、工業や都市とは基本的に異なった特質をもっており、したがって循環型社会の本格的な形成は農業・農村を基幹とする以外には構想し得ないだろうという見通しである。

　第2は、循環型社会は、フォーディズムの一つの基盤となってしまった現代市民社会の失敗を前提として構想されるという苦しさに関してである。そこで問われていることは循環も含む多元的価値の交通を担い得る社会像として共同体社会への回帰を志向するのか、あるいは市民社会の延長に道を探るのかという分岐である。報告者の立場は後者であり、新しい市民社会像の一つのモデルとして、近代を経た農村をベースとした「農村市民社会の形成」というビジョンを構想している。

　第3は、循環型社会論はマイナス成長を暗黙の前提としていると思われるが、現状の社会構成の下でのマイナス成長が弱者切り捨て的な抑圧的な貧しさを招いてしまうのは必至である。したがって循環型社会への構想においては、マイナス成長下での豊かさへの考察を伴うことが不可欠となる。この点で、あまり金をかけずに豊かに暮らしていく市民社会的仕組みとして地域的ライフネットワークの構築という構想が魅力的である。農業・農村という条件はこのようなライフネットワーク構想にとってたいへん適合的な場である。循環型農業の具体像とライフネットワーク構想とのすり合わせは農政論として今後重要な検討課題となるだろう。

## ２．20世紀における農法の近代と現代（歴史過程の概観）
### ——近代・農法確立と現代・農法霧散の過程

　産業革命と近代都市の形成に主導された近代は、新たな食料需要と労働力需

要を生み出し、自然的バランスのなかで永続してきた自給的な共同体農業を解体し、都市への食料供給力のある生産性の高い個別型農業経営を創出する。この過程が近代農業革命と呼ばれるものであり、産業としての農業形成の第1段階と位置付けられるものであった。そしてこのような近代農業革命を支えた技術的基礎にノーフォーク輪栽式農法の形成に代表される近代農法革命があったとされている。

　イギリスにおける近代農法革命の論理を研究された加用信文氏は「農法」を「主として生産力＝技術的視点からみた農業の生産様式、換言すれば農業経営様式または農耕方式の発展段階を示す歴史的範疇概念」と定義している[1]。このような「農法」概念を構成する具体的要素としては耕地制度、経営組織、作付け順序、耕耘・中耕技術、雑草防除、地力再生産方式、などが挙げられ、なかでも雑草防除と地力再生産方式に基幹的意義があったとされた。加用氏は明示的には述べていないが、農法とはエコノミーとエコロジーの接点に形成される農耕という営みの安定した時代的パターンだという認識がその基礎にあったように思われる。

---

注記1
　ここで農法概念についての報告者の基本的理解を旧稿から引用して注記しておきたい[2]。
　社会科学用語としての農法は、農業が本質的に持つ技術的特性に基づいて成立する農業特有の概念である。工業では「農法」に対応するような「工法」なる概念は一般的には成立しない。
　人間の生産的活動の技術的類型を自然との位置関係で整理すると、農業は採取的諸生業と工業の中間にあると考えられる。採取的諸生業では人間は自然の物理的、生命的循環（流れ、存在）と全体として対面しつつ、その循環、流れ、存在そのものに少しずつ手を加え、ドライブをかけながら、生産的成果を獲得する。工業の場合も、生産の技術的過程は自然法則にそったものだが、それは自然の大系から切り取られた場で、ほぼ完全に人為の過程として再現される。
　農業は両者の中間にあって、母なる自然から耕地、作物、家畜などを、特殊な特化した自然として取り出し（そこに労働を注入、蓄積させ）その半人工的な自然の場で自然の生命的力を活かした生産活動を展開する。フローとしての生産活動は工業と類似した様相を持つこともあるが、ストックとしての耕地、作物、家畜などは発生の母体たる自然の体系から切れることはできず、人の手になるミニ

自然を再生産し続けなければならない。その場合とくに、耕地、土壌の生態保全（物質的、生命的）が重要な位置をしめる。こうして「農法」は、ややもすると工業的方向に進みがちなフローのベクトルと、自然の生態的バランスを前提とするストックのベクトルの接点に形成される。

　資本制的社会での経済活動は、短期的収益性がまず問題となり、工業は技術的特性からしてもこの短期論理とうまく噛み合っていく。採取的生業の場合には生態バランスの長期論理が優先し、短期論理の強調は資源枯渇などの形で直ちに反響をうける。農業では短期的収益性の安定した追求もある程度可能だが、それのみの優先は農業の自然生産的性質との本質的齟齬を生じさせてしまう。農業では技術的にも生産の長期的安定性への独自の配慮が不可欠であり、農法はこうした短期論理と長期論理の接点に形成されると言うこともできる。

　その場合狭義の技術問題を考えるだけでは済まない。農業は個別経営の勝手で営めるものではなく、土地や家や集落やさらに国家の体制、流通や市場の体制、農業以外の産業の状況、全般的な人知の水準、などもすべて農法形成の前提条件となってゆく。したがって、農法は個別経営レベルを超えた社会的、体制的なものとして初めて成立し得るものである。

　このような広がりのなかで両者の論理を満足させ、うまく調整し得るような安定的な技術体系はたやすく創出できるものではない。世界の農業の歩みを見渡しても、このような意味での農法の型はそう多くはないし、それを自らの力で獲得し得た民族や時代はむしろ少ないとさえ考えられる。農法の獲得、確立に失敗したが故に滅んだ文明や民族もある。

　さて、農法をこうした存在として位置付けた場合、今日の日本農業の農法的特徴は農法否定の農法にあると言うことができる。日本農業の技術動向は短期収益性の論理を最優先させ、そのことによって起きる長期論理との齟齬を、土地利用については土木的な改変した優等地片だけへの集中で、地力については化学肥料と土壌改良剤で、雑草については除草剤で、病害虫に対しては農薬と抵抗性育種、連作障害へは土壌消毒や水耕方式で、気象、天候変動や作物生育の季節性に対しては重装備施設化の方向で、農民の健康障害には現代医・薬学で、等々の形で工業的生産力を援用することによって押さえ込み、長期論理を無視し得るような農業への変身を理想形的願望として進みつつある。これも一種の農法だとすれば、それは農法否定の農法である。

　長期的にみて、こうした農法が成功し得るか否かは議論の分かれるところだが、すでにほころびは至る所に現れており、農業生産の技術的問題としても、農業生産物を食べる人間の自然性の問題としても、広域的な環境の問題としても、文化の問題としても、この方向は破綻せざるを得ないと私は考えている。現代は農法危機の時代であり、破綻を回避し農法再生を目指すことは必須の現代的課題だと思う。

　現実の歴史過程としては、産業革命と農業革命、農業革命と農法革命は予定調和的に連動していたわけではなく、農業革命より産業革命が、農法革命より農業革命が先行し、すなわち農業の経営的、技術的条件の成熟よりも市場条件などの社会経済的外部環境の変化が先行し、経営的、技術的対応が後を追うという場合が多かったようで、その後追い過程で近代農学の端緒が拓かれる。市場条件への対応や新しいユンカー農場方式が農耕におけるエコロジーの破綻を生み、エコロジーの制約が市場対応や経営革新を抑制してしまう。このような状況の下で技術的、経営的改良によって、破綻を回避し、技術的安定を作り出すための実際的方策を探ることがテーアに代表される近代農学草創期の課題であり、具体的には新しい市場・経営条件の下での地力均衡、すなわち新しい循環系＝エコロジーを作り出すことにあった。近代農学がまずは農業重学として誕生したことの意味はおおよそ以上のように理解される。マルクスの合理的農業論も基本的にはこのような認識線上のものとして理解できるように思われる。

　だが、現代農学の枠組みを直接的に準備したという意味での近代農学の祖と位置付けられるリービヒ（1803 ～ 1873）の農学構想はこれとは異質なものだった[3]。

　マルクスによるリービヒ評価に依拠してかリービヒを物質循環論者とする理解が日本の農業経済学界、農学界の識者の常識となっている感があるが、この認識は明らかに一面的であり、近現代における農法と農学の相互史の理解に関して大きな誤謬を生み出してきたように思える[4]。

　リービヒは確かに農耕をめぐる物質循環系について鋭くかつ総括的な観察者であった。リービヒは主著『化学の農業及び生理学への応用』（1840 年初版、1862 年第 7 版で大改訂、没後 1876 年第 9 版）の序論 5 節「農耕と歴史」で物質循環の視点から近代農業の基本構造を物質循環の破綻として看破した。しかし、この認識を踏まえた彼の農学的処方箋は物質循環の回復、再生ではなく、外部からの補給、すなわち人造肥料の補給による永続的農耕の実現というものだった[5]。

　ここでリービヒが定式化した農耕の物質循環モデルとそれを踏まえた外部補給の農学理論（施肥理論）モデルを整理すれば次のようである。

## リービヒの物質循環モデル　地域循環から外部補給へ

〈伝統的農業における物質循環モデル〉
大地（M）→（養分吸収　M－m）→作物（m）→食料消費（m）───────┐
　　　　　　└── 家畜糞・人糞・作物残滓農地還元（＋m）◀───────┘

〈都市・農村分離時代の物質循環破綻モデル〉
大地（M）→（養分吸収　M－m）→食料消費（m）→海への流出（m）

〈人造肥料の外部補給による物質循環モデル〉
大地（M）→（養分吸収　M－m）→作物（m）→食料消費（m）→海への流出（M）
　　　　　└── 人造肥料による養分補給（＋m'）（ただし m'≒m）

〈リービヒ施肥理論〉
必要施肥量　m'≒M－M'（ただし M'=M－m　m'≒m）
だが現実には　m'≒M－M'は定量的に確定できない！　いわゆる地力領域の存在！


　リービヒは洞察力に優れた天才的理論家であったが、必ずしも時代を画するほどの農業技術者とは言えなかったようで、彼が提唱した人造肥料そのものは肥効等に深刻な難点があり、窒素循環についての理解に時代的限界もあったため、彼の人造肥料による外部補給という技術的提案がそのまま現実の農業を把握したという訳ではなかった。人造肥料の技術提案が現実の農業現場を把握するようになるのは、ハーバーとボッシュによって空中窒素固定の工業技術（アンモニア合成）が開発されて以降のことであった（1908年）。それまでの間、窒素施肥をめぐるロザムステッド系の農業技術陣等との論争という曲折を経ながらも、リービヒの農学構想は、外部補給による物質循環の回復というテーゼから、外部補給による物質循環系の代替、さらには循環系からの脱出へと展開しつつ、近代農学の基盤的精神となっていった。言うまでもなく近代農学といっても、約200年の歩み、各国の実態は多様であったし、その具体的展開構造を単純化することは出来ないが、巨視的には、その基盤精神が、農耕における循環系の回復と活性化という方向ではなく、循環系を詳細に解明することによってより精緻に外部補給の技術方策を構築する方向を主軸としてきたと理解できるように思われる。

注記2

　ここでリービヒの農学構想の全体像について注記しておきたい。

　リービヒの農学理論の骨格は、①有機栄養説に代わるミネラル説（いわゆる無機栄養説）、②産業革命以降の農村－都市の物質循環の破綻への洞察、③循環破綻への対処としての人造肥料の提唱と開発、④取り去ったものを補給するという施肥理論の構築、⑤最小養分律の提起、の５点として整理できる。

　ミネラル説はテーアらのフムス説（有機栄養説）を覆す近代農学理論の基礎とされているが、実はその裏側には農耕過程を化学的過程だけとして単純に理解し、生物学的過程についてはまったく考慮しないという誤りがあったことはすでに指摘されている。典型的には有機物の分解過程を化学的風化過程とする理解であり、この点は同時代の生物学者パストゥールから厳しい批判を受け、論争を経て自らの認識の不十分さを認め、主著第７版では「発酵・腐朽・腐敗の化学過程」が全面削除された。この点はしかし、微生物の存在と世界を発見し、証明し、さらにその利用技術まで確立するのが天才パストゥールであったことからすれば、リービヒの個人的限界というより、パストゥールの時代的偉大さとして認識すべき近代農学草創期における劇的な一齣と理解すべきだろう。

　しかし、農学論としてみればリービヒが「発酵・腐朽・腐敗の化学過程」という理解と論述を取り下げるというだけでは問題は済まないはずであった。パストゥールの証明と提案を踏まえて、農学論における次なる課題の核心は、農耕過程を、リービヒ的なケミカルな過程とする理解とパストゥール的な生物的連鎖過程とする理解をどのように統一的に捉えるかという点に移行していた。すなわち農耕過程を物質循環過程としてだけでなく生物・生命循環過程としても把握するという認識であり、それを循環再生のための技術構想としてどのように再構築するかという課題であった。だが、こうしたパラダイム的模索課題は、以後農学界の主流においては課題として認識されることすらなかったように思われる。この課題を明確に意識し、菌根菌の能動的機能に着目しながら循環再生のための新しい農学を提起したのは、その後農学の主流を担ったロザムスティド系の農学者たちではなく、有機農業の祖とされる異端の農学者ハワードであった[6]。

　なお、最小養分律の提起をリービヒの重要な業績とする理解も学界では一般的となっている。しかし、リービヒ自身の農学確立過程に即して検討してみるとこの認識もかなりの程度誤りであると考えられる。リービヒの施肥論は上述のモデルに示したように、収奪量を施肥として補給するというきわめて単純なものであった。だが農耕の現実の場では施肥量はそんな単純な差し引き計算では確定出来ない。天然供給も含む地力領域の問題もあるし、地力と肥力の相互性の問題もある。さらには輪作等の中期的な時間的スパンも考慮すれば、圃場における内部的な地力の拡大再生産系の問題や作物による肥料吸収特性等の問題もある。すでに多くの指摘があるように施肥は作物に施すだけでなく、エコロジカルな複雑系として

の土に対して施されるのであり、要するに施肥量は単純な差し引き計算などでは
確定できないのである。聡明なリービヒはそのこと、すなわち自らの施肥理論の
現実的破綻にかなり早い時期から気が付いていたようであり、最小養分律の提起
は破綻した施肥理論の補正として第 7 版以降、「第 2 部農耕の自然法則」として
加えられたものであった。この最小養分律の発想は、その後の農学展開のなかで、
養分バランスや微量要素欠乏等に対処する技術形成において寄与したが、即物的
ロジックを身上としたリービヒの技術理論自体としてみれば、現実的処方箋はこ
こからは何も出てこないのだから（当時の技術状況からすれば最小養分律に対応
する最も優れたかつ現実的な処方箋は農業重学＝地力均衡論的なフムス説への回
帰であったろう）、最小養分律の提起をリービヒの偉大な業績とする通説にはか
なりの批判的注釈が必要ではないかと思われる。

---

　しかし、外部補給の農学が現実の農業を把握し、支配的な影響力を持つよう
になるにはいくつかの歴史的条件の成熟が必要であった。

　近代日本においても現実の農業は、外部補給技術を部分的に受け入れながら
も、全体としてみれば農耕的自然のバランス（農耕的小循環エコロジー）の基
礎の上に営まれ続けてきた。宇根豊は農業技術を「土台技術」と「上部技術」
に区分して新しい技術論の構築を提起している[7]。宇根が言う「土台技術」
とは農耕的エコロジーの形成・持続・活性化にかかわる技術、すなわち主とし
てストック領域の技術であり、「上部技術」とは肥培管理等の狭義の栽培技術、
すなわちフロー領域の技術であり、「上部技術」は「土台技術」に支えられて
はじめて持続的展開が可能となるという理解である。かつて日本農業はそのよ
うな形で、すなわち農法形成のベクトル上に存在していたというのが宇根の理
解である。

　日本における転換点は 1950 年代から 60 年代にかけての頃にあったと考えら
れる。

　戦後農地改革は、農民的農法形成への大きなうねりを作り出した。土地を得
た自作農たちは、新しい技術形成に異様とも言えるエネルギーを注いだ。村々
では新しい「農法」が雨後の筍のように生まれ、互いに競い合いを演じていた。
新しい「農法」が目指そうとするベクトルにはかなりの多様性があったが、工
業等からの外部補給的技術導入の可能性が著しく制約されていた敗戦直後とい
う歴史条件下では、農耕的ストックを充実させ農耕の場での小循環を活性化さ

せるような方向での技術開発が特に目立っていた。ここで近代日本における農学の体質論に係わって注目しておくべきことは、このような草の根における技術形成への際だった胎動に対して、大学や公的試験研究機関等の関与はきわめて微弱であったという点である。結果としてそれらの技術は「民間農法」として形成、展開することになった。当時の「民間農法」の全容は忘却のなかに埋もれているが、達成水準が相当なものであったことは確かであり、現在、有機農業や環境保全型農業等の実践のなかで定着している微生物利用等の優れた基本技術の多くはこの時期に開花した「民間農法」を起源としている[8]。

　だがこの時期は、日本経済全体が戦後復興から飛躍的高度成長へと展開した時期でもあった。この段階で、主として工業に依拠していた資本にとって農業・農村は、単に資源調達の対象であるだけでなく、新たなマーケットとしても位置付けられるようになる。再興・躍進する重化学工業サイドからの農業生産への新しい技術・資材の潤沢な提供も開始される。その過程で農業・農村にも現代的豊かさがもたらされることになる。農学・農業技術学は、こうしたなかで重化学工業の生産力成果の農業への導入、適用に関連して自らの働き場を発見し新たな隆盛の時期を迎えたのである。農耕における内部循環の外部補給による置き換えをより効率的に進めることによって短期的な生産性を高めようということ、すなわち、自然の制約からの自由と農耕過程の自由な操作を工業的科学技術の援用によって果たそうとすることがそこでの共通した技術的モチーフとなった。巨視的には日本経済・社会のフォーディズム的再編への農業・農村の包摂過程と見ることができよう。

　1950年代はこれら2つの流れのせめぎ合いの時代だった。だが、そのせめぎ合いは60年代前半頃にはほぼ決着し、工業による農業・農村の包摂という流れが農耕の場を支配するようになり、農法形成へのベクトルは急速に衰滅していった。リービヒが提起した農学パラダイムは、工業生産力、すなわち工業的外部補給力の圧倒的優位という社会構造の形成を背景として、この段階で日本農業のほぼ全体を把握するに至ったと言えるだろう。

　1960年以降の「農業近代化」過程では膨大な新技術が開発され、実用化され、圧倒的な普及が実現されてきた。だが、それらの新技術は宇根の言う「上部技術」に集中しており、かつ、それらの新「上部技術」は「土台技術」との切断の方

向で展開し、「土台技術」は目に見える実態としても著しく貧弱化してしまった。「農業近代化」にともなう技術開発とその普及・定着は、大枠としては農法形成へのベクトル上にではなく、農法空無化へのベクトル上に展開したと理解したとしても大きな間違いはないと思われるのである。

---

注記3

　農法の形成と展開、あるいはその解体・喪失の過程は、農業を担う主体のビヘイビア、あるいはエートスのあり方と密接な相互性をもっている。これまでの長い時代にそうであったように、これからの長い新時代においても、農業が直接的生産者だけでなく幅広い民衆世界を基盤として生き続けるとすれば、この点についての認識はとりわけ重要であろう。しかし、以上の論述では農法の形成と空無化に係わる農民・民衆主体のあり様、とくにその精神史的側面について、全く触れることができなかった。能力不足の故であるが、次の機会には言及を試みたい。

---

## 3.　アグリビジネスの農学・技術論と私的独占の論理（現状分析の枠組み） ——バイオ技術の登場とアグリビジネスの技術戦略

　大要以上のような枠組み的経過を経て、日本農業は1980年代中頃以降の現在を迎えることになった。現在の画期としての1985年G5プラザ合意とそれ以降グローバリズムの席巻という状況下にあって、日本農業は解体的様相を強め、多国籍企業による世界農業の再編と把握への動きが顕著となり、さらにそれらの動向と対抗しようとする農業の新たな再構成への取り組み等も展開しており、今、相互の戦略的なせめぎ合いが激しく戦われている。本節では日本農業の解体と世界農業の再編把握に係わる技術論の中心的論点は遺伝子組換え技術を象徴とするアグリビジネスの農学・技術論と私的独占の論理にあるという著者の基本認識を提示したい。

　1980年代半ば頃までに形成された農法霧散的の状況、すなわち宇根の言う「土台技術」の著しい空洞化の進行という状況下に、農業技術における人為的操作主義を極限にまで押し広げた遺伝子組換え技術が登場し、知的所有権強化を軸として農耕と自然のきわめて広範な私的独占が一気に世界を覆おうとしているのが現局面だと見ることができる。この新たな状況に対して、わが国の

農業社会科学研究サイドは大塚善樹 [9]、久野秀二 [10]、立川雅司 [11]、保木本利行 [12] らのわずかな例外を除いて、現実の展開とかみ合った研究対応が出来ていないように思われる。この現実をわれわれは深刻に認識すべきではないか。現状認識の枠組みの基本的なズレに問題があるように思われる。

　さて、農業技術における技能・技術・科学の三者の関係で見れば、科学優位の構造確立というきわめて特異な状況の下に現在があるという点が常識的ではあるが認識の出発点である。それは 1970 年代後半期以降におけるバイテク育種学の形成と展開によって主導された。農業バイテク技術と呼ばれるものの範囲は広いが、組織培養、成長点培養などを中心とする段階から、細胞融合技術の形成を経て、1980 年代中頃から 90 年代初頭の頃には遺伝子組換え技術の植物育種学への応用という段階へと展開する。現実的な育種技術としてみれば、遺伝子組換え技術以前のバイテク技術は、育種の効率を高めたり、新品種の増殖能率を高めたりする点では大きな意味をもっていたが、その技術自体が直接的に新品種の作出に寄与するということはほとんどなかった。現実的な育種技術はあくまでも交配育種の範囲内にあり、したがってすでに科学優位の色合いは濃くなっていたとは言え、育種過程と農耕技術との接点はまったく切断されてはいなかった。

　しかし、遺伝子組換え技術が現実的育種技術として機能し始めると状況は大きく変わる。

　遺伝子組換えによる育種技術といっても内容は複雑で多様だが、その独自性の核心は異種生物間の遺伝子組換え、すなわち従来は不可能とされていた異種生物間雑種の作出にあると考えられる。それは全く新たな生物種の作出という形で表明されることもあり得るが、現実にはそこにはさまざまな社会的、自然的制約があるため、作物の遺伝子に微生物の遺伝子の一部を組み込み、同種内のバラエティ（品種的変異）として育種成果が作出されることが多いようである。

　しかし、現在の遺伝子組換え操作技術にあっては、目的遺伝子のみの目標遺伝子座への限定的かつ的確な組換えがなされているか否かは不明であり、実際には劣性遺伝子等についての予想外の遺伝子組換えが行われている可能性は否定できない。とすれば作出された育種成果は、同種作物の品種的変異としてではなく、異種生物間の新たな雑種として捉えるべきだとする見方もそれなりに

根拠あるものと認めなければならないだろう。

　いずれにしても遺伝子組換え育種においては育種過程の中心はエコロジカル
な農耕技術とは隔絶した狭義の科学領域にあり、その限りで科学優位は明確で
ある。

　問題は遺伝子組換え育種の影響力である。遺伝子組換え品種の実用化は
1996 年以降のことであり、まだその現実的力について確定的な判断ができる
段階にはない。だが、モンサント社の遺伝子組換え大豆品種「ラウンドアップ
レディ」が、実用化わずか３年でアメリカの全大豆作付けの過半を超えるほど
に普及したという点をみれば、そのコストダウン効果等は相当なレベルにある
と理解すべきだろう。「ラウンドアップレディ」は初発の実用品種であり、当
然今後はよりハイレベルな改良種が作出される可能性が高いというのが常識的
判断だと思われる。

　現状では実用化された作物は大豆、ナタネ、トウモロコシ、バレイショ、ワ
タなどの一部に限られており、その効用も特定除草剤耐性、殺虫性などに限定
されているが、今後はその範囲が広げられていく可能性も高い。遺伝子組換え
技術は、農業に対して相当強い影響力を持つ可能性のある技術だと認識してお
くべきだと思われる。

　次に問題にすべき点は、強い技術力を持っていくと想定される遺伝子組換え
技術の開発と普及が、巨額の研究開発投資と知的所有権強化による市場の独占
的把握を前提に、バイオメジャーと呼ばれる多国籍企業によってほぼ独占的に
推進されているという現実である。遺伝子組換え作物は、新品種として、作物
新品種保護制度によって育成者権が保護されるだけでなく、特許としても強力
な私的所有権が設定されている場合が多いようである。さらに育種過程で使用
されるさまざまな技術の多くは特許登録されており、最近では遺伝子それ自体
への特許権設定という動きも顕在化している。

　モンサント社の特許権が設定されている大豆「ラウンドアップレディ」の場
合には、種子の購入にあたって農業者は通常の種子代金の支払いだけでなく、
特許権の使用許諾契約書にサインし、特許権使用料もモンサント社に支払う形
になっている。契約書の内容はかなり詳細なもので、農家による種子増殖の禁
止、使用資材の指定、圃場立ち入り検査の承認、違反した場合の賠償規定など

が含まれている。ナタネは他家受粉性の強い植物であり、遺伝子組換え種の花粉は虫や風で運ばれ、周辺の在来種ナタネとの自然交雑も起こる。周辺農家が自家採種した種子を使ってナタネ栽培をしていたところ、そのナタネには交雑によって組換え遺伝子が含まれており、それが特許権侵害であるとの訴訟さえ起きているとのことである。

　複雑な育種過程で多種の特許が使用されるということは、開発企業間の特許紛争をさまざまな形で続発させることになるが、紛争はライセンス取引などを経て、バイオ企業の相互提携を促進させ、バイオ企業の巨大ネットワークが形成されていく。巨額な研究開発投資と私的所有権の確保のリンケージとして推進される遺伝子組換え技術開発はこのような形でバイオメジャーによる私的独占の構造を世界的規模で生み出しつつある。

　作物新品種の育成権保護については、国際的には1961年採択、1968年発効のUPOFV条約（植物新品種保護条約）がある。日本ではUPOV条約の趣旨を踏まえて1978年に種苗法が制定され、1982年にはUPOV同盟に加盟している。条約内容はすでに3回改訂されているが、1978年の第二次改訂までは、育成者保護と同時に、自家採取などの農民の権利保護、特許制度との二重保護の禁止などが定められていた。ところが、1991年の第3次改訂（発効は1998年）では育成者権が著しく強化され、農民の権利はほぼ全面的に否定されてしまった。主な改訂内容は次のようである。①保護対象を作物だけでなく全植物へ拡大、②育成者権利を種苗段階だけでなく収穫物、増殖にも拡大、③育種における「従属関係」概念の導入（当該新品種を育種材料として使用する場合には育成者の許諾を必要とする）、④特許制度との二重保護の容認、⑤保護期間を15年から20年に延長。

　一方、特許制度に関しては、従来は特許制度は工業的発明に対応する制度であり、自然に依拠する生物分野の発見や技術開発は特許制度には馴染まないという扱いがされてきた。第二次改訂までのUPOV条約のおける二重保護禁止の規定もこのような考え方によるものだった。ところが工業技術的なあるいは環境保全技術的な微生物利用の場面では、人為的に選抜改良された微生物に特許権が認められるという動きが1980年代初頭にアメリカで顕在化する。日本でも1985年には特許庁は植物体や組織培養体であっても特許制度で保護を受

けることはできるという判断を示した。遺伝子組換え育種の基礎技術は、作物育種特有のものではなく、医薬品生産等に係わるバイテク技術一般と共通しており、それらの技術領域はすでに特許制度の下に組み込まれている。

　従来の交配育種品種に特許権が設定されるという状況にはなっていないようだが、遺伝子組換え育種品種については、種苗法＝UPOV 条約による保護よりも特許権設定によるより強い保護を受けるというのがすでに一般化しているようである。

　特許などの知的所有権制度の強化が、国際的な政治経済の場面で強く主張されるようになるのは1985 年以降のこととされている。1982 年にアメリカのレーガン大統領は先端技術分野の競争力強化のための特別委員会を設置し、その答申が 1985 年に「ヤングレポート」として提出された。その内容は、産業競争力強化の戦略的核心は知的所有権重視にあるというものだった。

　これ以後アメリカは、単なる研究開発重視ではなく、その成果を知的所有権として確保するという政策を強力に押し進めるようになった。国内的には大学や研究機関を知的所有権生産機関として再編し、国際的には知的所有権制度の強化と標準化を強要し、現在ではアメリカの主張は WTO の貿易関連知的所有権協定（TRIPS 協定・27 条 3b に生物特許容認規定）として国際的制度となっている。

　日本でも 1997 年に特許制度重視の政策（プロパテント政策）が打ち出され、産業界だけでなく大学や試験研究機関がその方向で強力に再編されつつあり、農業・農学分野ではゲノム解読や遺伝子組換えの研究開発競争がその中軸となっているのは周知の事態である。

　さて、農業的にみて相当な普及力を持つと想定され、しかも知的所有権制度によって独占的なマーケット把握が可能とされる遺伝子組換え技術が一般化されることは、日本と世界の農業や自然にとってどのような意味を持っていくだろうか。

　第 1 の論点は、遺伝子組換え技術が世界の食料問題解決の鍵となるという主張の当否である。バイオメジャーはいま、遺伝子組換え技術は第二の緑の革命をもたらすという主張を軸として、さまざまな援助・技術協力制度を活用しながら途上国の農業把握を進めようとしている。しかし、バイオメジャーの行動

原理が知的所有権による利益の独占確保にあることを考えれば、「遺伝子組換え技術が世界の食料問題を救う」などという主張が錯誤の空論であることは明確だと思われる。

　第2の論点は、世界の主要食料が遺伝子組換え作物でカバーされていくという事態は食のあり方として適切であるかという点である。この点では、遺伝子組換え食品には安全性に不安があり、食べたくないという気持ちが消費者の圧倒的意思として表明されている。この強い意思表明に押されて遺伝子組換え作物輸入に制限を加える動きが世界的に広がりつつある。これがアメリカ、カナダなどの生産動向にも大きな影響を及ぼし、2000年には遺伝子組換え品種の作付けは急減する見通しとなっている。

　遺伝子組換え作物の安全性に関しては、OECDによる「実質的同等性」概念が安全性証明論理の中軸におかれている。たとえば、遺伝子組換え大豆も大豆の一品種に過ぎず、その安全性は大豆消費の長い歴史がすでに証明しており、安全性確認は組み込んだ遺伝子タンパク自体の安全性をチェックするだけで十分であるといった主張である。しかし、上述したように肝心の遺伝子組換え操作自体が、現状では不明な点があまりにも多く、作出された植物体は、大豆と微生物の異種間交雑による新生物と捉えるべきだとする考え方も否定しきれず、また、組み込んだ遺伝子は当然遺伝子として機能し作物体内で様々な生理作用を引き起こすことも当然予測される。これらの点にも視野を広げてみれば、「実質的同等性」の故に安全性チェックは簡単で良いとする主張は、科学的議論ではなく詭弁的レトリックだと言わざるを得なくなる。EUでは消費者の不安感には根拠があるという判断から「予防の原則」を提起してこの安全性問題に対処しようとしているが、歴史的経験に学んだ賢明な対応態度だと思われる。

　第3の論点は環境問題に関してである。議論の主要なポイントは生態的に相当な強力性を持つ遺伝子組換え作物＝単純で強力な生物種が広大な農地で一律に栽培されることによる生態系、とくに生物種多様性に及ぼす影響は如何にという点にある。

　上述のように現在商品化されている遺伝子組換え作物は、一面では微生物との異種間雑種的要素を有しながら、同時に従来からの作物種の品種的変異という性格も有している。後者の性格は、同種内の自然交配が問題なく可能という

ことであり、したがって前者の性格、すなわち組み込まれた微生物の遺伝子は、自然交配を通して環境に流出していくことになる。このような現象は、自然界でも希に起こりうることではあるが、それを人為的に強力に押し進めることは、結果、影響を予測し得ない無謀な行為といわざるを得ない。自然界における生物種の遺伝的秩序に相当な負荷、攪乱をもたらす影響は否定できない。

　また、単純で強力な生物種が広大な農地で一律に栽培されることは、棲み分け的な共存論理で成立している生物種の多様性秩序に対しても強い攪乱、負荷を与えるとも予測される。生物界の種間秩序は、強力な種の出現に対してはそれと対抗するような新たな進化を作り出す。保全生態学の鷲谷いづみはそのプロセスはいわば軍拡競争のようなものであり、生物種の多様性に対する重大な脅威となる可能性があると指摘している[13]。

　遺伝子組換え技術と生物種の多様性秩序との関係の問題は、1970年代におけるアメリカなど先進諸国による途上国遺伝資源の採取、収奪への批判と生物資源への途上国主権の主張を前史とし、1992年の地球サミットで大きな国際問題として論議の俎上に載せられた。地球サミットのアジェンダ21では、生物遺伝子資源の途上国主権の尊重、生物多様性保全の重視が合意され、生物多様性条約が締結される運びとなった（この条約をアメリカは批准していない）。しかし、バイテク技術については、遺伝子組換え品種の商品化5年前という時点での合意として、バイテク技術の先進国による独占的状況を改め途上国も含めてバイテク技術が幅広く活用できるようにすべきだとの見解が示されている。その後、遺伝子組換え品種の商品化と普及という事態を踏まえて生物多様性条約特別締約国会合で「バイオ安全議定書」が審議され、2000年1月にモントリオールで開催された会合で採択された。新聞報道によれば議定書内容の骨子は、遺伝子組換え生物が生物多様性の保全と持続可能な利用に悪影響を与える恐れがあることを承認した上で、その国境移動には十分な安全性措置を講じるというものである。遺伝子組換え生物の貿易は輸入国の事前同意が必要、輸出国には輸入国への情報提供を義務づけ、危険性評価については議定書が定める方法に基づいて輸入国が行い、問題ありと輸入国が判断した場合には輸入禁止措置をとる、また、この協定はWTO等には従属しない等の規定も盛り込まれた。しかし、規制対象は、輸入国で栽培される種子等に限定され、現実貿易

の主な内容となっている食用・加工用・飼料用作物については対象外とするなど玉虫色の内容も含まれているようである。

　何れにしても遺伝子組換え作物による世界の食料と農業の独占的把握という動きと、それに歯止めをかけようとする動きが激しいつばぜり合いを続けているという世紀末の現状をわれわれも主体的に直視すべきであろう。

　このようにして遺伝子組換え技術は知的所有権制度の強化と一体となって農業技術領域におけるグローバリズムの中核的位置を占めるに至っている。本節の最後に、この事態の農業技術論的意味について一言したい。

　中心的問題は、生物種への人為操作要素への評価、エコロジーと切断された技術の画一性への評価、生物特許、遺伝子特許という農業分野としては新しい技術独占の論理と制度への評価などである。農法空無化の状況はいま遺伝子組換え技術をバネとして世界的な規模で極限化されようとしている。もちろん農業は本来、自然に対する人為操作の要素を不可欠としているが、農業技術にとって、人為操作の道を追求するだけでなく、人為と自然との安定した折り合いを探ることも不可欠な要素であったはずだ。それが農法形成を求める人類史的営みであった。そして農法はいつの時代にも、当然のこととして地域的風土性をもち、また幅広い公共的英知として社会化されてきた。農法形成は私的独占の論理とは異なった、さらには対抗的な地平において成立する社会的営みだったとも言えるだろう。

　そのようなものとしての農法の空無化がすでにかなりの程度進行してしまっているアメリカや日本においては、遺伝子組換え技術への反発が農業生産現場からはあまり強く表明されるに至っていないという現実はある程度根拠のある事態なのかもしれない。他方、農業の多面的役割が保持され、生物多様性と技術のローカリティが現実的存在意味をもっている途上国の農業生産サイドからは強い反発が表明されている。

　遺伝子組換え技術を軸とした農業技術領域におけるグローバリズムと農業風土性論（ローカリティ）あるいは生物多様性論（バラエティ）との間では、今後、長期にわたって激しい衝突、相克が繰り返されていくことだろう。このような状況下にあって、日本の農学陣営が全体として、遺伝子組換えやゲノム解析の特許競争にのめり込んでいくことは、一見無戦略な無邪気さのようにも見

えるが、しかし、歴史的には深刻な愚策だと言うべきではなかろうか。

## 4. 地球環境問題と全社会的レベルでの「農法」再生への課題（時代的展望）
### ──農村市民社会は全社会的レベルでの「農法＝循環型社会システム」の再生を先導的に担い得るか

　転形期にさしかかる日本農業にとって 1999 年は相当に意味のある年だったように感じられる。2 月には所沢でのダイオキシン騒動があり、7 月には新しい「食料・農業・農村基本法」と一連の関連法案が成立し、9 月には JCO 臨界事故が起き、12 月には WTO 閣僚会議が決裂し、一年を通して遺伝子組換え食品への国民的拒絶感は強まり、それへの対応は国内的にも国際的にもたいへん大きな政治課題として意識されるようになった。こうしたなかで環境保全型農業、持続型農業、あるいは循環型農業といった農業ビジョンは、その中身が依然としてあいまいなままだという問題点を残しながらも、すでに自明の将来ビジョンとして幅広い承認、合意が成立してきているようである。日本農業をめぐる世論の潮目は明らかに一つの変化の時を迎えつつあると感じられる。

　循環型農業への先駆的取り組みとしては、1970 年代初頭に産声をあげた有機農業がある。

　有機農業の実践的理論家である保田茂は、1986 年に全国的な実践事例を総括して有機農業の概念を次のように規定した。

　「有機農業とは、近代農業が内在する環境・生命破壊促進的性格を止揚し、土地−作物（−家畜）−人間の関係における物質循環と生命循環の原理に立脚しつつ、生産力を維持しようとする農業の総称である。したがって、食糧というかたちで土からもち出された有機物は再び土に還元する努力をして地力を維持し、生命との共存と相互依存のために化学肥料や農薬の投与は可能な限り抑制するという方法が重視されることになる。」[14]。

　その後、有機農業実践自体の発展進化と社会的スタンダード形成という状況変化を踏まえて、有機農業の定義は、農薬や化学肥料をまったく使用しないというレベル以上のものに限定して適用するという形に改変されたが、保田が定義した基本精神は現在でも大きな修正はない。日本有機農業研究会は 1999 年

に会としての「有機農業基礎基準」を定めた。その冒頭には「有機農業のめざすもの」として次の10項目が掲げられている[15]。

①安全で質の良い食べ物の生産、②環境を守る、③自然との共生、④地域自給と循環、⑤地力の維持培養、⑥生物の多様性を守る、⑦健全な飼養環境の保障、⑧人権と公正な労働の保障、⑨生産者と消費者の提携、⑩農の価値を広め生命尊重の社会を築く

1999年のJAS法改正で有機農業についての法的定義（「有機農産物の日本農林規格」2000年1月20日）が定められ、また持続型農業導入促進法で新たに「持続可能な農業生産方式」についての法律的定義も定められた。こうした状況変化を踏まえて全国産直産地リーダー協議会は先頃、21世紀の日本農業ビジョンとして「エコ農業構想」を提案した（2000年2月16日）。そこでは21世紀に目指すべき農業の総体を「持続型農業」と位置付け、その内部を「有機農業」と「エコ農業」（特別栽培ガイドラインのうち減農薬・減化学肥料栽培以上のもの）に区分し、それら全体を統合する基本理念として保田が1986年に提起した基本精神が採用されている。提案された「エコ農業構想」の骨格は次のようである[16]。

## 「エコ農業の内容－17ヶ条」

①農地の地力維持培養に努める、②輪作の導入に努める、③優れた在来品種を掘り起こし、環境保全に適した品種の開発に努める、④遺伝子組換え技術は排除する、⑤化学肥料の使用量を削減し、化学肥料から有機質肥料への転換を促進する、⑥農薬の使用量を削減し、耕種的、生物的、物理的な防除を総合的に進める、⑦除草剤をできるだけ減らし、耕種的、生物的、物理的雑草対策を総合的に進める、⑧資源の循環的利用と投入エネルギーの抑制に努める、⑨環境負荷を削減するためのシステム確立に努める、⑩畜産経営についてもエコ畜産の推進に努める、⑪消費者に喜ばれるよう農産物の品質の維持向上に努める、⑫生態系の保全と景観の保持に努める、⑬生産情報開示に努め、社会的信頼確保のため監査制度の整備を提案する、⑭消費者との交流をはかり信頼の確立に努める、⑮エコ農産物のための新らたな流通体制の確立に取り組む、⑯エコ農業に生産者、流通業者、消費者が手を携えて取り組む、⑰生産者の生活と経営

の安定を実現する

### 「エコ農業推進のための政策提案」

①エコ農業生産者の経営安定対策の整備、②エコ農業への直接支払い制度の導入、③エコ農業についての基準と監査制度の構築、④農村地域における環境保全政策の推進、⑤エコ農産物マーケットの形成、⑥エコ農業支援のための研究開発体制の本格的整備

20 世紀の農業は工業的論理に対応することによって生産性向上を果たしてきたが、21 世紀には農業は改めて農業らしさを取り戻し、循環型社会の基盤としての役割を果たすよう期待されるようになっている。21 世紀に日本農業がそのような時代的期待に応えていくには、20 世紀の達成と構造的歪みについての多面的な自己点検が必要とされているように思われる。

豊かな時代としての 20 世紀後半期の基本構造が、大量生産＝大量消費を中軸としたフォーディズムにあったこと、フォーディズムはたいへん効率的な自己循環システムであり、自己循環メカニズムの加速は先進諸国に急激な経済成長と生活的豊かさを作り出したが、大量生産＝大量消費の活動総量の増加は地球的環境容量との矛盾を顕在化させ（「成長の限界」的状況）ただけでなく、このシステムは実は完結した自己循環システムなどではなく、入り口における資源＝自然収奪と出口における大量廃棄問題を不可欠の構造的要素としたいびつなワンウェイシステムであったこと、などの諸点は、1990 年代後半期に連続した諸事件の体験を通じてほぼ共通した社会的認識となりつつあるように思える。

要するに 20 世紀システムは、めざましい達成を果たしたが、同時にそこには深刻な構造的欠陥があり、21 世紀はしたがってシステム転換の時代として構想されなければならないとする認識であり、そこから世紀的転形期の基本課題として、使い捨て＝ワンウェイ型社会から豊かさと節度のある循環型社会への転換という課題が幅広い世論の支持を受けながら急浮上してきた。

農業近代化過程を経て、現実の日本の農業・農村はすでにフォーディズムの全体構造の中に深く組み込まれている。それは単に産業としての農業としてだ

けではなく、農村の生活様式自体もフォーディズムの枠組みに包摂されようと
している点に現代的特徴を見ることができる。鷲谷いづみは、現代を生活域か
ら自然が急速に喪われていく時代として特徴づけている[17]。過去の長い時代、
採取的諸生業も農業も、産業としての営みばかりでなく、それを担う人々の生
活様式も、自然との共生を基本としてきた。それに対してフォーディズムは、
大量生産的産業メカニズムへの人々の生活面からの根こそぎの参画・包摂を本
質としており、その視点から見れば、鷲谷の「生活域からの自然の喪失」とい
う指摘はフォーディズムの本質と現局面的様相を衝くものとして鋭い。

　こうした全体状況の大きな変化のなかで、農業・農村の循環重視の方向での
再編のためには、人々の生活様式のあり方も含めてフォーディズム的構造から
の脱却と幅広い範囲での新しい質と構造の創造という2つのプロセスを同時に
進行させなければならず、それは相当に難しく、長い時間と試行錯誤を要する
課題である。ビジョン内容の検討と豊富化、過渡期の過程論、担い手像の吟味、
新しい技術形成、新しい地域論の形成など、政策論として検討すべき論点も多
い。だが、これらの広範な課題全般について報告者の私見をここで提示するこ
とはとてもできていない[18]。そこで、本章の終りに全体社会における循環型
への再編・移行の取り組みにおいて、農業・農村はどのような役割を果たし得
るのかという視角にかかわって、従来あまり論議されてこなかった論点を3つ
提起してみたい。

　第1は、農業・農村は自然と社会の接点にあって、循環の促進を生産力・生
活力として活用するという点で、工業や都市とは基本的に異なった特質をもっ
ており、したがって循環型社会の本格的な形成は農業・農村を基幹とする以外
には構想し得ないだろうという見通しである。

　本章第2節（注記1）にも記したように、自然の大循環と人間の産業的営み
との位置関係についての基本類型は、自然の大循環にほぼ従属する採取的諸生
業と自然の大系から切り取られた場でほぼ完全に人為の過程として産業が構築
されていく工業という両極と、その中間にあって自然の大循環を基盤としなが
らもそこから取り出し特化させた半自然の場で、自然の生命力を活かした生産
活動を進める農業という3極構成として理解することができる。循環論として
みれば、採取的生業は循環論への従属、工業は循環論との切断、農業は循環論

を人為的生産力の基礎基盤とする、と整理することもできよう。農業における循環論の核心は、農業は生命生産であるという点と、廃棄を生産力に転化する土づくりの微生物的過程という２点である。リービヒ的な物質循環論パラダイムではこの点についての認識を展開し得ないことはすでに２．で述べた通りである。

　都市・工業においても循環型社会への模索は開始されているが、その模索が都市・工業という閉じた枠組み内に止まる限り、結局は新たな負荷を作り出すことにしかならず、必ず外部、すなわち農業や農村、そして自然との関係の改善を求めるという方向へと進まざるをえないものと思われる。だが、この流れのままでは、農業・農村、そして自然は、都市と工業のための合理的なゴミ処理装置として位置付けられるだけで、問題の解決にはつながらないだろう。

　とすれば、循環論を軸とした全体社会再構成への構図は、本質的にみれば、都市・工業の周辺に循環装置として農業・農村が配置されるという常識的理解を超えて、循環論を基礎基盤とする農村・農業の周辺に自らの内には循環論を内包しきれない都市・工業が配置されるという図式として、すなわち社会の新しい農本的構成として構想されなければならないということになろう（もちろん都市と工業の存在自体を否定する排他的構想であってはならないが）。農業・農村側からの新時代への戦略構想はこうした構図の上に構築されるべきではなかろうか。そのためにも農業・農村自身の自己革新と社会的求心力の形成がいま強く求められている。

　第２の論点は、上述したような農本社会構想は、共同体社会への回帰として展望されるべきなのか、あるいは市民社会論の線上に展望されるべきなのかという点である。本シンポジウムでの原洋之介報告とも関係する論点である。これについての筆者の立場は共同体への回帰としてでなく共生的市民社会の形成として展望したいというものである。近現代の意義と達成を踏まえ、かつ近現代を批判的に乗り越えるためには、前近代の長い時間のなかで人々が創り出し蓄積してきた英知を継承しなければならないとの認識はある。しかし、前近代への評価は必ずしも前近代への回帰、すなわち共同体への回帰を意味する訳ではない。続発する世界の諸事件をみれば、共同体原理主義へのエモーションは悲惨な結果を生んでしまうことが多いということはすでに相当明確な経験則で

はなかろうか。

　だが、著者のこのような認識には言うまでもなく大きな難問が内包されている。すなわち、現代的市民社会はフォーディズムの不可欠の担い手として存在してしまっているという現実があり、そのような現実のなかから、市民社会構想を積極的社会像として救い出せるのかという問題である。世紀末のいま、市民社会論は深刻なデッドロックに乗り上げてしまっている。自然と人間の関係（風土性）、人間と人間との関係（コミュニティの形成）、長い時間的継続（歴史性と文化性）、世界という広がりのなかでの国家と民族。「個の自由と自立」を基本的テーマとして突き進んできた近現代、そこにおける市民社会の形成というモチーフは、世紀末のいま、これら4つの壁に突き当たり破綻の危機に瀕している。

---

注記4

　ここで参考までに現代日本における市民社会についての著者の認識を別稿から転記しておきたい [(19)]。

　現代日本社会における市民概念は、都市を主な場としながら1960年代頃に構築されてきたものである。それは戦後民主主義と高度経済成長を前提として形成された大量消費＝大衆社会が、再び国家社会に強く包摂されていこうとする過程で、現代的大衆たちの、国家社会からの、そして新たな社会統合組織として登場した会社社会からの、さらには会社社会を補完するものとして再編されようとしていた家庭からの自立へのイメージのなかから構想されてきた。そこでは、自分の生き方は自分が望ましいと考える方向へと自分自身で選択していく、その生き方の結果には自分で責任をもっていく、という自己選択、自己創造、自己責任の行動規範があるべきものとして想定されていた。そのようにして産声をあげた現代的市民主義はまず政治的場面で自己主張を開始し、いわゆる市民運動を作り出し、制度面では主として生活に密着した自治体行政の具体的あり方に関して多くの問題提起がされていった。このころ以降市民主義のサイドから提起された問題のいくつかは、現在ではたとえば情報公開制度等にみられるように、新しいが当たり前の社会的仕組みとして定着し始めている。

　60年代の市民主義は、消費生活場面ではいわゆる消費者運動を作り出した。消費者が消費者として社会的に発言しようとする取り組みは、インフレ・高物価に抗議する主婦連等の運動として戦後間もなくの頃から存在していた。しかし、60年代以降の消費者運動は、それらの伝統を継承しつつも、市民主義的基盤を持つものとしてそれ以前の消費者運動とは異なる質を育てていった。70年代になるとその違いはより鮮明に意識されるようになり、受け身の存在としての消費者とい

う地点から、能動的な「賢い消費者」という経過点を経て、自立した生活者とい
う概念構築へと発展していく。

　だが、このようにして形成から成熟へと向かった都市市民社会は、80年代後半
期ころになると深刻な行き詰まりに遭遇する。環境問題、廃棄物問題、食の問題、
教育や福祉の問題等々新たな社会問題がさまざまな分野に噴出し、都市市民は都
市に暮らす限りでは、本質的には自立し得ない限界を持っていることが、ほぼ共
通して痛感されるようになる。90年代初頭のバブル経済とその崩壊についての国
民的体験が、このような「都市市民社会の限界」についての幅広い、かなり決定
的な認識を作り出した。

---

　ある識者は世紀末のこの惨憺たる事態に関して、「個の自由と自立」「市民社
会形成」などのモチーフ自体がそもそも現実性のない虚妄だったのだと言う[20]。
しかし著者はそうは考えない。「市民社会の形成」は近現代という時代から私
たちが継承すべき未完のテーマであって、それを近現代的な行き詰まりのカオ
スからすくい上げ、新時代への基本モチーフの模索のなかに活かしていくべき
なのだ、と考えたい。端的に言えば近現代的な「自立的市民社会」への模索を
一つの経過点として、その限界を超えるような「共生的市民社会」の形成が次
なる主題となってきているように思えるのである。

　共生的市民社会。ゲマインシャフトからゲゼルシャフトへという従来の基本
概念からすればこれは明らかに形容矛盾、あるいは没概念である。だがこのこ
とを単なるノーテンキな夢としてではなく、また論理としても形容矛盾、没概
念などではないものへと創造していけるか否か。このあたりに世紀的転形期に
おける私たちの探求の基本モチーフがあるのではないか。

　共生的市民社会形成への模索はすでに始まっており、その主な舞台は次第に
都市から農村へと移行しつつあるように感じられる。共生的市民社会は、まず
は農村市民社会として形成されていくのではないか、あるいはそうでしかあり
得ないとの予感がする。農村市民社会という言葉もまた相当な形容矛盾である。
しかし、近現代を苦悩とともに経過した農村には、いまこの形容矛盾を乗り越
え新しい時代的課題を現実のものとしていく力と条件が準備されつつあるので
はなかろうか。

注記5

　ここで農村市民社会形成の基盤としての現代日本農村の特徴についての筆者の認識を注記しておきたい (19, 21)。

① 現代の農村地域にはさまざまな産業業種が立地しているが、何よりもそこに農業があり、あるいは林業、水産業などの第一次産業が立地している。そして、活力は著しく低下しているとは言えそれらの第一次産業を起点とする地場産業の産業連関構造を持っている。

② それらの農村的な産業群はいずれも地域の自然的風土的環境に強く規定された構造、特質を形成している。

③ 人々はそうした自然性の高い地域社会への定住（ほとんどの場合は数世代にわたる定住）を当たり前の生活規範としている。

④ それ故に伝統性、安定性、持続性等の要素が社会規範として保持され、重視される。

⑤ 多くの場合、個々の暮らしのなかに農業や自然を持っており、自給的生活者、すなわち単なる消費者ではなく、自然性豊かな自立的生活者となることへの回路が開かれている。

⑥ 生産と生活が同じ地域内で営まれ、農業については多くの場合は生業として営まれ、生産と生活を生活者の視点から統一的に運営していく可能性が開かれている。

⑦ 個人は多くの場合は家族・世帯として生活しており、地域の社会関係は個人と個人の関係だけでなく、家族と家族の関係が重要な意味をもっている。

⑧ 地域の社会関係の基本は、顔見知り・相互理解関係であり、かなりの長期スパンでの相互信頼と互恵がベーシックな関係規範となっている。

⑨ 地域内に多世代の人々が定住的に生活しており、世代ごとそれぞれに社会的に、あるいは生活的に役割を果たす場があり、またその可能性が開かれている。

⑩ 都市とのさまざまな関係回路、ネットワークを持っており、閉じられた社会ではなくなっている。

　第3の論点は、循環型社会論との関係で、新しい時代に、農業・農村の側から、農村らしさを活かした生活様式をどのように構想し、提案していくかという問題である。

　循環型社会論をめぐっては、そこに新たな経済成長へのフロンティアを見出していくという立場もあり得よう。だが、そのような立場からの循環型社会形

成論は、現実的処方箋が多様に準備しやすいように見えても、結局のところ、かつての公害対策が自然と人間との関係論における問題の本質的解決をもたらすのではなく、新たな経済成長を作り出すことによって連続的結果としてより広範な環境問題を招いてしまったように、結局、これからの長い転形期におけるビジョンとはなりえないように思われる。循環型社会論は、成長を抑制し、マイナス成長へのおだやかな移行という流れのなかで展望されるべきではなかろうか。だが、現状の社会構成の下でのマイナス成長が弱者切り捨て的な貧しさと新たな社会的抑圧を招いてしまうことも事実である。

　とすればわれわれの循環型社会論においては、マイナス成長下での豊かさについての具体ビジョンが不可欠だということになる。

　この点で、あまり金をかけずに豊かに暮らしていく市民社会的仕組みとして、地域的ライフネットワークの構築という構想が魅力的である。地域資源の循環的利用の仕組み（当然のこととして循環型農業形成への取り組みもその重要な構成要素となる）を地域的な生活者ネットワークとして現代的に再構築していくこと。共生的市民社会の具体像を地域生活論として実践的に組み立てていくこと。農業・農村という条件はこのようなライフネットワーク構想にとってたいへん適合的だと思われる[19]。

　このような方向での生活基盤の主体的な形成があってこそ、食料自給論は、国家主義的レベルでの議論を越えて、地域生活者の豊かさと自立の構想たり得るのではなかろうか。地場生産＝地場消費、地域自給、地域生活者の視点からの地域的産業連関の形成などの課題領域は、従来とは異なった、すなわち地方資源の全国動員といった文脈からではなく、新しい時代における豊かさの形成という文脈における重要な政策領域として位置付けられるべきだろう。循環型農業論は農村地域生活論との具体的リンケージが必要なのであり、その意味で循環型農業形成の政策論と地域的ライフネットワーク形成の政策論とのすり合わせは今後の重要な検討課題となるだろう。新しい時代のための農業論は新しい時代における豊かさのあり方＝生活者による地域生活論として再構成されなければならないと思われるのである。

〈参考文献〉

（1）加用信文（1972）『日本農法論』御茶の水書房

（2）中島紀一（1987）『「民間農法」の諸事例』日本生協連

（3）リービヒの著作内容については吉田武彦による下記翻訳文献に依拠した。
　　　リービヒ・J.（吉田武彦訳）（1986）「化学の農業及び生理学への応用」（第9版
　　　部分訳、1876）『北海道農業試験場研究資料』30

（4）日本の農業経済学界、農学界における代表的理解を示すものとして1970年代に
　　　おける椎名重明と熊沢喜久雄による次の文献がある。椎名重明（1976）『農学
　　　の思想　マルクスとリービヒ』東京大学出版会、熊沢喜久雄（1978）「リービ
　　　ヒと日本の農業」『肥料科学』1

（5）リービヒの農学論と物質循環モデルについての報告者のこのような理解につい
　　　ては1988年10月に茨城県北浦村で開催された第14回畜産経営問題研究会シンポ
　　　ジウムにおいて「今日の農薬問題と有機農業の技術論」として発表している。

（6）ハワード・A.（1940）『農業聖典』（日本語訳1985、日本経済評論社）、ハワード・
　　　A.（1945）『有機農業』（日本語訳1987、農文協）

（7）宇根豊（1996）『田んぼの忘れもの』葦書房

（8）中島紀一（1995）「昭和戦後期における民間稲作農法の展開」『農耕の技術と文
　　　化』18、中島紀一（1995）「有機農業の技術的系譜とこれからの課題」『週刊農
　　　林』1995年7月〜8月号

（9）大塚善樹（1999）『なぜ遺伝子組換え作物は開発されたか　バイオテクノロジ
　　　ーの社会学』明石書店

（10）久野秀二（1994）「多国籍企業のアグリバイオ戦略と種子産業」『経済論叢』
　　　153-5・6

（11）立川雅司（1995）「農業・食料システム再編への農業社会学的接近──バイオ
　　　テクノロジーを軸として」『村落社会研究』2-1

（12）阿部利徳・小笠原宣好・保木本利行訳（1999）『遺伝子組み換え作物と環境へ
　　　の危機』合同出版

（13）鷲谷いづみ（1999）『生物保全の生態学』共立出版

（14）保田茂（1986）『日本の有機農業』ダイヤモンド社

（15）日本有機農業研究会（1999）「有機農業に関する基礎基準（1999）」『土と健康』
　　　1999年3月号

（16）全国産直産地リーダー協議会（2000）『エコ農業構想』同協議会

（17）鷲谷いづみ（1997）「里山の自然を守る市民活動」『科学』67-10

（18）新世紀の農業像にも関連して、四半世紀にわたって環境保全型農業の取り組み
　　　を積み上げてきた各地の産直産地組織が、構築してきたビジョンとその構想力
　　　の点でも、事業力量の点でも、地域的広がりという点でも、それが農家連合組
　　　織であるという点でもきわめて有力な担い手群であることを論じたことがある。
　　　中島紀一（1988）「環境保全型農業をめぐる状況変化と先端的産地組織の現段階」

　　土地制度史学会・1998年春季総合研究会
(19) 中島紀一（2000）「農村市民社会形成へのヴィジョンと条件」『農林業問題研究』
　　35-4（本書第11章に収録）
(20) 佐伯啓思（1997）『「市民」とは誰か』PHP研究所
(21) 中島紀一（1999）「農村地域社会の再編に対応する新たな行政ニーズ論の構想」
　　『農村地域社会の今後の動向と必要な行政ニーズに関する調査研究報告書』農
　　村開発企画委員会

（『農業経済研究』第 72 巻第 2 号、2000）

# 第**13**章 環境農業政策論
## ——環境保全型農業から環境創造型農業へ

　「有機農業と緑の消費者運動　政策フォーラム」（本城昇氏、足立恭一郎氏が主宰）は、有機農業・エコ農業振興のための政策課題として「有機農業基本法の制定」と「グリーンストックプランの策定」を提起した（『有機農業・エコ農業中心の農政確立とそれらを支援する消費者層の創出・拡大のための政策』2001 年 6 月）。有機農業やエコ農業の直接的振興方策をいわばフローの政策とすれば、「グリーンストックプラン」は、それと並列した中長期視点な視点からのより包括的なストック政策として位置づけられている。これは有機農業に係わる政策論に関してたいへん重要な提起だと思われるので、その意義や関連する政策理論問題についていくつかの側面から考えてみたい。

## １．農法の実施が国富・地富を創り、積み上げる

　この政策提案の論理構成は次のようになるだろう。まず、「グリーンストック」を国富あるいは地域における公共的富＝地富として位置づける。次に「グリーンストック」は有機農業あるいはエコロジカル農業（以下、エコ農業と略）の継続的実施によって形成、蓄積され、あるいは保全されるとし、そこから有機農業やエコ農業が国富・地富を創るという政策枠組みが提示される。

　「グリーンストック」という言葉から一般に連想されることは森林や河川沼湖などの自然の保全であり、グリーンストックの積み増し政策の代表格としてはいわゆる治山治水政策が想起される。そして現実の治山治水政策は土木事業の色が濃い。

　それに対してこの提案における「グリーンストック」は、奥山ではなく主に里山、里地、すなわち生活域における自然に視点をおき、生活域における自然

は、地域の農業や人びとの暮らしが創り、育てるという認識が基礎となっている。したがってそのような国富・地富を創るのは土木事業ではなく農業、暮らしであり、農法としての有機農業、エコ農業の継続的実施、そして地域での自給重視の暮らし方であると認識される。有機農業やエコ農業は主として私有農地を基盤として私的経済として営まれるのだが、その私的営みが、有機農業やエコ農業、そして地域自給を大切にした暮らし方が、国富・地富を創る公共的意味を併せ持つという主張である。

　このような認識はいわゆる農業、農村の多面的機能論と重なるものだが、論理構成としてははるかに積極的ですっきりしており社会に対して説得的である。また、農法としての有機農業、エコ農業や地域の自然と結びあった暮らし方の意義、役割をより鮮明に示し得る利点を持っている。

　農業が国富を創るという論理は、既存の農業論としては土地改良論に含まれている。本来、土地改良は差額地代の積み増しのための私的投資だが、それは国民経済としても重要だと位置づけられる農業という産業の基盤強化、すなわち社会資本の積み増しにつながり、したがってそこへの相当な財政支出は合理的であるという政策論理である。こうした論理構成の基礎にあるのは農業のもつ社会的生産力の重要性である。この認識は農産物需給が逼迫した状況下では説得力があったが、最近の農産物過剰あるいは国内農業不要論などへの対抗理論としては消極的な弱さをもっている。また、土地改良には土木事業によらない農民の営農的なあり方もあるのだが、現実の土地改良論の関心はもっぱら農業土木事業に向けられており、財政支出ももっぱら土木事業だけに向けられてきた。現行の土地改良法は客観的に見れば抜本改正は必至の情勢となっているが、そこでの新しい時代に向けての本来あるべき改正ビジョンは、土木事業重視の土地改良法から農業重視のアグリグリーンストック法への発展移行とすべきだということも明確に主張されるべきだろう。

## 2．農薬や化学肥料の飛散防止は使用者側の責任へ

　有機JAS認証制度の実施にともなって、農薬や化学肥料と環境問題との位置関係についての国の政策認識にかなり重要な変化も見え始めている。浮上し

てきているポイントの一つはいわゆる緩衝地帯問題である。

　農薬や化学肥料などの飛散防止のために、有機栽培圃場と慣行栽培圃場の間に緩衝地帯を設けるというのが有機JAS規格の運用方式となっている。現状では一般的には緩衝地帯は有機圃場側に設けられている。しかし、まだ少数例のようだが隣接農家との話し合いによって慣行栽培圃場側で農薬や化学肥料の飛散防止の措置をとるというケース（飛散防止措置について念書等で確認）も生まれている。

　農薬の空中散布に関しては、空散地区内の圃場については有機圃場側の飛散防止措置は不可能に近いので、地区としての空散中止が強く望まれてきた。この問題に関して日本有機農業研究会などのねばり強い農水省交渉の結果、まだあいまいな点を残しながらも、空散による有機圃場への農薬飛散防止に関しては、空散実施側が措置すべしという農水省通達が出された。まことに画期的な成果である。

　これまでの農薬や化学肥料と環境問題との関係についての国の政策認識は、農薬や化学肥料は使用基準にそって使われる限り、安全で環境問題の原因ともならないというものであった。この認識から農薬や化学肥料の通常の使用を否定する有機農業に対しては、その存在すら認めないという行政態度がとられてきた。

　国によるそうした頑なな態度に変化が生じ始めたのは1980年代中頃からで、農薬や化学肥料を使わない、あるいは使用を削減しようとする農業の存在を認知し、そこに一定の政策的意味を認めるようになる。1989年には農水省に有機農業対策室（後に環境保全型農業対策室に改称）が設置され、1992年のいわゆる「新政策」においては環境保全型農業が今後政策的に推進されるべき一つの方向として提起され、また、同じ年に「有機農産物等の特別表示ガイドライン」が施行された。この段階での国の基本的な政策態度は、農業のノーマルなモデルは慣行農業だが、有機農業やエコ農業もバラエティの一つとして認知するというものであった。

　1999年の食料・農業・農村基本法では、農業の自然循環機能という概念が導入され、また農業の多面的機能論も農業論の柱として位置づけられた。併せて「持続性の高い農業生産方式の導入促進法」も成立した。また、環境ホルモ

ン農薬の社会問題化、硝酸態窒素汚染の環境基準（健康項目）への格上げ等の外的な情勢変化もあった。こうしたなかで、環境視点からすれば農薬や化学肥料の使用はできれば削減されることが望ましい、その視点からすれば有機農業等は望ましいあり方の一つだという認識を、国としても次第に受け入れざるを得なくなってきている。

　農薬や化学肥料の使用を「絶対善」とするのではなく、それをいわば「必要悪」あるいは「構造悪」として認識し、より良い環境をめざして農薬や化学肥料の使用の本格的削減を図る、そうした取り組みの先陣として有機農業を位置づけるという総合的プログラム形成が次のステージとして想定されるようになってきたのだ。先に述べた緩衝地帯問題についての対応の変化に見られるような農薬や化学肥料は環境負荷物質だから飛散防止は使用者側の責任であるという見解の成立は、社会情勢がその程度の段階まで移行しつつあるシグナルと受け止めるべきではないか。その段階では今回の「グリーンストックプラン」の構想は国の政策の次のステージを示すものとして示唆的である。

## 3．農業へのPPP原則の適用問題

　だが、こうした社会情勢の変化、農業における環境問題の重視という状況の到来は農業にとって必ずしも楽なことではない。

　環境汚染の防止、回復については一般的なあり方として汚染者負担の原則（PPP 原則）が確立されている（OECD 1972 年）。そのなかで、農業に関してはPPP 原則の適用が除外されると理解されてきた。この適用除外は完全なものではなく、環境汚染が著しくかつ原因者が少数で特定される場合にあっては、これまでも民事賠償の対象とされてきた。直接の環境汚染問題ではないが廃棄物処理に関しては、廃掃法の成立当初から、畜産の糞尿や家畜遺体等は産業廃棄物として排出者責任が明確にされてきた。だが、農業は全体として PPP 原則の適用除外とするという理解のもとで、農業の環境保全機能と相殺されてか農業による環境汚染はあまり厳しく問われることなく今日に至っている。製造物責任制度（PL 法）についても農産物は適用除外とされており状況は類似している。

　しかし、この問題についての対応に関しても社会状況は転換しつつあると見るべきではないか。1999 年新基本法や JAS 法改正とセットで成立した「家畜排せつ物の管理の適正化及び利用の促進に関する法律」は、畜産糞尿問題については事実上 PPP 原則の適用を想定したうえでの施策と理解すべきだろう。同法は完全施行に猶予期間を設け、畜産農家における糞尿処理施設の整備に多額の補助金が支出されつつある。これは PPP 原則適用という事態に向けての転換補助金とも理解されるものである。今回の牛の BSE 問題は糞尿汚染問題とセットになって、環境面でも安全性面でも畜産は海外に移転した方が良いという極端な意見すら有力なものとして浮上させてしまった。

　農業全般について PPP 原則が直ちに適用されるとは当面想定できないが、先に述べた農薬や化学肥料の「構造悪」説の事実上の承認は、論理的には PPP 原則の適用と表裏の関係にあることは認識されるべきだろう。

　こうした認識を環境保全型農業論に敷衍すればどのようになるだろうか。

　PPP 原則は環境汚染がないことをノーマルとする考え方である。これに対して従来の環境保全型農業論では、慣行栽培をノーマルレベルと認識した上で、減農薬、減化学肥料栽培は負荷削減という視点から善だと理解されてきた。しかし、PPP 原則の考え方に基づけば、減農薬、減化学肥料等はゴミのポイ捨てをしない程度の行為としか評価されず、積極的な善というほどの評価は成立しにくくなる。

　農地という開放系における農薬や化学肥料の使用は、程度問題はあるとしても環境汚染を生まざるを得ないのは明らかである。化学肥料や畜産糞尿が主原因と推定される地下水汚染の広範な広がりなどは、それがすでに深刻な汚染実態を生んでいることを示している。だがしかし、現実の農業実態としては環境汚染がない状態への回復を直ちに想定することは難しい現実がある。

　こうした状況が白日のもとにさらされ、それへの世論の批判が高まるとすれば、その結果、農業は環境汚染産業だとの社会的烙印を押されるとすれば、日本農業の一般的存続はきわめて難しくなるに違いない。とすれば、環境汚染がないという社会的ノーマルが確立されることを目指して農業という産業が全体として構造転換を図るという政策の確立と実効性ある実施は、日本農業存続のための必須の条件だということになろう。この場合、減農薬、減化学肥料栽培

の奨励と支援、エコ農業や有機農業の奨励はそのような大きな転換政策の線上に位置づけられることになる。

　しかし、こうした位置づけにおける環境保全型農業の推進政策は、農業が環境汚染産業だとの烙印をまぬがれるためのものであり、それ自体がアプリオリにプラスの価値評価をもたらすという論理構成はそのままでは成立しにくい。現在の政策的枠組みのままで環境保全型農業推進政策の確立はこのような消極的な位置づけにならざるを得ないのではないか。環境保全型農業推進政策は必須だが、それだけではポジティブな社会的評価は得にくくなるだろうと想定しなければなるまい。

## 4．環境保全型農業から環境創造型農業へ
### ──「農業が自然を創る」という概念の意義

　新たな積極価値を創造し、よりポジティブな社会的評価を確立することなしに日本農業が衰退局面から脱し、発展的に存続することは難しいだろう。

　ポジティブな社会的評価を体現すると期待された環境保全型農業の推進は、上述のように社会情勢を冷静に見つめれば、この段階に至って環境汚染産業という烙印回避という重要だが社会的価値という視点から観れば消極的な位置づけとなってしまうだろう。とすれば、新時代に向けてのよりポジティブな社会的評価、すなわち新時代を拓く価値創造的な農業の政策ビジョンは環境視点から観ればどのように構想されるべきなのか。

　有機農業、エコ農業の継続的実施による「グリーンストック」の積み増し構想は、ズバリそうした要請に応える政策ビジョンだと言うことができる。そこでの農業構想の理論的枠組みは環境保全型農業から環境創造型農業への移行ということになろう。そこでのキーワードも「環境を守る」から「環境・自然を創る」へと移行されるべきだということになる。

　『「百姓仕事」が自然をつくる』（築地書館、2001）は宇根豊氏の近著のタイトルである。宇根氏らが力説されてきたように、農業が自然を創り育て、農業が文化を創り育てるというテーマは、上述のような文脈においては、有機農業に関する副次的テーマではなく、中心命題として位置づけられるべき状況と

なっている。差し迫った緊急課題と考えるべきだろう。

　では農業が自然を創り育てる、すなわち「グリーンストック」の積み増しとはどのような内容なのだろうか。

　もちろん一般的に言えば緑の総量を、量、質（生物多様性、循環性等）両面から増やし生産ポテンシャルを高めるということもあるだろう。しかし、有機農業、エコ農業との関わりで言えば、圃場において土づくりを深化させ、作物の生命力を高め、自然の仕組みと力が恵みとしての収穫をもたらすという図式を実現していくことが基本となる。

　自然はすべて巨視的には大きな循環系のなかにあるが、個々の場面としてみれば、循環にはさまざまな回路、スピード、ボリューム、そして相互関係がある。そのようなかなり複雑な関係性の中にある循環を農業という場面において無理なく活性化させ高度化させ、また深化させていく方途こそが有機農業、エコ農業の技術実践だと言うことになろう。生物多様性という視点からすれば多品目の輪作栽培、遺伝的バラエティの保全のためにも在来品種の栽培なども重要な意義をもつ。土づくりについては土壌やその表面への有機物の施用と微生物・小動物活動の促進、作物や雑草の根の働きなども重要だろう。この領域に関しては従来の有機農業の蓄積、到達点の優位性は明らかである。

　だが、宇根氏らがいま特に強調していることは、そのような狭義の農業自然の問題だけでなく、農業と一体としてある外的自然、里地、里山の自然を百姓仕事が創り、育てているという側面の重要性である。絶滅危惧種が里地、里山に集中しているということは、それらの生きものたちが生きる私たちの生活圏の自然がいま急速に壊れつつあるということであり、そうした生活圏の自然のメンテナンスを担当してきた農業と農村の暮らしがそのような役割を放棄しつつあることの結果だと理解されている。

　そこで保全生態学を提唱される鷲谷いづみ氏らは、生活圏の自然のメンテナンス担当者として農業に代わって市民ボランティアに期待せざるを得ないとの見解を提起されている（鷲谷いづみ・矢原徹一『保全生態学入門―遺伝子から景観まで』文一総合出版、1996）。それに対して宇根氏らはその役割を中心的に果たし得るのはやはり農業であり、市民ボランティアとの連携も図りつつ、農業は改めてその仕事に本気で取り組むべきだと主張されているのである。

おおよそ1990年代以降、日本では鷲谷氏、宇根氏、守山弘氏、日鷹一雅氏らが、奥山的自然だけでなく里地里山的自然、人々の生活圏における自然の意義に注目し、そこにおける農業・農村生活の役割の大切さを説いてきた。こうした認識はほぼ社会的支持を得るところまで広がったように思われる。

そこで次に問われるべきは里地里山的自然と奥山的自然との積極的関係性についてであろう。この点ではたとえば農村の溜池・沼湖や湿田が水鳥の住処、餌場、休み場所となってきたことへの注目がある。天然記念物の渡り鳥オオヒシクイの飛来地の半湿田を保全する飯島博氏らの活動（茨城県江戸崎町・霞ヶ浦の自然を守る市民連絡会）や白鳥や雁の飛来地を増やすための冬季水張り水田の取り組み（宮城県田尻町の千葉俊明氏、小野寺實彦氏ら・仙台市科学館の岩淵成紀氏ら）等は、農業や里地里山的自然と奥山的自然との積極的リンケージを再建しようとする取り組みとして注目される。

まだいずれも端緒的な取り組み段階ではあるが、こうした取り組みに関して有機農業陣営も本道的課題として参画していくべきだと思われる。今回の「グリーンストックプラン」の提起は、そのような取り組みの一層の広がりを作り出すための社会的政策論として位置付いていくだろう。有機農業陣営自体の課題としては、有機農業を基準論からだけ論じるのではなく、有機農業の現実が「グリーンストック」の視点からみてどの点で優れており、なおどの点で弱点を有しているのかを率直に点検し、「グリーンストックプラン」への積極的な参画プログラムを確立することであろう。また、「グリーンストックプラン」の担い手は有機農業だけでなく、他のさまざまな取り組みとの協同連携のなかで進められることを十分認識し、幅広いネットワーク形成にイニシアティブを発揮すべきだろう。

（日本有機農業学会編『有機農業──政策形成と教育の課題』有機農業研究年報 Vol.2　2002年、コモンズ刊　所収）

# あとがき

　この本の取りまとめを思い立ったのは 2020 年 5 月の連休の頃でした。新型コロナウイルス禍で、外出の機会が大幅に減って、自由な時間がたっぷりとやってきたことがきっかけでした。筑波書房の鶴見治彦社長に、私の希望をお伝えしたところ、お引き受けいただけることになり準備にとりかかりました。

　この本の内容は、おおよそは茨城大学定年退職後の既稿の収録としました。全体を 3 部構成として、第Ⅰ部と第Ⅱ部には、少しですが書き下ろしの覚え書きも加えました。第Ⅰ部では、第 2 章の「関係性の技術論」、第Ⅱ部では第 9 章の「農本主義ふたたび」がそれです。内容としては未成熟でつたなくはありますが、現在の時点での私の精一杯の考えを綴ったものです。

　この本の内容的な中心には第 1 章の「自然共生型農業への転換」についての技術論の総括を置きました。それを執筆したのは数年前でしたが、まとめ終わっての私自身の反省としては、やや自己完結的にすぎて、未来への多様な広がり感が欠けているなということでした。こうした認識のあり方は私にとっては体質的なもののようであり、なかなか改まるものではありませんが、この本は農学徒としての私の歩みの経過点としてまとめたいという視点から前を向いて第 2 章を書いてみました。

　「農本主義」論については、この 20 ～ 30 年の間に、新しい視点からの研究も様々に広がっているようで、私もそれらを読んでいろいろと刺激を受けてきました。第 9 章は研究論文ではなく、そんななかでまとめてみた私の綴り方です。「農本主義」は農にかかわる民衆たちの普通の思いの表明であり、高邁で深遠な思想とは少し違うだろうというのが私の考えであり、庶民の一人としての自分を振り返りながらその認識を書いてみました。2019 年には楠本雅弘先生の「近代日本農政史ゼミ」に参加させていただき、ゼミの場での楠本先生をはじめご参加のみなさんとのお喋りがこの取りまとめに大きな参考となりました。

　この本で伏線として設定したもう一つのテーマは、「小農制論と市民社会論との接合は如何に」というものでした。別の言い方をすれば「温故知新」、あ

るいは「懐かしい未来」とはどんなことなのかというかなり幅広い問いです。

　振り返れば私の歩みのなかで、私がいつも意識してきた問題でした。今回、良い機会だと考えて、改めてこのテーマに向きあってみましたが、案の定、上手なまとめには至りませんでした。負け惜しみのような言い方になりますが、それはこのテーマ自身が、明確な結論が見えてくるというものではないからだとも思います。おそらくこのテーマは、次の時代にも引き継がれていくのでしょう。若い世代のみなさんにバトンをお渡ししたいと思います。

　２月の末のころ、日本でも新型コロナウイルス感染症の蔓延が始まってからもう１年近くになります。まだ終息の見通しはたっていません。その様相は、欧米諸国と日本やアジアでは相当に違うようです。私には海外のことはよく解りませんが、日本のこれまでの状況からすれば、新型コロナ禍は、かなり明確に大都市の構造的な病だと言えるように思います。もちろん農村でも新型コロナは大問題となっていますが、ほとんどの場合に感染源や大感染の仕組みは農村にはなく、大都市からの波及となっているようです。

　コロナ禍の下での人々の暮らし、その日常においては、大都市ではかなり極度の閉塞状態が作り出され、その息詰まりによる不健康も深刻化してきているようです。他方、農村では、大まかには田舎らしい落ち着いた暮らしぶりは続いており、人々の和やかなコミュニケーションも壊れていません。農村ではなお「心も体も健やかな暮らし」が普通なのです。

　突然のことでしたが、こうした状況に対面してみて、時代は大きく変わりつつあるなと感じます。大都市優位から農村優位への時代の転換です。

　私は、戦後生まれの第一世代（1947年生れ）で、私が生まれた頃は、並木路子さんの「リンゴの唄」（1945年）がはやり、石坂洋次郎さんの「青い山脈」（1947年）が人気を博したことなどに象徴されるような農村優位の明るい時代だったようです。

　この本の取りまとめが終わったこの９月に歌手の守屋浩さんが亡くなりました。守屋さんは1959年に「僕は泣いちっち」（僕の恋人東京へいっちち…）を歌って大ヒットとなりました。その頃私は中学生で、福岡に住んでおり、この唄が歌われた時代の雰囲気をよく憶えています。テーマは農村優位から大

都市優位への世相の転換でした。それから60年が過ぎて、コロナ禍のなかで、いま私たちは時代の次の転換に直面しているのだと感じます。

　大都市が時代の仕組みを作り、農村は立ちおくれて疎外され、生きのびるためには大都市の周辺に自分たちの居所を見付けていくというのが、この60年間のおおよそのあり方でした。ところがコロナ禍の下で、農や農村の元気は継続し、大都市は、生きのびるために、自らの存在の基本構造を変えざるを得ず、農や農村との回路をさまざまに探り、それを見付けながら、農や農村の周辺に居場所を作ろうとする時代へと転換していく。これは、この本の第11章、12章に収録した私の20年前の時代認識なのですが、いま現実にその転換に直面してきている。そんな気がしています。


　筑波書房からは2015年に『野の道の農学論──「総合農学」を歩いて』を出版していただきました。今回、この本がそれと対となる形で出版できたことに喜びを感じています。


　2020年12月1日


　　　　　　　　　　　　　　　　　　　　　　　　　　　中島紀一

著者略歴

中島　紀一（なかじま　きいち）
　1947年　　　　　埼玉県生まれ
　1970年　　　　　東京教育大学農学部農学科卒業
　1972年　　　　　東京教育大学大学院農学研究科修士課程修了
　1972〜1978年　東京教育大学農学部助手
　1978〜1993年　筑波大学農林学系助手
　1993〜2001年　農民教育協会鯉淵学園教授
　2001〜2012年　茨城大学農学部教授
　現在　　　　　　茨城大学名誉教授
　　　　　　　　　NPO法人有機農業技術会議理事長
　連絡先　〒315-0157　茨城県石岡市上曽291-2
　　　　　kiichi.nakajima.ag@vc.ibaraki.ac.jp

**著　書**
楠本雅弘・中島紀一著『ともに豊かになる有機農業の村』2018年、農文協
小林芳正・境野健兒・中島紀一著『有機農業と地域づくり』2017年、筑波書房
中島紀一・大山利男・石井圭一・金氣興著『有機農業がひらく可能性』2015年、
　ミネルヴァ書房
中島紀一著『野の道の農学論』2015年、筑波書房
中島紀一著『有機農業の技術とは何か』2013年、農文協
小出裕章・明峯哲夫・中島紀一・菅野正寿著『原発事故と農の復興』2012年、
　コモンズ
中島紀一著『有機農業政策と農の再生』2011年、コモンズ
中島紀一・金子美登・西村和雄編著『有機農業の技術と考え方』2010年、コモ
　ンズ
中島紀一編著『地域と響き合う農学教育の新展開』2008年、筑波書房
中島紀一編著『いのちと農の論理』2006年、コモンズ
中島紀一・古沢広祐・横川洋編著『農業と環境』2005年、農林統計協会
中島紀一著『食べものと農業はおカネだけでは測れない』2004年、コモンズ
中島紀一著『安全な食・豊かな食への展望を探る』2003年、芽生え社
宇佐美繁・楠本雅弘・中島紀一・谷口吉光著『自立を目指す農民たち』2003年、
　農政調査委員会（日本の農業224号）
中島紀一著『生協青果物事業の革新的再構築への提言』1998年、コープ出版
高松修・中島紀一・可児晶子著『安全でおいしい有機米づくり』1993年、家の
　光協会
中島紀一・川手督也・原珠里・森川辰夫著『伝統市と地域社会農業』1991年、
　農政調査委員会（日本の農業179号）
中島紀一著『農産物の安全性と生協産直への期待』1991年、日本生協連
中島紀一著『田畑輪換の耕地構造』1986年、農政調査委員会（日本の農業158号）

「自然と共にある農業」への道を探る

―有機農業・自然農法・小農制―

2021年1月31日　第1版第1刷発行

著　者　中島紀一
発行者　鶴見治彦
発行所　筑波書房
　　　　東京都新宿区神楽坂2－19 銀鈴会館
　　　　〒162－0825
　　　　電話03（3267）8599
　　　　郵便振替00150－3－39715
　　　　http://www.tsukuba-shobo.co.jp

定価はカバーに表示してあります

印刷／製本　中央精版印刷株式会社
©Kiichi Nakajima 2021 Printed in Japan
ISBN978-4-8119-0588-4 C3061